Azure Machine Learningではじめる
機械学習/LLM活用入門

永田祥平、立脇裕太、伊藤駿汰、宮田大士、女部田啓太 [著]

エンジニア選書

技術評論社

●本書をお読みになる前に

・本書に記載された内容は、情報の提供のみを目的としています。したがって、本書を用いた運用は、必ずお客様自身の責任と判断によって行ってください。これらの情報の運用の結果について、技術評論社および著者はいかなる責任も負いません。

・本書記載の情報は、2024年11月現在のものを掲載していますので、ご利用時には、変更されている場合もあります。

・本書で紹介するソフトウェア／Webサービスはバージョンアップされる場合があり、本書での説明とは機能内容や画面図などが異なってしまうこともあり得ます。

　以上の注意事項をご承諾いただいたうえで、本書をご利用願います。これらの注意事項をお読みいただかずに、お問い合わせいただいても、技術評論社および著者は対処しかねます。あらかじめ、ご承知おきください。

●商標、登録商標について

本書に掲載した社名や製品名などは一般に各メーカーの商標または登録商標である場合があります。会社名、製品名などについて、本文中では、™、©、®マークなどは表示しておりません。

はじめに

2022年11月にOpenAI社よりChatGPTが提供され、人間と変わらないテキスト生成能力によって生成AI、LLM（大規模言語モデル）ブームが巻き起こっています。さまざまな企業で、これまでAIが適用されていなかった分野での自動化／効率化が検討されており、機械学習の重要性はますます高まっています。

Azure Machine LearningはMicrosoft Azure（以下、Azure）の機械学習プラットフォームとして開発され、企業や個人が機械学習を扱っていくうえでの学習から推論、その後の運用までをエンドツーエンドでサポートするプラットフォームになっています。また、自分で学習を行う以外にも、公開されているさまざまなモデルをそのまま利用できるモデルカタログ機能や、AI・LLMワークフローの構築を行う機能、運用されているLLMアプリの監視を行う機能など、公開されているLLMといった基盤モデルを活用する機能も備わっています。

Azure Machine Learningは各業界で実運用されている機械学習システムの一部として、またはビジネス部門／事業部門がデジタルトランスフォーメーション（DX）を進めていく際のツールの1つとして、あるいは機械学習の概念自体を触りながら学ぶためのツールとして、幅広いユースケースで活用されています。

本書は、機械学習の活用を推進するエンジニアやデジタルトランスフォーメーションを担う人々に向け、Azure Machine Learningを使った機械学習モデルの構築から運用まで解説しています。本書を通じて、読者のみなさんがAzure Machine Learningを活用し、新たな価値を創出するための一助となることを願っています。

◉本書の構成

本書は次の3つの部より構成され、モデル学習を中心とした従来の機械学習から基盤モデル・LLM時代の機械学習まで幅広く紹介します。

● 第1部（第1章〜第4章）：機械学習とAzure Machine Learningの基本

機械学習やAzure Machine Learningの基礎について紹介します。機械学習が取り組むべき課題や全体的なプロセスについて振り返ったのち、Azure Machine Learningのコンセプトや主要な機能について紹介します。実際にAzure Machine Learning環境のセットアップを行い、自動機械学習（AutoML）の機能を使ってAzure Machine Learningでのモデル学習からデプロイ後の推論という一通りの流れを体感します。

● 第2部（第5章〜第9章）：機械学習モデルの構築と活用

　以前から行われてきたモデル学習を中心とした機械学習のプロセスを紹介し、サンプルデータを使ったハンズオンとともに学んでいきます。ノートブック上でのモデル開発、データアセットの登録、学習ジョブの実行、モデルの評価といったプロセスを学び、MLflowによる実験管理とモデル管理、機械学習パイプラインの構築といった高度なモデル学習プロセスの考え方を身につけます。その後は推論環境へモデルをデプロイし、モデルの推論といった実際のモデル利用も行います。そして、モデルの開発から運用までのライフサイクル管理を自動化するためのプラクティスであるMLOpsについても触れていきます。

● 第3部（第10章〜第13章）：大規模言語モデルの活用

　LLM時代の機械学習について学びます。LLMの概要やこれまでの機械学習との違いを紹介し、モデルカタログ機能による公開済みモデルの探索とデプロイ、ファインチューニングを体験します。実際にLLMをアプリケーションに組み込んで活用する際に必要となるAI・LLMワークフローをプロンプトフロー機能で体験します。最後はLLMによってさらに高度化したMLOpsの概念であるLLMOpsについて触れ、LLMの未来に期待を寄せつつ筆を擱きたいと思います。

○ 対象読者

本書では対象読者として次のような方を想定しています。

- Azure Machine Learningを利用して、機械学習システムを構築してみたいエンジニアやアプリケーション開発者
- 実際に動くものを作りながら、機械学習とMLOpsの一連のプロセスや実務スキルを習得したいと考えている方
- DXや業務自動化を推進するため、基盤モデル・LLMやAIの実装を進めたいビジネス担当者やリーダー
- 将来的に機械学習・LLMの導入支援や運用エキスパートを目指すために、基礎から実務的な知識までを体系的に学びたい方

○ 前提条件

本書ではAzure Machine Learningを実際に操作しながら理解を進めることを前提としています。Pythonを中心にある程度のプログラミングや機械学習の経験がある方を想定していますが、ソースコードをサンプルコードとして公開していますので、本書の手順にしたがって動作を学んでいくことが可能です。

⬤ Azureアカウント

本書はAzureの基礎的な説明は割愛しています。また、読者がAzureを利用可能なアカウントを持っている前提で、使い方の解説も進めていきます。もしAzureアカウントをお持ちでない場合は第3章を参考にAzureアカウントを取得することをお勧めします[注0.1]。

⬤ サンプルコード

本書ではPythonのプログラムやAzure Machine Learningの構成設定などがサンプルコードとして登場します。使用しているサンプルコードは次のリポジトリ上で公開しています。

https://github.com/shohei1029/book-azureml-sample

本書の内容に沿って、サンプルコードを実行してみてください。もしコードに不具合や不明な点がございましたら、リポジトリ上でIssueやプルリクエストを立てていただければ幸いです。

⬤ 環境準備

本書のサンプルコードを実行するにあたっては、下記アプリケーションのインストールが前提となっています。本書で紹介するAzure Machine Learningの計算環境（コンピューティングインスタンス）を利用する場合は特段の準備は不要ですが、もしご自身の環境上でサンプルコードを実行したい場合は、本書付録Aにクライアント環境のセットアップ手順を記載しているため参考にしてください。

- Python 3.11 以上
- Git
- PowerShell 7 以上 ※Windowsユーザーのみ
- Azure CLI
- Azure Machine Learning用のAzure CLI拡張機能
- Azure Machine Learning Python SDK

また、製品・利用ライブラリのアップデートが非常に頻繁に行われているため、本文中の手順にしたがってもうまく動かない場合があります。その場合は、サンプルコードのリポジトリを参照してください。それでも動かない場合は上記リポジトリ上にIssueを立てていただけると幸いです。

⬤ 注意事項

本書に掲載している情報はすべて執筆時点（2024年11月）のものです。Azureは、ユーザーの利便性を向上させるための機能追加を頻繁に行っています。本書に掲載している情報・画面と、実

注0.1 「Azure の無料アカウントを使ってクラウドで構築」https://azure.microsoft.com/ja-jp/free

際の画面について差異が生じている場合もあるためご注意ください。Azure以外の技術については、各技術の公式ドキュメンテーションに基づいており、非公式の情報源に基づくものではありません。ただし、公式の情報が更新されるたびに本書の内容も更新されるわけではないため、最新の情報については常に公式の情報源をご確認ください。

◯ 最新情報の収集や学習法

Azure Machine Learningをはじめ、Azureの最新情報収集や学習には下記サイトが参考になります。

- **Azureの更新情報** https://azure.microsoft.com/updates/
  Microsoft公式の更新情報ページです。「Machine Learning」「Azure AI」などで検索を行うと、本書で登場するおもな製品のアップデートを把握できます。

- **Azureドキュメント** https://learn.microsoft.com/azure/
  Microsoft公式の製品ドキュメントページです。製品ごとに違いはありますが、基本的に「概要」「クイックスタート」「チュートリアル」「概念」「操作方法」といった目次分けがされています。ほとんどすべての公開情報がドキュメントに掲載されていますが、情報が充実しているためどういう順番で学ぶかのコツがあります。まず、「概要」「クイックスタート」で大まかな特徴を理解し、「チュートリアル」で手を動かしながら理解すると良いでしょう。その後「概念」「操作方法」で詳細な仕様を理解し、「サンプル」「リファレンス」を参照しながら実装を進めていきます。

謝辞

　本書の執筆に際して、多くの方々からの貴重なご支援とご協力を賜りました。まずは筆者たちに執筆の機会をくださった編集の中田瑛人さんに感謝を申し上げます。

　また、執筆過程で原稿レビューとしてご協力いただいた本間崇さん、小丸芳弘さん、一戸康平さん、蒲生弘郷さん、近藤淳子さんに多大な感謝を表します。各章の内容や構成への洞察に富んだアドバイスは、本書の質を大いに高めるものでした。

　ご協力いただいたみなさんのどの一人が欠けても本書は完成しませんでした。ご協力いただいたすべてのみなさんに、心からの感謝を申し上げます。

　最後に、本書を手に取ってくださった読者のみなさんへ深く感謝の気持ちを表します。みなさんが本書から新たなアイデアや知識を得られることを願っています。

2024年11月
著者一同

　本書の刊行に際して、Microsoft米国本社でAzure Machine Learningのプロダクトマーケティングを担当している樋口拓人氏よりありがたいコメントを頂いています。

　私は、2年間にわたりMicrosoft本社でAzure Machine Learningのプロダクトマーケティングをリードしてきましたが、ここでの経験を通じて感じた製品の価値や可能性が、本書には解像度高く表現されています。エンジニアやデータサイエンティストにとって、この一冊は単なる技術解説書ではなく、実際のビジネスで成果を出すための「使えるガイド」です。Azure Machine Learningの基礎から、生成AIとLLM（大規模言語モデル）を含む最新の応用方法まで、実務に活かせるメッセージングが詰まっています。ぜひ、この本を手に取って、Azure Machine Learningがもたらす変革の可能性を一緒に感じてください。

Senior Product Marketing Manager - Azure AI, Microsoft Corporation
Takuto Higuchi

目　次

はじめに ……………………………………………………………………………………… iii

謝辞 …………………………………………………………………………………………… vii

第1部　機械学習とAzure Machine Learningの基本

第1章　機械学習をビジネスに活かすには　　2

1.1　機械学習に関わる用語の整理 ……………………………………………………… 2

1.2　機械学習が解決できる課題 ………………………………………………………… 3

1.3　生成AI時代における機械学習の意義 …………………………………………… 4

1.4　機械学習が取り組むべき課題 ……………………………………………………… 4

　1.4.1　需要予測 ………………………………………………………………………… 5

　1.4.2　画像分類による品質検査 ……………………………………………………… 5

　1.4.3　自然言語処理による文書分類 ………………………………………………… 5

1.5　機械学習の全体的なプロセスと課題 …………………………………………… 6

　1.5.1　課題設定：解決すべき課題の明確化とプロジェクトの基盤構築 ………… 6

　1.5.2　データ収集・探索：必要なデータの収集と分析 ………………………… 7

　1.5.3　データ前処理：モデルが学習可能なデータセットの整備 ……………… 7

　1.5.4　アルゴリズム選定：タスクに最適なモデルの選択 ……………………… 8

　1.5.5　パラメーター探索：モデル性能を左右するパラメーターの最適化 …… 8

　1.5.6　モデル学習：データからパターンを学ぶプロセス ……………………… 8

　1.5.7　モデル評価：モデルの性能確認と改善 …………………………………… 9

　1.5.8　デプロイ：モデルの実稼働環境への導入 ………………………………… 9

　1.5.9　モニタリング：デプロイ後のモデル性能監視とメンテナンス ………… 10

1.6　ビジネスにおける機械学習 ……………………………………………………… 11

　1.6.1　プロトタイピングループ …………………………………………………… 12

　1.6.2　トレーニングループ ………………………………………………………… 12

　1.6.3　運用ループ …………………………………………………………………… 13

1.7　まとめ ………………………………………………………………………………… 14

第2章 Azure Machine Learningの概要　15

2.1 Azure Machine Learningとは　15

COLUMN マネージド計算リソースとは　17

- 2.1.1 使い慣れたツールとの統合　17
- 2.1.2 MLflowへのネイティブ対応　17
- 2.1.3 MLOpsのプラットフォーム　18
- 2.1.4 責任あるAI利用のための機能　18
- 2.1.5 エンタープライズ対応　19
- 2.1.6 LLMを利用したアプリケーションの開発　19

2.2 Azure Machine Learning の主要な概念　19

- 2.2.1 ワークスペース　19

COLUMN Azure Machine Learningの価格　21

- 2.2.2 クライアントツール　21
- 2.2.3 開発用機能　25
- 2.2.4 アセット　28

COLUMN Azure Machine Learning推論HTTPサーバー　39

- 2.2.5 管理　40
- 2.2.6 レジストリ　43

COLUMN Azure Machine Learning CLI/SDK v2　44

2.3 Azureサービスとの連携　45

- 2.3.1 Azure Synapse Analytics/Azure Data Factory　45
- 2.3.2 Microsoft Fabric　45
- 2.3.3 Azure Kubernetes Services/Azure Arc　45
- 2.3.4 GitHub/Azure DevOps　45

2.4 まとめ　46

COLUMN Microsoftの責任あるAIへの取り組み　47

第3章 Azure Machine Learningのセットアップ　49

3.1 Azureリソースの階層構造　49

- 3.1.1 管理グループ（Management groups）　49
- 3.1.2 サブスクリプション（Subscriptions）　49

目　次

		3.1.3　リソースグループ (Resource groups)	50
		3.1.4　リソース (Resources)	50
3.2	Azureアカウント作成	50
3.3	Azure Machine Learningワークスペースの作成	51
3.4	クォータの引き上げ申請	57
	COLUMN　プレビュー機能の有効化	61
3.5	まとめ	62

第 4 章　AutoMLの概要と実践　63

4.1	AutoML（自動機械学習）とは？	63
4.2	AutoMLでサポートされる機械学習のタスク	64
	4.2.1　分類	64
	4.2.2　回帰	65
	4.2.3　時系列予測	65
	4.2.4　画像 (Computer Vision)	65
	4.2.5　自然言語処理 (NLP)	67
4.3	ハンズオン	68
	4.3.1　データの登録	69
	4.3.2　学習ジョブの作成と実行	74
	4.3.3　結果の確認	78
	4.3.4　モデルのデプロイ	83
4.4	まとめ	87
	COLUMN　データのラベリング	88

第 2 部　機械学習モデルの構築と活用

第 5 章　スクラッチでのモデル開発　90

5.1	ノートブック上でのモデル開発	90
	5.1.1　コンピューティングインスタンスの作成	90
	5.1.2　Web版のVS Codeを起動	93

x

5.1.3 サンプルコードのダウンロード	94
5.1.4 conda仮想環境作成	95
COLUMN Azure Machine Learning上でのAnacondaライセンスについて	97
5.1.5 新しいカーネルとして追加	97
5.1.6 モデル開発	98
5.2 学習ジョブでのモデル開発	100
5.2.1 Azure Machine Learningワークスペースに接続	101
COLUMN DefaultAzureCredentialとは	102
5.2.2 データアセットの作成	102
5.2.3 カスタム環境の作成	103
5.2.4 学習用スクリプト作成	104
COLUMN IPythonマジック	107
5.2.5 ジョブの構成	107
COLUMN LightGBMとは	109
5.2.6 ジョブの実行	110
5.3 モデルの評価	110
5.4 コンピューティングインスタンスの停止	113
5.5 まとめ	113

第6章 MLflowによる実験管理とモデル管理　　114

6.1 MLflow概要	114
6.2 MLflowの構成と使い方	115
6.2.1 MLflow Tracking	116
6.2.2 MLflow Models	121
6.3 Azure Machine LearningとMLflowの関係	128
6.3.1 MLflow Tracking Server-as-a-Service	128
6.3.2 その他のクラウドサービスの対応状況	130
COLUMN MLflowとAzure Machine LearningのアセットURI	131
6.4 実験管理とモデル管理の実例と解説	131
6.4.1 autologを使用したノートブック上での実験管理	131
6.4.2 ノートブック上でのカスタム実験管理	138
COLUMN ジョブ中での実験管理	146
6.5 まとめ	146

目次

第7章 機械学習パイプライン　147

7.1 機械学習パイプラインとは？ ……………………………………………… 147
7.2 Azure Machine Learningパイプラインとコンポーネント ……………… 148
   7.2.1 Azure Machine Learningパイプラインの概要 …………………… 148
   7.2.2 パイプラインの仕組み ……………………………………………… 149
   7.2.3 パイプラインの実行方法 …………………………………………… 151
   7.2.4 Azure Machine Learningコンポーネント ……………………… 151
7.3 コンポーネントを用いたパイプラインの設計 ………………………… 153
   7.3.1 パイプライン全体の処理内容の定義 ……………………………… 154
   7.3.2 コンポーネントの処理内容の定義 ………………………………… 154
   7.3.3 コンポーネントの依存関係 ………………………………………… 155
   7.3.4 コンポーネントの設定 ……………………………………………… 156
7.4 Azure Machine Learningパイプラインの構築ハンズオン ………… 156
   7.4.1 事前準備 ……………………………………………………………… 158
   7.4.2 コンポーネントの作成 ……………………………………………… 162
   7.4.3 パイプラインの作成 ………………………………………………… 173
   7.4.4 パイプラインの実行 ………………………………………………… 175
7.5 まとめ …………………………………………………………………………… 176

第8章 モデルのデプロイ　177

8.1 機械学習モデルの推論 ……………………………………………………… 177
8.2 オンラインエンドポイント ………………………………………………… 177
   8.2.1 オンラインエンドポイント概要 …………………………………… 177
   8.2.2 エンドポイントとデプロイ ………………………………………… 178
   8.2.3 デプロイに必要なアセット ………………………………………… 178
   8.2.4 ユーザーへの影響を最小限に抑えた推論環境の移行 ………… 179
   8.2.5 マネージドオンラインエンドポイントの認証 ………………… 181
8.3 マネージドオンラインエンドポイントの構築ハンズオン …………… 181
   8.3.1 アセットの準備 ……………………………………………………… 181
   8.3.2 エンドポイントの作成 ……………………………………………… 183

8.3.3	デプロイの作成	184
8.3.4	推論の実行	187

8.4　バッチエンドポイント 188
8.4.1	バッチエンドポイントの概要	188
8.4.2	バッチエンドポイントの認証	189

8.5　モデルデプロイの構築ハンズオン 191
8.5.1	アセットの準備	191
8.5.2	エンドポイントの作成	193
8.5.3	デプロイの作成	193
8.5.4	推論の実行	195

8.6　パイプラインコンポーネントデプロイの構築ハンズオン 197
8.6.1	エンドポイントの作成	197
8.6.2	パイプラインジョブのデプロイ	198
8.6.3	パイプラインの実行	199

8.7　まとめ 201

第 9 章　MLOpsの概要と実践　　202

9.1　MLOpsとは 202

9.2　MLOps実現に向けたMicrosoftの取り組み 205

9.3　Azure Machine LearningのMLOps機能 207
9.3.1	レジストリとは	207
9.3.2	レジストリの構築ハンズオン	209
9.3.3	モデル監視	214
9.3.4	モデル監視ジョブの構築ハンズオン	218
COLUMN	ドリフトメトリクスの詳細	219
9.3.5	機械学習における継続的インテグレーション／デリバリー	230
9.3.6	継続的インテグレーション／デリバリーの構築ハンズオン	231

9.4　まとめ 238

xiii

目次

第3部 大規模言語モデルの活用

第10章 大規模言語モデルの概要 240

- 10.1 大規模言語モデルとは 240
  - 10.1.1 LLMのテキスト生成の仕組み 240
  - 10.1.2 LLMの「文脈理解」能力 241
  - 10.1.3 LLMの特徴 241
  - 10.1.4 LLMの構築プロセス 242
  - COLUMN ユーザー独自のデータセットを使ったファインチューニング 243
- 10.2 これまでの機械学習との違い 245
  - 10.2.1 タスクごとのモデル設計 vs. 汎用的なモデルの利用 245
  - 10.2.2 基盤モデル 246
  - 10.2.3 推論フェーズの重要性 246
  - 10.2.4 プロンプトによるタスク指示 248
- 10.3 RAGワークフローの概要 249
  - COLUMN RAGとファインチューニングの使い分け 250
- 10.4 LLMを活用したアプリケーション開発のライフサイクル 252
  - 10.4.1 初期化 252
  - 10.4.2 実験 253
  - 10.4.3 評価と改善 253
  - 10.4.4 本番 254
- 10.5 まとめ 254

第11章 基盤モデルとモデルカタログ 255

- 11.1 基盤モデルの概要 255
  - 11.1.1 自己教師あり学習と基盤モデル 255
  - COLUMN ライセンスと機械学習モデル 257
  - 11.1.2 ファインチューニングとは 257
- 11.2 モデルカタログの概要 258
  - 11.2.1 Azure AIによってキュレーションされたモデル 259
  - 11.2.2 Azure OpenAIのモデル 261

xiv

CONTENTS

| | 11.2.3 | Hugging Face Hub のモデル | 262 |

11.3　基盤モデルのデプロイ ……………………………………………… 262

11.3.1　サーバーレス API …………………………………………………… 262

COLUMN　Azure AI Content Safety ……………………………………… 267

COLUMN　Azure AI Inference SDK ……………………………………… 271

11.3.2　マネージドオンラインエンドポイントへのノーコードデプロイ …… 271

11.4　ファインチューニング ……………………………………………… 276

11.4.1　SaaS 的ファインチューニング ………………………………… 276

11.4.2　PaaS 的ファインチューニング ………………………………… 286

COLUMN　深層学習モデルの軽量化手法 ………………………………… 291

11.5　まとめ ………………………………………………………………… 294

第12章　プロンプトフローの活用　295

12.1　RAG とは ……………………………………………………………… 295

12.1.1　検索システム ……………………………………………………… 296

COLUMN　ベクトル検索について ………………………………………… 299

12.1.2　オーケストレーター …………………………………………… 300

12.2　プロンプトフローとは ……………………………………………… 302

12.3　ハンズオンの設定 …………………………………………………… 303

12.3.1　Azure OpenAI のデプロイ …………………………………… 305

12.3.2　Azure AI Search のデプロイ ………………………………… 311

12.3.3　各サービスへの接続設定 ……………………………………… 313

12.3.4　インデックスの作成 …………………………………………… 316

12.4　問い合わせチャットボットの開発 ………………………………… 322

12.4.1　フローの作成 ……………………………………………………… 323

12.4.2　フローの評価 ……………………………………………………… 331

12.4.3　フローの実行 ……………………………………………………… 338

12.4.4　フローのデプロイ ……………………………………………… 340

12.5　まとめ ………………………………………………………………… 343

xv

目 次

第13章 LLMOps への招待　344

13.1　LLMOps とは　344
　13.1.1　MLOps と LLMOps の違い　345
　13.1.2　Microsoft の LLMOps 実現に向けた取り組み　349
13.2　Azure Machine Learning の LLMOps 機能　352
　13.2.1　LLM ワークフローの監視　352
　13.2.2　LLM ワークフローの監視ジョブ構築ハンズオン　354
　COLUMN　LLM ワークフローのコード管理と CI/CD 環境整備　361
13.3　まとめ　364
　COLUMN　Azure AI Foundry　365

付 録

付録A　クライアント環境のセットアップ　370
A.1　Azure CLI のインストール　370
　A.1.1　インストール手順 (Windows)　370
　A.1.2　インストール手順 (macOS)　371
　A.1.3　インストール手順 (Linux ; Ubuntu、Debian)　371
　A.1.4　Docker コンテナ
　　　　 (Docker に対応しているオペレーティングシステム)　371
A.2　Azure Machine Learning 用の Azure CLI 拡張機能　371
A.3　Azure Machine Learning Python SDK のインストール　372

付録B　Azure Machine Learning とデータ　373
B.1　データに関連する機能とアセット　373
　B.1.1　データアセット　373
　B.1.2　データインポート　378
　COLUMN　v1時代のリレーショナルデータベース連携　379
　B.1.3　特徴量ストア　379
B.2　データソース連携　382
　B.2.1　アプリケーションデータ　382
　B.2.2　データレイクハウスを中心とするデータ分析基盤　383
B.3　まとめ　388

xvi

CONTENTS

付録C　MLflow Models によるノーコードコンテナビルドとデプロイ ……… 389
　　C.1　MLflow Models のメリット ……………………………………… 389
　　C.2　モデルの読み込みと推論 ………………………………………… 389
　　C.3　APIのデプロイ …………………………………………………… 390
　　　　　C.3.1　事前準備 ………………………………………………… 390
　　　　　COLUMN　MLFLOW_TRACKING_URI ………………………… 391
　　　　　C.3.2　コンテナビルド ………………………………………… 392
　　　　　C.3.3　サービング ……………………………………………… 392
　　　　　C.3.4　MLflowによって自動生成されたAPIの仕様 ………… 393
　　　　　C.3.5　Azure Machine Learningマネージドオンラインエンドポイント … 394
　　　　　COLUMN　Kunbernetesオンラインエンドポイント …………… 397
　　C.4　まとめ ……………………………………………………………… 397

付録D　責任あるAIツールボックス ………………………………………… 398
　　D.1　責任あるAIツールボックスの概要 …………………………… 398
　　D.2　エラー分析 ……………………………………………………… 399
　　D.3　解釈可能性 ……………………………………………………… 400
　　D.4　公平性評価 ……………………………………………………… 402
　　D.5　反実仮想サンプル生成 ………………………………………… 403
　　D.6　因果推論 ………………………………………………………… 404

索引 …………………………………………………………………………… 406
おわりに ……………………………………………………………………… 412
執筆者プロフィール ………………………………………………………… 413

xvii

第 **1** 部

機械学習とAzure Machine Learningの基本

||||||||||||||||||||||||||||||||||

- ○第1章　機械学習をビジネスに活かすには
- ○第2章　Azure Machine Learningの概要
- ○第3章　Azure Machine Learning のセットアップ
- ○第4章　AutoMLの概要と実践

- 機械学習のプロセスやAzure Machine Learningのコンセプト、主要機能を紹介
- Azure Machine Learning環境の構築方法や基本的な使い方を解説
- 自動機械学習（AutoML）を利用してモデル学習からデプロイ後の推論まで体験

第1章 機械学習をビジネスに活かすには

　本章では、Azure Machine Learningの具体的な活用に入る前に、機械学習の基本的な概念や課題について解説します。機械学習は複雑な問題を解決してビジネスに価値をもたらすための強力なツールですが、その導入にはさまざまな課題があります。またこの章では、AI、機械学習、ディープラーニング、生成AI、LLMといった用語を整理し、機械学習の全体的なプロセスやビジネスにおける活用の意義について概観します。基礎を固めたうえで、次章以降でAzure Machine Learningの具体的な活用方法に進んでいきます。

1.1 機械学習に関わる用語の整理

　機械学習を理解するためには、まず関連する用語を整理することが重要です。AIは全体の概念であり、その中に機械学習が含まれ、さらに機械学習の一部としてディープラーニングがあります（図1.1）。

図1.1　機械学習に関わる用語

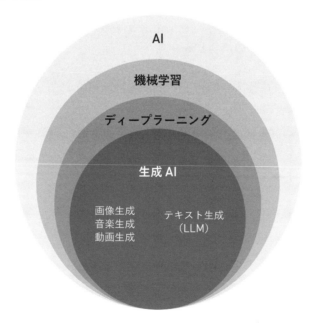

1.2 機械学習が解決できる課題

生成AIやLLM（大規模言語モデル）は、このディープラーニング技術の応用によって実現された分野です。生成AIとは、ディープラーニングを活用し、入力された指示（プロンプト）に基づいて新しいコンテンツを生成するAIの総称であり、LLMはテキスト生成や会話といったタスクに特化した大規模な言語モデルです。

- **AI（人工知能）**
  人間の知能を模倣する技術全般を指す。機械学習やルールベースのシステム、自然言語処理（NLP）、画像認識などを含む
- **機械学習（Machine Learning）**
  AIの一分野で、データからパターンを学び、意思決定や予測を行う技術。多くのビジネス課題に応用されており、分類、回帰、クラスタリング、異常検知などの用途がある
- **ディープラーニング（Deep Learning）**
  機械学習の一種で、ニューラルネットワークと呼ばれる多層構造を持つモデルを使用する。画像認識や音声認識など、従来の手法では困難だった画像認識や自然言語処理などのタスクで高い精度を実現している
- **生成AI（Generative AI）**
  ディープラーニングの技術を活用し、入力の指示（プロンプト）に基づいてテキスト、画像、音声、動画などを生成するAI技術の総称。ChatGPTで使われているモデルがその代表で、近年のAIブームの中心となっている
- **LLM（大規模言語モデル）**
  生成AIの一種で、膨大なデータを学習して自然言語の生成や理解を行うモデル。ChatGPTで使われているGPT-4やGoogle Gemini、Anthropic Claude、Meta Llamaなどが代表例

1.2 機械学習が解決できる課題

機械学習は、データからパターンを学び、複雑な問題を解決するための強力なツールです。近年台頭した生成AIのおかげもあり、その利用範囲や用途はますます広がっています。機械学習が解決できる課題は多岐にわたりますが、大きく次のようなものに適用されています。

- **分類問題**
  メールのスパム判別、医療診断における疾患分類など
- **回帰問題**
  不動産価格の予測、エネルギー消費の予測など

第1章　機械学習をビジネスに活かすには

- クラスタリング
  市場のセグメンテーションや顧客グループの特定など
- 異常検知
  クレジットカードの不正使用検出、工業製品の異常検出など
- 自然言語処理
  テキストの感情分析、チャットボットの開発、文書の分類など
- 画像処理
  画像の分類、物体検出、顔認識など
- 強化学習
  自動運転やロボティクスでの最適な動作決定など

1.3　生成AI時代における機械学習の意義

　近年、生成AIの台頭により、機械学習はさらに注目を集めています。生成AIは、テキスト生成や画像生成、さらには音声や動画の生成など、これまで人間が行っていたクリエイティブな作業の一部を自動化する技術として大きな進歩を遂げています。このような技術が一般的に利用されるようになったことで、ビジネスの現場でも機械学習の導入に対する関心がかつてないほど高まっています。

　生成AIの時代において機械学習の基礎を理解することは、技術的な理解を深めるだけでなく、生成AIの可能性と限界を知ることにより、現実的なビジネス活用にも役立ちます。また機械学習は、ビジネスに新たな価値をもたらすツールとして多くの分野で活用される可能性があり、デジタルトランスフォーメーション推進の一助となるスキルです。

1.4　機械学習が取り組むべき課題

　機械学習を導入する際には、単に「機械学習を使いたい」ことが目的とならないように、適切な課題を選定することが重要です。機械学習が取り組むべき課題とは、機械学習を使うことで、他の手法よりも品質やコストの面で優位性が得られるケースです。具体的には、ルールベースのアルゴリズムや手作業では対応が難しい複雑なパターンの認識や、大量のデータを活用してパフォーマンスを向上させる場面が該当します。

　たとえば、次のような課題が「機械学習が取り組むべき課題」に該当します。

1.4 機械学習が取り組むべき課題

1.4.1 需要予測

小売業や製造業において、需要予測は非常に重要な課題です。従来は、過去の販売データをもとに単純な統計手法で予測を行っていましたが、近年は機械学習モデルを使用することで、気候、イベント、地域特性といった多様な要因を取り入れた精度の高い予測が可能となっています。機械学習を使うことで、在庫の最適化や廃棄ロスの削減といった効果が期待でき、ビジネスに大きなインパクトを与えることができます。

1.4.2 画像分類による品質検査

製造業の品質検査では、従来は人手で製品の欠陥をチェックしていました。機械学習を使った画像認識モデルを導入することで、自動で不良品を検出できるようになり、検査の効率と精度が向上しました。とくに、外観検査や微細な欠陥の識別など、人間の目では見落としやすい部分を機械学習でカバーできる点が大きな利点です。

1.4.3 自然言語処理による文書分類

大量の文書を特定のカテゴリに分類する作業は、ルールベースでは柔軟性に欠け、とくにあいまいな表現を含む場合には対応が困難です。ここで機械学習を使った自然言語処理モデルを用いることで、文章の内容に基づいた分類が可能になります。たとえば、カスタマーサポートに寄せられる問い合わせの内容を自動分類し、担当部署に振り分けることで、対応の効率化が図れます。

これらの例からもわかるように、機械学習を導入するかどうかの判断には、他の手法との比較が重要です。次の観点を検討することで、機械学習の導入が適切かどうかを判断しやすくなります。

- 代替手段の検討
  機械学習を使わずに、従来のルールベースや統計手法で十分な結果が得られる場合は、必ずしも機械学習を使う必要はない。たとえば、単純な分類や少数のルールでカバーできるシステムなら、ルールベースのほうがコスト面で有利
- ビジネスの影響
  機械学習による課題の解決がビジネス全体にどのような影響をもたらすかを考慮し、投資対効果（ROI）を見積もることが重要。たとえば、需要予測の精度が改善されることで在庫管理が効率化し、利益率向上が期待できるなど、具体的な効果があるかを確認する
- データの可用性
  機械学習には大量のデータが必要で、問題を解決するために十分な量と品質のデータが入手で

きるかを確認することが重要。データが不足している場合、機械学習の精度が低下し、期待した成果が得られないリスクがある

このように、機械学習を使うことが明確に他の手法よりも効果的であると判断できる場合に限り、機械学習の導入を検討すべきです。

1.5 機械学習の全体的なプロセスと課題

機械学習プロジェクトは、単にモデルを構築して精度を上げるだけでは終わりません。現実のビジネス課題を解決するためには、適切な問題設定から始まり、モデルを実際にシステムに組み込み、運用し続けるまでの長いプロセスを通じて価値を創出する必要があります。本節では、機械学習プロジェクトの典型的なプロセス (図1.2) と、その各フェーズで直面しがちな課題について解説します。

図1.2 機械学習の全体的なプロセス

1.5.1 課題設定：解決すべき課題の明確化とプロジェクトの基盤構築

機械学習プロジェクトの最初のステップは「課題設定」です。ここでは、解決したいビジネス上の問題を具体的に定義し、その成功基準 (KPI) や評価指標を決定します。また、プロジェクトに必要なデータの種類や量、さらに計算資源や技術的な制約も特定します。

- 成功基準の設定
  モデルがどの程度の精度を達成すれば「成功」とみなすかを、具体的な数値 (例：精度90％以上) で定める
- 問題の定義
  ビジネスの目的に応じて、予測や分類、クラスタリングなど、どのような機械学習タスクを解くべきかを決める
- データとリソースの特定
  必要なデータがすでにあるか、新たに収集が必要かを確認し、またモデル学習にどの程度の計算資源が必要かを検討する

課題設定が不十分だと、目的にそぐわないモデルが開発されるリスクが高まります。この段階

　　　　　　　　　　　　　　　　　　　　　　　　　1.5　機械学習の全体的なプロセスと課題

でビジネス担当者やデータサイエンティスト、エンジニアが密にコミュニケーションをとり、ゴールと制約を明確にしておくことが重要です。

1.5.2 　ミ　データ収集・探索：必要なデータの収集と分析

　モデル開発には適切なデータが不可欠です。ここでは、データの収集と探索を行い、プロジェクトに必要なデータセットを準備します。

- データ収集
  必要なデータが内部データベースや外部APIから収集される。データが不足している場合は、追加のデータ収集が検討されることもある
- データ探索
  データ分布、相関、欠損値の有無などを調査する。このプロセスで得られる知見が、次の前処理や特徴量エンジニアリングに大きく影響する

　データの量や質が不十分な場合、追加の収集や品質向上のための工数が発生します。また、偏りのあるデータではモデルの性能が低下するため、探索フェーズで適切な分析を行う必要があります。

1.5.3 　ミ　データ前処理：モデルが学習可能なデータセットの整備

　データ前処理は、データを機械学習に適した形に整えるフェーズです。このプロセスには、データクリーニング、データラベリング、特徴量エンジニアリングが含まれます。

- データクリーニング
  欠損値の補完、外れ値の処理、一貫性のないデータの修正などを行い、データの質を向上させる
- データラベリング
  ラベル付きデータが必要な場合、人手や自動化ツールを用いてデータにラベルを付与する
- 特徴量エンジニアリング
  たとえば日時データから曜日や季節を抽出するように、新しい特徴量を作成し、モデルが学習しやすいデータを生成する
- データ分割
  データを「訓練」「検証」「テスト」の3種類に分け、学習と評価に使用する

　データの質が低いとモデルの性能が下がるため、データクリーニングと特徴量エンジニアリングを丁寧に行うことが重要です。

7

第**1**章　機械学習をビジネスに活かすには

1.5.4 ⋮ アルゴリズム選定：タスクに最適なモデルの選択

　データが準備できたら、次は適切な機械学習モデル・アルゴリズムを選択します。適切なアルゴリズムの選定は、モデル学習の成功に直結します。プロジェクトのタスクに応じて、次のようなアルゴリズムを選択します。

- **クラス分類問題**
  ロジスティック回帰、サポートベクターマシン (SVM)、ランダムフォレストなど
- **回帰問題**
  線形回帰、勾配ブースティング、ニューラルネットワークなど
- **クラスタリング (グループ分け)**
  k-means、階層クラスタリング、Gaussian Mixture Modelなど

　タスクに合わないアルゴリズムを選択すると、性能が著しく低下します。アルゴリズムの特性を理解し、最適な選択を行う必要があります。

1.5.5 ⋮ パラメーター探索：モデル性能を左右するパラメーターの最適化

　モデル学習の過程で調整する必要があるモデル自身の設定・パラメーター(ハイパーパラメーター、第5章参照) を最適化します。アルゴリズムの種類によって学習率、木の深さ、ネットワークの深さなどさまざまなハイパーパラメーターがあり、モデル性能に大きな影響を与えます。設定にはいくつかの手法があります。

- **最適化**：グリッドサーチ、ランダムサーチ、ベイズ最適化などを使用し、学習率や木の深さなどのパラメーターを調整する
- **クロスバリデーション**：訓練データを複数の分割に分けて学習・評価を繰り返し、最適なハイパーパラメーターを特定する

　パラメーター探索には時間がかかることが多く、計算資源の効率的な活用が求められます。

1.5.6 ⋮ モデル学習：データからパターンを学ぶプロセス

　選択したアルゴリズムと最適化したハイパーパラメーターを用いて、モデルにパターンを学習させます。

- **学習プロセス**
  訓練データを使用してモデルを構築する。この段階では過学習や未学習を防ぐための工夫が必要

1.5　機械学習の全体的なプロセスと課題

- 早期停止

  モデルが過学習する前に学習を停止し、汎化性能を向上させる

　モデルが複雑過ぎる場合は過学習が発生し、単純過ぎる場合は未学習になる可能性があります。適切なモデル選択とチューニングが行えないと、性能の低いモデルができあがるリスクが高まります。

1.5.7　≡　モデル評価：モデルの性能確認と改善

　モデルが学習できたら、次はその性能を評価します。評価フェーズでは、モデルの予測精度をテストデータで測定し、必要に応じて再学習やチューニングを行います。

- 評価指標の選定

  モデルの性能を評価するための指標（例：正解率、F1スコア、AUCなど）を選定する。選択する指標はタスクによって異なる
- 精度評価

  テストデータを使って、モデルが新しいデータに対してどの程度の精度を示すかを確認する
- モデルの解釈と説明

  モデルがどのように判断を行っているかを理解するためのプロセス。とくにブラックボックス的なモデル（例：ディープラーニング）では、SHAP値やLIMEなどの説明可能性の技術が利用されることが多い

　このフェーズでの課題は、適切な評価指標を選ぶことと、モデルの説明可能性を確保することです。とくに、ビジネス上の意思決定にモデルを用いる場合、モデルの判断根拠を説明できることが重要です。

1.5.8　≡　デプロイ：モデルの実稼働環境への導入

　モデルが所定の精度基準を満たしたら、いよいよ実稼働環境へ導入（デプロイ）するステップに移ります。このプロセスでは、学習済みモデルをユーザーや他のシステムから利用可能な形で公開し、ビジネスに価値を提供するための準備を整えます。デプロイの形式にはリアルタイム推論とバッチ推論の2種類があり、それぞれのユースケースに応じて適切な方式を選択します。

- リアルタイム推論

  ユーザーからのリクエストに応じて即座に予測を返す方式。たとえば、オンラインショップのレコメンデーションエンジンやチャットボットの応答モデルなどが該当する。この場合、モデルはAPIとして公開され、リクエストに対してリアルタイムで応答する

第 **1** 章　機械学習をビジネスに活かすには

- バッチ推論

  事前に用意したデータセットに対して一括で推論を実行する方式。たとえば、大量の顧客デー
  タに対して一括でセグメンテーションを行う場合などが該当する。この方式は即時応答が不要
  なシナリオで使用され、定期的にスケジュールされたバッチ処理として実行される

なおデプロイには、次のような作業が含まれます。

- 環境の設定

  デプロイ先の環境を設定し、モデルの依存ライブラリや設定ファイルを整える。クラウドサー
  ビスを利用する場合、必要なリソース (CPU、メモリ、GPUなど) を適切に割り当てる
- スケーリングの設計

  負荷が増えた場合にも安定したパフォーマンスを維持するため、水平スケーリング (インスタ
  ンスの追加) や垂直スケーリング (リソースの増強) を検討する
- セキュリティと認証

  モデルのAPIに対して不正アクセスが行われないように、アクセス制御や認証を設定する。また、
  データの送受信においても暗号化が行われることが望ましい

デプロイの課題としては、適切なリソースの確保、スケーリングの設計、セキュリティの確保
が挙げられます。また、デプロイ環境に合わせた依存関係の管理も重要です。Azure Machine
Learningでは、これらの作業をサポートするデプロイ機能が提供されており、クラウド環境への
迅速かつ安全なモデルデプロイが可能です。

1.5.9 ≡ モニタリング：デプロイ後のモデル性能監視とメンテナンス

　モデルが実稼働環境にデプロイされても、プロジェクトは完了ではありません。デプロイ後の
モデルのパフォーマンスを継続的にモニタリングし、性能の維持と改善を図るフェーズが「モニ
タリング」です。このステップでは、モデルが想定どおりの精度を保っているか、データの変化
により精度が低下していないかを定期的に確認します。

- パフォーマンスモニタリング

  実際の予測結果と現実のデータを比較し、モデルの精度が維持されているかを確認する。たとえば、
  分類問題の場合、継続的に正解率やF1スコアを計測し、目標値を下回らないかを監視する
- データドリフト検出

  時間の経過とともにデータの分布が変わり、モデルの精度が低下することをデータドリフトと呼ぶ。
  これを検出するために、入力データや予測結果の統計量をモニタリングし、異常な変化が見ら

れた場合にはアラートを発する
- **モデルの再学習と更新**
モデルの精度が低下した場合やデータドリフトが検出された場合、新しいデータを使用してモデルを再学習し、精度を向上させる。これにはデータ収集から再学習、再デプロイまでの一連のプロセスが含まれ、MLOps (Machine Learning Operations) と呼ばれる自動化手法を導入することで効率化が図れる

モニタリングの課題は、モデルの性能が長期間にわたり安定しているかを把握し、必要に応じて迅速に対応する体制を整えることです。また、データドリフトやモデルの劣化に対応するために再学習の仕組みを自動化することが、実運用における成功の鍵となります。
Azure Machine Learningには、デプロイ後のモデルを継続的にモニタリングし、性能の劣化が発生した際にアラートを設定する機能があります。これにより、モデルのパフォーマンスを長期間にわたって安定させることが可能です。

1.6 ビジネスにおける機械学習

機械学習は、課題設定からデプロイまでの一方通行のプロセスではなく、試行錯誤と改善を繰り返すループ型のプロセスです。とくにビジネスにおける実用的な機械学習プロジェクトでは、プロトタイピング、トレーニング、運用という3つの主要なフェーズ（ループ）を繰り返しながら進行することが一般的です（図1.3）。

図1.3 ビジネスにおける機械学習プロジェクトの主要なフェーズ（ループ）

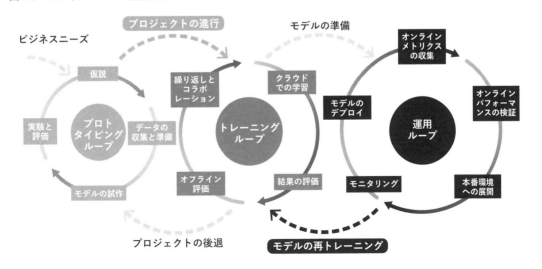

第**1**章　機械学習をビジネスに活かすには

　これらのループは、それぞれ異なる焦点を持ちながらも相互に連携しており、ビジネス価値を最大化するための継続的な改善サイクルを形成しています。

　本節では、3つのループの役割とその中での重要な作業を詳しく解説します。

1.6.1 ⋮ プロトタイピングループ

　プロトタイピングループでは、機械学習の初期段階として、モデルの試作や小規模なデータセットを使った仮説検証が行われます。この段階の主な目的は、初期のモデルアーキテクチャを設計し、安定したコードベースを構築することです。このループでは以下のような作業が求められます。

- データやコード、モデルの探索と利用
  公開データセットや組織内で管理されているデータセットを利用し、モデル構築のための材料を見つける
- コード、データ、モデルの反復開発と評価
  Jupyter NotebookやVisual Studio Code(VS Code)といった開発環境を活用し、すばやくコードやモデルを改良する
- ローカル環境でのハイパーパラメーターチューニング
  小規模データセットを使用して、効率的にハイパーパラメーターの調整を実施する
- ローカルでのモデルデプロイとベースラインの確立
  ローカル環境にモデルをデプロイし、基準となる性能を確認する
- スケールアウトの準備
  コードが安定し、クラウド環境やチームでの共同作業に移行できる状態を確立する
- スケールトレーニングにおける問題のデバッグ
  トレーニングループへの移行後に発生する問題を解決する

　この段階では、モデル開発を迅速かつ反復的に行い、次のトレーニングループへの移行準備を整えることが重要です。また、ローカル環境での効率性を最大限に活用しつつ、クラウドスケールへのスムーズな移行を目指します。

1.6.2 ⋮ トレーニングループ

　トレーニングループでは、プロトタイピングループで構築したモデルをクラウド環境に移行し、大規模データセットを使用したトレーニングやハイパーパラメーターチューニングを行います。この段階の主な目的は、モデルを高精度化し、実運用に耐え得る品質に仕上げることです。主な作業内容は次のとおりです。

1.6 ビジネスにおける機械学習

- **環境変数、データセット、トレーニングジョブの移行と設定**
  ローカルで動作していたコードやデータセットをクラウドに移行し、トレーニング環境を整備
- **組織内の追加データやリソースの活用**
  セキュリティやコンプライアンス要件を満たした形で、組織が管理するデータやツールを利用
- **ハイパーパラメーターの調整**
  クラウドスケールで効率的なハイパーパラメーター最適化を実行
- **トレーニング結果のコラボレーション**
  チーム内でモデルやデータ、結果を共有し、共同でモデルを改良
- **モデルの準備状況を評価**
  モデルの品質、公平性、説明性を評価し、実運用に進む準備を整える
- **オフラインでのモデル検証**
  本番環境に移行する前に、詳細な検証を実施

1.6.3 ⋮ 運用ループ

　運用ループでは、トレーニングループで完成させたモデルを本番環境にデプロイし、ビジネス価値を提供する段階です。このフェーズでは、モデルのオンライン検証やモニタリングを通じて、継続的な最適化を行います。主な作業内容は以下のとおりです。

- **検証アプローチと昇格基準の定義**
  モデルが本番環境に進むための具体的な基準を設定
- **候補モデルのデプロイとテスト**
  本番環境でのテストデプロイを実施し、モデル性能を評価
- **オンライン検証用のメトリクス収集と分析**
  本番環境で実データを使ったモデルの性能をモニタリング
- **モデルのプロダクションへの昇格**
  必要な基準を満たした場合、モデルを正式に本番環境に投入
- **運用中のモデルモニタリング**
  実運用データに基づいて、モデルの性能や公平性を継続的に監視
- **再トレーニングのタイミング判断**
  モデルの性能低下やビジネス要件の変更が発生した際に再トレーニングを実施
- **チャレンジャーモデルとの比較**
  運用中のモデルをより良い候補モデルと比較し、性能向上を検討

　運用ループは、モデルがビジネスに価値を提供し続けるために、安定性と柔軟性のバランスを

保つ重要なフェーズです。

　これら3つのループを適切に回すことで、機械学習プロジェクトは単なる技術実装にとどまらず、ビジネスの課題解決や価値創出の原動力となります。それぞれのループ間でスムーズな移行を実現するためには、Azure Machine Lerningのようなプラットフォームを活用し、開発効率と運用性を両立させることが鍵となります。このサイクルを繰り返し進めることで、機械学習の価値を最大化し、ビジネス成果を持続的に向上させることが可能です。

1.7 まとめ

　本章では、機械学習をビジネスに活用するための全体像を解説し、プロトタイピング、トレーニング、運用という3つのループを軸に、実際のプロジェクトがどのように進められるべきかを説明しました。これらのループは、課題設定やデータ準備、モデル開発から運用に至るまでのプロセスを体系化し、継続的な改善と価値創出を可能にする重要なフレームワークです。

　また、機械学習プロジェクトには多くのステップと課題が伴いますが、それらを効率的に解決するためには適切なプラットフォームの活用が不可欠です。Azure Machine Learningは、データ加工からモデル開発、デプロイ、運用管理までを一貫して支援し、これらの3つのループをスムーズに回すための強力なツールを提供します。

　次章では、Azure Machine Learningの概要とその具体的な機能を詳しく紹介し、実践的なプロジェクトでどのように活用できるのかを探っていきます。

第 2 章 | Azure Machine Learning の概要

　前章で振り返った機械学習で取り組むべき課題や機械学習のプロセスをふまえ、本章ではそれらの課題に対処するための機械学習プラットフォームであるAzure Machine Learningを紹介します。Azure Machine Learningがどのようなコンセプトで開発され、どういった機能を備えているかを理解し、次章以降で実際にAzure Machine Learningを使っていくための前準備をします。

2.1 Azure Machine Learningとは

　Azure Machine Learning[注2.1]は、Microsoftが提供するクラウドベースの機械学習プラットフォームです。このプラットフォームを使用することで、データサイエンティストや開発者は、機械学習モデルの構築からデプロイ、運用管理までの、機械学習の利用における一連のライフサイクルを実現可能です。

　図2.1は、機械学習利用における一連の流れの中で、従来のプロセスがAzure Machine Learningによってどう効率化されるかを示しています。

注2.1 「Azure Machine Learningとは」
https://learn.microsoft.com/azure/machine-learning/overview-what-is-azure-machine-learning

第2章　Azure Machine Learningの概要

図2.1　Azure Machine Learningで効率化できる機械学習ライフサイクル

	従来 （オンプレミス・仮想マシン）	Azure Machine Learning
計算リソースの用意	・GPU搭載のサーバーを調達 ・電源確保&ネットワークに接続 ・仮想マシンの作成	・サーバーレスコンピューティングを利用 ・計算リソースをアタッチ ・コンピューティングインスタンス／クラスターを構成
環境構築	・PythonとJupyter環境をセットアップ ・GPUのドライバー／ライブラリを 　インストール	・環境（Environment）を読み込む ・サーバーレスコンピューティングや 　コンピューティングインスタンスをそのまま使う
データの用意	・データを抽出してCSVやParquet 　などのファイル形式で共有を受ける	・データソースをデータストアとしてアタッチし、 　データアセットを作成
前処理・モデルの作成	・データの前処理 ・アルゴリズムの試行と 　パラメーター探索	・AutoMLでモデルを自動作成 ・大規模計算リソースで効率的に探索 ・実験／モデルを記録
推論コンテナの作成	・Dockerfileを書いてモデルを 　収めたコンテナを作成 ・FlaskやFastAPIなどでHTTP 　推論エンドポイントをセット	・保存したモデルにメタデータを付与する ・エントリースクリプトの作成
デプロイ	・Kubernetesなどにコンテナを 　デプロイ	・推論用の計算リソースにモデルをデプロイ

　また、こういったモデル学習を中心とした機械学習利用に加え、大規模言語モデル（LLM）に代表されるさまざまな生成AIモデルをそのままデプロイして利用する機能や、LLMを組み込んだワークフローを構築、運用していくための機能も提供されています。

　Azure Machine Learningの代表的な機能は次のとおりです。

- 機械学習の学習、推論を行うためのマネージド計算リソース（コンピューティングインスタンス、コンピューティングクラスター、サーバーレスSparkコンピューティング、マネージドエンドポイント）
- 機械学習のジョブ・実験管理（ジョブ、実験）
- 再利用可能な機械学習パイプライン作成し、実行する機能（コンポーネント、パイプライン）
- Jupyter Notebookを強化した組み込みノートブック機能
- GUIで機械学習ジョブ・パイプラインを構成する機能（デザイナー）
- 械学習で扱うアセット類（データ、モデル、環境、コンポーネント）をワークスペースを越えて共有する機能（レジストリ）
- 生成AI/LLMを活用したアプリケーションを簡単に構築するための機能（モデルカタログ、プロンプトフロー）

　Azure Machine Learningの強みを以下に挙げていきます。

16

> **COLUMN**
>
> ## マネージド計算リソースとは
>
> 以降では「マネージド」という名前が付いたリソースが多く登場しますが、それらマネージド計算リソースとは、Azureが提供する計算リソースの管理をAzure側で行うサービスを指します。ユーザーはインフラの管理やメンテナンスを気にすることなく、計算リソースを利用できます。これにより、ユーザーは機械学習モデルの開発や運用に集中することができます。
>
> またAzure Machine Learningは、PythonやRなどの一般的なプログラミング言語をサポートしており、OSSを中心にさまざまなツールやライブラリを使用できます。これにより、データサイエンティストや開発者は、自分たちが使い慣れた環境をベースに、最適な開発環境を選択可能です。
>
> Azure Machine Learningは、機械学習モデルのトレーニングやデプロイに必要なリソースを自動的にスケーリングするため、大規模なデータセットや複雑なモデルでも高速に処理できます。また、Azure Machine Learningは、Microsoftのセキュリティとコンプライアンスの基準に準拠しており、データの保護やプライバシーについても十分な配慮がなされています。
>
> Azure Machine Learningを使用することで、データサイエンティストや開発者は、機械学習モデルの構築やトレーニング、デプロイを、クラウドの柔軟な計算リソースを活かしつつ、より簡単かつ効率的に行うことができます。

2.1.1 ⋮ 使い慣れたツールとの統合

機械学習エンジニアやデータサイエンティストが使い慣れたツールでAzure Machine Learningを使い始め、クラウドスケーリングのメリットを活用できるようになっています。Jupyter Notebookをベースとしたノートブック機能が搭載され、学習や推論の環境管理はDockerやAnacondaで行えます。また、VS Codeとの連携機能も備わっており、手元の環境から簡易にAzure Machine Learningの各種アセットの確認、実行ができるようになっています。

Jupyter NotebookをベースとしたノートブックVS CodeでのAzure Machine Learning利用については第5章で紹介します。

2.1.2 ⋮ MLflowへのネイティブ対応

Azure Machine Learningは、機械学習ライフサイクル管理のためのオープンソースプラットフォームであるMLflowにネイティブ対応しています。これにより、MLflowの強力な実験管理、モデル管理機能をAzure Machine Learningの環境内でシームレスに利用できます。

MLflowは、実験のトラッキング、モデルのパッケージ化、モデルのデプロイ、およびモデルレジストリ機能を提供します。Azure Machine Learningはこれらの機能をMLflow TrackingとMLflow Modelsを中心に統合し、次のような利点を提供します。

第2章　Azure Machine Learningの概要

- 実験のトラッキング

  Azure Machine Learningは、MLflow Tracking Server互換のエンドポイントを提供し、実験のメトリクス、パラメーター、成果物（アーティファクト）を一元管理する。これにより、実験の再現性とトレーサビリティが向上する

- モデルのパッケージ化とデプロイ

  MLflow Models形式で保存されたモデルは、Azure Machine Learningのマネージドオンラインエンドポイントやバッチエンドポイントにノーコードでデプロイできる。これにより、モデルのデプロイが迅速かつ簡単に行える

Azure Machine LearningのMLflowネイティブ対応により、ユーザーはAzure Machine Learningのプラットフォーム上でMLflowの利便性を享受できます。MLflowによる実験管理とモデル管理は第6章で解説します。

2.1.3 ⋮ MLOpsのプラットフォーム

MLOps（Machine Learning Operations）は、機械学習モデルの開発から運用までを含むエンドツーエンドのプロセスを管理するための手法です。これは、DevOpsの概念を機械学習に適用したもので、モデルのトレーニング、デプロイ、監視、再トレーニングなどの一連の作業を自動化し、効率的に行うことを目的としています。

Azure Machine LearningはMLOpsのプラットフォームになっており、機械学習で利用する各コンポーネントをAzure Machine Learningワークスペースの各種アセット（データセット、学習／推論ジョブ、モデルなど）として登録して利用することで、複数人でのコラボレーションや再現性の確保を容易にします。また、レジストリ機能を使ったワークスペースを跨いだアセット管理を行うことで、開発、本番環境などのワークスペース単位での管理が容易になっています。

Azure Machine LearningでのMLOpsについては第9章で解説します。

2.1.4 ⋮ 責任あるAI利用のための機能

Microsoftは責任あるAI（Responsible AI）の分野での研究や応用に力を入れており、Azure Machine Learningにはその研究成果をベースとした幅広い機能が統合されています。

機械学習モデルの公平性、透明性、説明可能性、プライバシー、セキュリティなどの側面を評価するためのダッシュボードとスコアカードが提供されています。この機能を使用すると、データサイエンティストと開発者は、性別、民族性、年齢などの観点から定義されたグループ全体でモデルの公平性を評価できます。また、責任あるAI機能は、モデルの説明可能性を向上させるために、特徴量の重要度やモデルの予測に影響を与える要因を視覚化できます。

2.2 Azure Machine Learningの主要な概念

責任あるAIについては本章末のコラムで、構築したモデルの説明については第4章で紹介します。

2.1.5 ∷ エンタープライズ対応

Azure Machine Learningは個人や小規模チームでの利用はもちろん、エンタープライズ企業での利用も想定したアーキテクチャになっています。そのため、超大規模なデータを扱え、ネットワーク分離を含めた高度なセキュリティやコスト管理機能を備え、またAzureサービスとして各種コンプラインやガバナンスにも対応しています[注2.2]。

2.1.6 ∷ LLMを利用したアプリケーションの開発

Azure Machine Learningは、ユーザーが独自にデータを収集してモデルを構築するための機能のみならず、モデルカタログやプロンプトフローなど、LLMを利用するための機能が備わっています。モデルカタログでは、事前にトレーニングされたモデルを簡単に検索、比較、利用でき、プロンプトフローを使用することで、RAG/AIワークフローのための効果的なプロンプト設計やテストが可能です。これにより、LLMの開発と運用がより効率的に行えます。

LLMに関連した機能については第3部で紹介します。

▎2.2 ∷ Azure Machine Learningの主要な概念

2.2.1 ∷ ワークスペース

Azure Machine Learningにはワークスペースという最上位リソースが存在し、ワークスペースを中心に各種リソースとアセットがひも付く形で構成されています。ワークスペースが各種リソースとのアクセスを仲介すると言ってもいいでしょう。**図2.2**にワークスペースを中心として各種リソースとアセットの関係図をまとめました。

注2.2　Azureは累計100を超える世界各国のコンプライアンス認証を取得しています。
　　　　"Azure compliance" https://azure.microsoft.com/explore/trusted-cloud/compliance

第2章 Azure Machine Learningの概要

図2.2 Azure Machine Learningの全体像

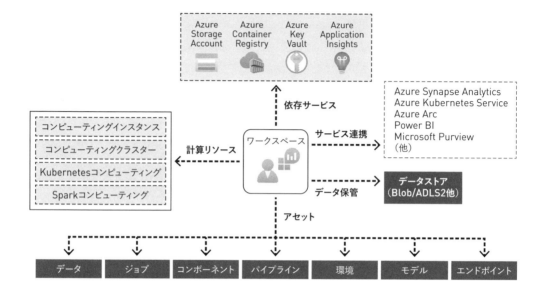

Azure Machine Learningは多くの種類のリソースやアセットが登場するため、この図を念頭に置きつつ第3章から実際に触ってイメージをつかんでいきましょう。

ワークスペースごとにデータ、モデル、エンドポイントなどのアセット管理や、メンバーの権限設定を行えるため、プロジェクトや開発フェーズごとにワークスペースを使い分けられます。実際の機械学習システム開発では、ワークスペースを開発用、検証用、本番用などと分けてメンバー／リソースの管理を行うのがベストプラクティスの1つとされています[注2.3]。また、スタジオ上（後述）でワークスペースの切り替えが簡単に行えます（図2.3）。

注2.3 「Azure Machine Learning環境の整理とセットアップ」https://learn.microsoft.com/azure/cloud-adoption-framework/ready/azure-best-practices/ai-machine-learning-resource-organization

2.2 Azure Machine Learningの主要な概念

図2.3 ワークスペースの一覧

　Azure portalでAzure Machine Learningのリソースを作成すると、まずワークスペースが作成されます。Azure Machine Learningは各種リソースの中心であり作業の中心にもなります。ワークスペースの作成と計算環境のセットアップについては第3章で解説します。

COLUMN

Azure Machine Learningの価格

　Azure Machine Learningは、学習や推論に利用した計算リソース、機械学習データを置いているストレージなど、Azure Machine Learningが依存しているリソースへの従量課金のみで利用できます。Azure Machine Learningを利用するためのライセンス費用などは発生しません。これは後述するAutoMLやパイプラインなど個別の機能においても同様です。価格の詳細は価格見積もりページ注2.Aをご覧ください。

注2.A　https://azure.microsoft.com/pricing/details/machine-learning/

2.2.2　クライアントツール

　Azure Machine Learningには、複数のクライアントツールとREST APIが用意されています。以降にそれぞれのツールの概要と違いを説明します。なお、スタジオ固有の機能（デザイナー、ノートブックなど）や開発状況により若干の機能差はあるものの、基本的には同じ機能がスタジオ、

第2章 Azure Machine Learningの概要

Python SDK、CLI、REST APIで利用できるように開発されています。

◯ Azure Machine Learningスタジオ

スタジオは、GUIを使用してAzure Machine Learningの機能を利用できるWebブラウザベースのツールです（図2.4）。

図2.4 Azure Machine Learningスタジオのホーム画面

AutoML（自動機械学習）の実行や、モデルのデプロイ、実験／ジョブ記録や各種アセットの管理が簡単に行えます。また、また、スタジオ固有の機能として、ノートブックとデザイナーの機能が搭載されています[注2.4]。

◯ Azure Machine Learning Python SDK

Python SDKは、Pythonを使用して機械学習モデルの学習／デプロイ、各種アセット管理を行うためのライブラリです。また、スタジオや、後述のCLIで作成したアセットをPython SDKで操作することもできます。

イメージをつかむために、AutoMLを行うPython SDKのコード例を掲載します（リスト2.1）。

注2.4 Azure Machine LearningスタジオのUIでは、AutoMLは「自動ML」、ノートブックは「Notebooks」という名称になっています。

2.2 Azure Machine Learningの主要な概念

リスト2.1　AutoMLジョブの実行(Python SDK)

```python
from azure.ai.ml.constants import AssetTypes
from azure.ai.ml import automl, Input

# これはコードの一部であり、動作させるには変数の値を適切に設定する必要があります

# トレーニングデータ用のInputオブジェクトを作成
my_training_data_input = Input(
    type=AssetTypes.MLTABLE,                 # データのタイプをMLTABLEとして指定
    path="./data/training-mltable-folder"    # トレーニングデータのパス
)

# 分類ジョブの設定
classification_job = automl.classification(
    compute=my_compute_name,                 # 使用する計算リソースの名前
    experiment_name=my_exp_name,             # 実験の名前
    training_data=my_training_data_input,    # トレーニングデータを指定
    target_column_name="y",                  # 目的変数の列名
    primary_metric="accuracy",               # 主評価指標を「精度」に設定
    n_cross_validations=5,                   # クロスバリデーションの分割数
    enable_model_explainability=True,        # モデルの説明性を有効化
    tags={"my_custom_tag": "My custom value"}  # 任意タグを追加
)

# ジョブの制限（任意設定）
classification_job.set_limits(
    timeout_minutes=600,                     # ジョブ全体のタイムアウト（分）
    trial_timeout_minutes=20,                # 各トライアルのタイムアウト（分）
    max_trials=5,                            # トライアルの最大数
    enable_early_termination=True,           # 早期終了を有効化
)

# トレーニングプロパティ（任意設定）
classification_job.set_training(
    blocked_training_algorithms=["logistic_regression"],  # 除外するアルゴリズム
    enable_onnx_compatible_models=True       # ONNX互換モデルを有効化
)
```

◯ Azure Machine Learning CLI

CLIはAzure Machine Learning用のAzure CLI拡張機能で、コマンドラインインターフェースを使用してAzure Machine Learningサービスを管理することができるツールです。スタジオやPython SDKで行えるタスクをコマンドラインで実行できます。機械学習ジョブやモデル、環境、エンドポイントなどをYAMLベースで定義できるため、Azure Machine Learningの設定をコードで管理できます。**リスト2.2**はAutoMLを行うCLIのコード例です。

第2章 Azure Machine Learningの概要

リスト2.2 AutoMLジョブの実行(CLI)

```
$schema: https://azuremlsdk2.blob.core.windows.net/preview/0.0.1/autoMLJob.schema.json
type: automl                                     # ジョブのタイプをAutoMLに設定

experiment_name: <my_exp_name>                   # 実験名
description: A classification AutoML job          # ジョブの説明
task: classification                             # タスクの種類（分類）

training_data:
    path: "./train_data"                         # トレーニングデータのパス
    type: mltable                                # データタイプ（MLTable）

compute: azureml:<my_compute_name>               # 使用する計算リソース
primary_metric: accuracy                         # 主評価指標を「精度」に設定
target_column_name: y                            # 目的変数の列名
n_cross_validations: 5                           # クロスバリデーションの分割数
enable_model_explainability: True                # モデルの説明性を有効化

tags:
    <my_custom_tag>: <My custom value>           # 任意タグを追加

limits:
    timeout_minutes: 600                         # ジョブ全体のタイムアウト（分）
    trial_timeout_minutes: 20                    # 各トライアルのタイムアウト（分）
    max_trials: 5                                # トライアルの最大数
    enable_early_termination: True               # 早期終了を有効化

training:
    blocked_training_algorithms: ["logistic_regression"]  # 除外するアルゴリズム
    enable_onnx_compatible_models: True          # ONNX互換モデルを有効化
```

⭕ Azure Machine Learning REST API

REST APIは、HTTPプロトコルを使用してAzure Machine Learningサービスを操作するためのAPIです。REST APIを使用することで、自動化されたシステムからAzure Machine Learningサービスを利用できます。

⭕ クライアントツールの使い分け

これらのクライアントツールの違いは、おもに使用方法や目的によって異なります。

- スタジオ
  コードを書かずに機械学習モデルを作成したい場合や、可視化や監視などの便利な機能を利用したい場合に適する
- Python SDK
  Pythonでカスタムコードを書いて機械学習モデルを作成したい場合や、Jupyter Notebook

やそれをもとにしたノートブック機能などの統合開発環境で作業したい場合に適する

- CLI
シェルスクリプトやバッチファイルなどで自動化された機械学習パイプラインを作成したい場合や、他のAzureサービスと連携したい場合に適する
- REST API
他のプログラミング言語やアプリケーションからAzure Machine Learningサービスにアクセスしたい場合や、柔軟性や拡張性が高いカスタムソリューションを作成したい場合に適する

2.2.3 ┊ 開発用機能

Azure Machine Learningでは、機械学習モデルを開発する際のユーザーの経験やニーズに合わせて、3つの異なる開発アプローチを提供しています。データサイエンティストや機械学習エンジニア向けの柔軟なコーディング環境である「ノートブック」、最適なモデルのアルゴリズムを自動で探索できる「AutoML」、そしてビジュアルな操作でモデル開発ができる「デザイナー」です。

このうち、ノートブックとデザイナーはスタジオで利用でき、AutoMLはスタジオ／CLI／Python SDKのすべてで利用できます。

○ ノートブック

Jupyter Notebookベースのノートブック機能を使ってPythonコードで機械学習モデルを作成／実行できる機能です。Pythonコードでカスタムコードを書いて機械学習モデルを作成したい場合や、Jupyter Notebookなどの統合開発環境で作業したい場合に適しています。コンピューティングインスタンスやサーバーレスSparkコンピューティングを計算環境として利用できます（**図2.5**）。

第2章 Azure Machine Learningの概要

図2.5 ノートブックの画面

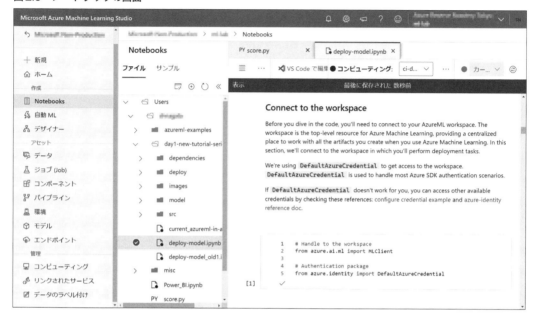

○ AutoML

　AutoML（自動機械学習）は、簡単な設定で最適な機械学習モデルを自動的に探索したり評価したりすることができる機能です。AutoMLは、データの前処理、特徴量エンジニアリング、モデル選択、ハイパーパラメーターチューニングなど、機械学習のプロセス全体を自動化します。これにより、専門的な知識がなくても高精度なモデルを作成することが可能です。また、データサイエンティストやエンジニアが手動で行う場合に比べて、時間と労力を大幅に削減できます。AutoMLは、スタジオ、CLI、およびPython SDKから利用できるため、さまざまな開発環境に対応しています（図2.6）。

2.2 Azure Machine Learningの主要な概念

図2.6 AutoMLの画面

● デザイナー

ドラッグ＆ドロップで機械学習パイプラインを作成し、実行できるグラフィカルインターフェースです。コードを書かずに複雑なパイプラインを作成したい場合や、可視化や監視などの便利な機能を利用したい場合に適しています（図2.7）。

図2.7 デザイナーの画面

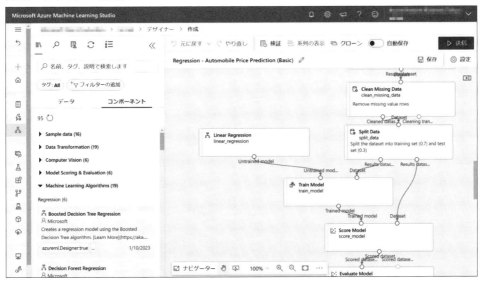

2.2.4 アセット

アセットは、機械学習プロセスで利用するデータやモデルなどの構成要素をエンティティとして抽象化したものです。アセットにはデータ、ジョブ、コンポーネント、パイプライン、環境、モデル、エンドポイントなどがあり、Azure Machine Learningではこれらのアセットを利用して機械学習のモデルを開発・運用できます。1つのアセットがCLIでは1つのYAMLファイル、Python SDKでは1つのクラスに相当するようなイメージです。

そしてこれらアセットを扱うために、前述のクライアントツールが提供されています。クライアントツールを活用することで、Azure Machine Learning自体の管理とともに、アセット管理を通じた機械学習の操作を実現しています。それぞれのアセットの概要を説明します[注2.5]。

● データ (Data)

Azure Machine Learningでは、データアセットを作成して管理できます。データアセットは、機械学習モデルのトレーニングやテストに使用されるデータのセットです。データアセットは、Azure Blob StorageやAzure Data Lake Storageなどのデータストアに格納され、Azure Machine Learningのワークスペースからアクセスできます（図2.8）。

図2.8　データアセットの一覧

注2.5　アセット名には「Environments」と「環境」のように、もともとの英語表現と日本語表現の両方が存在しています。スタジオでの表記は日本語表現ですが、CLIやPython SDKを利用する場合には英語表現も利用することになるため、括弧内に英語表現を記載しています。

各データアセットについて、名前、説明、タグ、作成者、バージョン、作成日時のメタデータを付加して管理できます（図2.9）。

図2.9　データアセットの詳細

テーブルデータ形式の場合、プロファイル画面で各列のヒストグラム、最小値／最大値、最頻値、欠損値などの統計情報が自動的に計算されて表示されます。データアセットの概観をスタジオ上で簡単に確認できるため便利です（図2.10）。

図2.10　データアセットのプロファイル

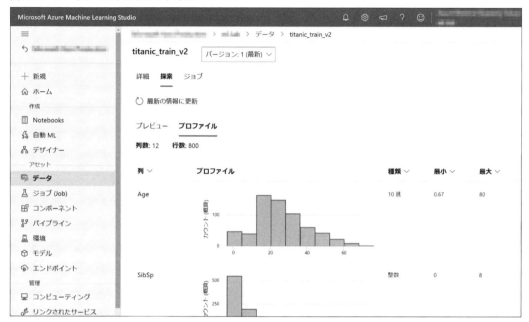

データアセットを中心にしたAzure Machine Learningでのデータの取り扱いについては付録Bで解説します。

○ **ジョブ（Jobs）と実験（Experiment）**

ジョブは、Azure Machine Learning上で実行されるタスクの単位です。ジョブの履歴と出力は、スタジオで視覚的に確認できます。

実験（Experiment）は、特定の目的を持った一連のジョブの集合体です。各ジョブは、実験の一部として実行される個別のタスクです。Azure Machine Learningでは、ジョブは具体的な計算や処理を指し、実験はそれらのジョブをまとめたものです。ここでの「タスク」は一般的な用語であり、特定の計算や処理を指します（**図2.11**）。

図2.11 実験とジョブの一覧

各実験を構成するジョブを一覧表示し、グラフベースでの比較も可能です（図2.12）。

図2.12 実験を構成するジョブ一覧

たとえば、タイタニック号の生存者を予測する機械学習の実験があり、その中でアルゴリズム

第2章 Azure Machine Learningの概要

やデータを変えて実行した各計算がジョブとして記録されているイメージです。

ジョブについては第5章と第7章で解説します。

● コンポーネント (Components)

Azure Machine Learningでは、機械学習のパイプラインを構成するためのコンポーネントを作成して管理できます。コンポーネントは、データの前処理や特徴量エンジニアリング、モデルのトレーニングや評価など、機械学習ワークフローの各ステップを表します。Azure Machine Learningは、多数のコンポーネントを提供しており、また、自分で独自のコンポーネントを作成することもできます。コンポーネントは、パイプラインの中で使えるライブラリのようなもので、機械学習で頻繁に使われる処理をカプセル化したものです。

● パイプライン (Pipelines)

パイプラインは、ジョブとコンポーネントを組み合わせて、機械学習モデルのワークフローを作成するものです。パイプラインは、スタジオでデザイナーを使用してマウス操作でブロックを組み立てるように作成するか、CLI/Python SDKを用いてYAMLやPythonのコードによる定義から作成を行えます（図2.13）。

図2.13 パイプラインの一覧

パイプラインの詳細画面を開くと、パイプラインを構成する各コンポーネントとその接続が確認できます。図2.14はバッチ推論ジョブのパイプラインで、入力データ（Data）と、そこに接続されたバッチ推論（batchscoring）から構成されています。

2.2 Azure Machine Learningの主要な概念

図2.14 パイプラインジョブの例

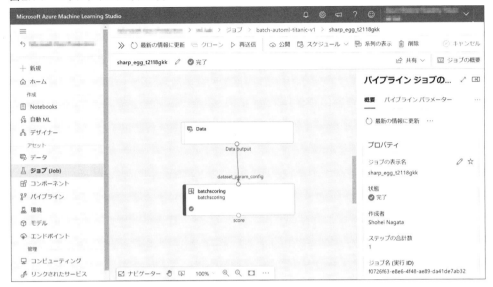

コンポーネントとパイプラインについては第7章で解説します。

○ 環境（Environments）

Azure Machine Learningでは、モデルのトレーニングやデプロイに使用される環境（Environments）を定義して管理できます。環境では、モデルのトレーニングや推論に必要なPythonライブラリやパッケージ、環境変数などを指定できます。Azure Machine Learningは、標準でキュレーションされた環境（選別された環境）としてさまざまな種類の環境を提供しており、これに加えて、ユーザー定義のカスタム環境を作成することもできます（**図2.15**）。

第2章 Azure Machine Learningの概要

図2.15 環境の一覧

各環境について、ベースとなるDockerイメージやconda構成を管理できます。環境の名前、説明、タグ、作成者、バージョン、作成日時のメタデータも確認できます。また、その環境が使われたジョブとひも付けての確認もできます（図2.16）。

図2.16 環境の詳細

2.2 Azure Machine Learningの主要な概念

環境については第5章で解説します。

● モデル (Models)

Azure Machine Learningでは、トレーニング済みの機械学習モデルを管理できます。モデルは、トレーニングされた重みやバイアス、学習率などのパラメーターを含みます。AutoMLで学習されたモデルや、ユーザー自身で学習を行ったモデルを登録して管理し、デプロイのために使用できます（図2.17）。

図2.17 モデルの一覧

モデルについては第6章で解説します。

● エンドポイント (Endpoints)

エンドポイントは、トレーニング済みの機械学習モデルをAPIとして公開するための仕組みです。エンドポイントを使用することで、外部のアプリケーションからモデルを呼び出すことができます。リアルタイム（オンライン）推論用の「オンラインエンドポイント」とバッチ推論用の「バッチエンドポイント」があります。オンラインエンドポイントはさらにいくつかの種類に分けられます。

代表的なエンドポイントをリストアップすると下記になります。

第2章 Azure Machine Learningの概要

- オンラインエンドポイント
  - マネージドオンラインエンドポイント
  - Kubernetesオンラインエンドポイント
  - ローカルエンドポイント
- バッチエンドポイント

　エンドポイントは、1つ以上のデプロイ（デプロイメント）[注2.6]から構成されています。デプロイとは、モデルを実行可能な状態で実際に配置したインスタンスのことを指します。たとえば、モデルのバージョン1とバージョン2で異なるデプロイを作成し、同じエンドポイントで管理できます。

　各デプロイは、モデルファイルとそれを実行するためのスコアリングスクリプト、Docker/Python環境、VMインスタンスなどの計算環境から構成されています。エンドポイント自体はHTTPSエンドポイントとして機能し、SSL暗号化や認証・認可の機能を提供します（図2.18）。

図2.18　エンドポイントの一覧

・オンラインエンドポイント

　低レイテンシーなリアルタイム（オンライン）推論を行う場合に利用する推論環境で、マネージドオンラインエンドポイント、Kubernetesオンラインエンドポイント、開発／検証用のローカルエンドポイントにより構成されています。

注2.6　Azure Machine Learningの日本語ドキュメントでは、デプロイメントをデプロイと呼称しています。

2.2 Azure Machine Learningの主要な概念

1つのエンドポイントに複数のデプロイを構成でき、それぞれのモデル・デプロイに流れるトラフィックを一定比率で分割できます。これによりブルーグリーンデプロイメントを構成できます（図2.19）。

図2.19　オンラインエンドポイントでのトラフィック分散

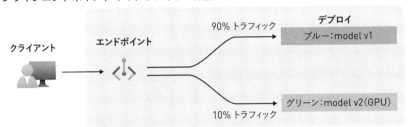

※参考：https://learn.microsoft.com/azure/machine-learning/concept-endpoints

マネージドオンラインエンドポイントとKubernetesオンラインエンドポイントはオンラインエンドポイントの一種として、ほぼ同じ手順で設定できるようになっています[注2.7]。MLflowモデルをデプロイする場合、推論（スコアリング）スクリプトを書かずにデプロイできます。

図2.20はマネージドオンラインエンドポイントの詳細画面です。

図2.20　エンドポイントの詳細

エンドポイントが受信した推論トラフィックの100%がblueデプロイへ送られる構成になっ

注2.7　「オンラインエンドポイントを使用して機械学習モデルをデプロイおよびスコア付けする」
https://learn.microsoft.com/azure/machine-learning/how-to-deploy-online-endpoints

第2章　Azure Machine Learningの概要

ています。1つのマネージドオンラインエンドポイントに複数のデプロイを構成し、推論トラフィックの割り当て比率を変えたり、推論トラフィックをコピーしたりすることでデプロイのシャドウテストを行うことが可能です。

先ほど挙げた、3つのオンラインエンドポイントを紹介します。

- **マネージドオンラインエンドポイント**

  Azure Machine Learningマネージドな計算環境にデプロイする方法。VMのアップデートなどインフラ管理を行う必要がなく、自動スケーリングや計算リソースのモニタリングを簡単に行うことができる。マネージドインフラであり、ホストOSイメージの自動更新、システム障害が発生した場合のノードの自動回復を行ってくれる。また、ミラートラフィック機能を使ったモデル／デプロイのシャドウテスト[注2.8]にも対応している。エンドポイントの段階でトラフィックを複製して新しいモデルのデプロイに送ることで、クライアント側アプリケーションに影響を与えずに、新しいモデルのデプロイのエラー確認やレイテンシーのテストなどが行える[注2.9]（**図2.21**）

- **Kubernetesオンラインエンドポイント**

  オンプレミス／クラウドのKubernetesクラスターへデプロイする方法。AzureではAzure Kubernetes Service（AKS）を利用できる。また、KubernetesクラスターのAzure Arc接続を行うことで、オンプレミスやAmazon Web Services（AWS）／Google Cloudを含めたパブリッククラウドで実行されているKubernetesクラスターへそのままモデルをデプロイすることも可能。同一のKubernetesクラスターでモデルの学習と推論を行うように構成できるのもポイント

- **ローカルエンドポイント**

  学習済みモデルをオンラインエンドポイントにデプロイする前に、ローカル（ユーザーが作業しているPCやクラウド環境）のDocker環境にデプロイしてモデルをテストできる。デプロイ構成のYAMLファイル（CLI）やクラス定義（Python SDK）は同一で、デプロイする際にそれぞれ`--local`または`local=True`といったオプションを付けるだけでローカルにデプロイできるので、非常に簡単にモデルの開発／テストができる

注2.8　"Shadow Testing" https://microsoft.github.io/code-with-engineering-playbook/automated-testing/shadow-testing/
注2.9　「リアルタイム推論のために新しいデプロイの安全なロールアウトを実行する」https://learn.microsoft.com/azure/machine-learning/how-to-safely-rollout-online-endpoints

図2.21 ミラートラフィックによるシャドウテスト

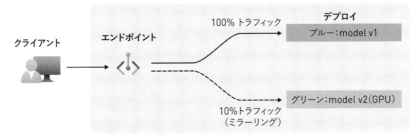

※参考：https://learn.microsoft.com/azure/machine-learning/concept-endpoints

○ バッチエンドポイント

　一定期間に大量のデータに対してバッチ推論を行うために使用されるエンドポイントです。複数のファイルに分散された大量のデータに対して並列処理で推論を実行できます。計算リソースはコンピューティングクラスターを指定する形になります。こちらもMLflowモデルをデプロイする場合は、推論（スコアリング）スクリプトの指定は不要です。

　エンドポイントについては第8章で解説します。

COLUMN

Azure Machine Learning推論HTTPサーバー

　推論サーバーとは、機械学習モデルをWebサービスとして提供するためのサーバーソフトウェアです。HTTPリクエストを受け付け、受信したデータをモデルに入力して推論を実行し、その結果をレスポンスとして返します。

　Azure Machine Learning推論HTTPサーバー自体はエンドポイントではありませんが、オンラインエンドポイント内部で使用されている推論サーバーがPythonパッケージとして公開されています[注2.B]。Azure Machine Learning推論HTTPサーバーを使うことで、オンプレミス／ローカルでの運用環境用にモデルをデプロイしたり、ローカル開発環境で推論スクリプトを簡単に検証できたりします[注2.C]。

　ローカルエンドポイントを使った検証とは異なり、こちらはDockerイメージの構築を伴わないため、推論スクリプトとモデルの開発に集中できます（逆に言えばDocker環境を含めた検証が必要な場合はローカルエンドポイントを使用してください）。

注2.B　"azureml-inference-server-http 1.4.0" https://pypi.org/project/azureml-inference-server-http/
注2.C　「Azure Machine Learning推論HTTPサーバーを使用してスコアリングスクリプトをデバッグする」
　　　　https://learn.microsoft.com/azure/machine-learning/how-to-inference-server-http

第**2**章　Azure Machine Learningの概要

2.2.5 ⋮ 管理

◯ 計算環境（マネージド計算リソース）

Azure Machine Learningでは、さまざまな計算環境を利用できます。計算環境とは、モデルのトレーニングやデプロイに必要なコンピューティングリソースを提供するものです。代表的なものを紹介します[注2.10]。

- コンピューティングインスタンス（Compute instances）

  コンピューティングインスタンスは、単一の仮想マシンであり、軽量な処理に適している。ノートブック機能やJupyter Lab/Notebook、VS Codeを利用して、データの探索やプロトタイプの構築、モデルのトレーニングを行える

- コンピューティングクラスター（Compute clusters）

  コンピューティングクラスターは、複数のノードから構成され、スケーラブルな処理に適している。大規模なデータセットでのモデルのトレーニングや、バッチ推論などに利用される。バッチ推論で利用されるバッチエンドポイントも、計算環境としてコンピューティングクラスターを利用する

- サーバーレスコンピューティング

  比較的新しい計算環境で、明示的なコンピューティングの作成や管理を必要とせず、モデルのトレーニングに利用できる

- Kubernetesクラスター（Kubernetes compute/clusters）

  （マルチ）クラウド、オンプレミス、エッジを含めた任意のKubernetesクラスターを、学習または推論用の環境として利用できる。Azure Kubernetes Service（AKS）クラスターや、Azure Arcに登録したKubernetesクラスターを利用することで、AWS/Google CloudといったAzure以外のクラウドや、オンプレミス環境のKubernetesクラスターを計算環境として利用できる

- Sparkコンピューティング／クラスター（Spark compute）

  分散処理に長けたApache Sparkをノートブック機能の計算環境として利用する機能。データの前処理や大規模なバッチ処理などに利用される。サーバーレスSparkコンピューティングとして、Azure Machine LearningマネージドなSparkクラスターは特段の構成設定を行わず利用できる。加えて、Azure Synapse Analyticsワークスペース内で作成したSparkプールをAzure Machine Learningワークスペースにアタッチして利用する方法もある[注2.11]

- マネージドオンラインエンドポイント

  リアルタイム（オンライン）推論用のマネージドな計算環境。内部で利用される仮想マシン（VM）

注2.10　ここで紹介しているもの以外の計算環境にも対応しています。詳細はドキュメントを参照してください。
「Azure Machine Learningでのコンピューティングターゲットとは」
https://learn.microsoft.com/azure/machine-learning/concept-compute-target

注2.11　「Azure Machine LearningでのApache Spark」
https://learn.microsoft.com/azure/machine-learning/apache-spark-azure-ml-concepts

のアップデートといったインフラ管理を行う必要がなく、自動スケーリングや計算リソースの
モニタリングを簡単に行える

各計算環境がどのような用途に利用できるか**表2.1**にまとめました。

表2.1 計算環境の使い分け

名前	ノートブック	デザイナー	AutoML	トレーニング（ジョブ）	バッチエンドポイント	オンラインエンドポイント
コンピューティングインスタンス	○	○	○	×	×	×
コンピューティングクラスター	×	○	○	○	○	×
サーバーレスコンピューティング	×	○	○	○	×	×
Kubernetesクラスター	×	○	×	○	○	○
Sparkコンピューティング／クラスター	○	×	×	○	×	×
マネージドオンラインエンドポイント	×	×	×	×	×	○

　かなり種類が多いですが、計算環境の明示的な作成・管理が不要なサーバーレスコンピューティ
ングが登場してからは、次のような使い分けが多い印象です。

- **ノートブック**：コンピューティングインスタンス（またはサーバーレスSparkコンピューティ
  ング）[注2.12]
- **デザイナー**：サーバーレスコンピューティング
- **ジョブ（トレーニング、バッチ推論）**：サーバーレスコンピューティング
- **バッチエンドポイント**：コンピューティングクラスター
- **リアルタイムエンドポイント**：マネージドオンラインエンドポイント

　図2.22、**2.23**は、コンピューティングクラスターの一覧と、その詳細画面です。VMを構成す
るSKUや最小／最大ノード数の設定、現在の状態や、そのコンピューティングクラスターを対象
に実行されたジョブもひも付けて確認できます。

注2.12　コンピューティングインスタンスはVS Codeからリモート接続して利用可能です。そういった使い方をせず手軽にノートブック
を利用する場合はサーバーレスSparkコンピューティングの利用も良いでしょう。

図2.22 コンピューティングクラスターの一覧

図2.23 コンピューティングクラスターの詳細

2.2 Azure Machine Learningの主要な概念

● データラベリング

Azure Machine Learningでは画像やテキストデータのラベル付け機能を提供しています[注2.13]。スタジオ上からGUIベースでラベル付けを行うことができます。支援付き機械学習ラベル付けが搭載されており、手動である程度のラベル付けを行ったあとは、事前トレーニング済みモデルの転移学習によってラベル付けを自動化（ラベル候補の提案）できます。また、外部の企業を通したラベル付け作業の委託も想定されています。第4章のコラム「データのラベリング」で実際の画面とともに簡単に紹介します。

2.2.6 レジストリ

複数のワークスペースをまたいだモデル、環境、コンポーネント、データセットなどのアセット・リソース共有のための機能として、レジストリ機能が提供されています。この機能により、開発用環境（ワークスペース）で学習を行ったモデルをレジストリに登録し、検証環境を経て、本番環境でエンドポイントにデプロイして推論を行う、といったMLOpsを実現する構成を容易に構築できます（図2.24）。

図2.24　レジストリの一覧

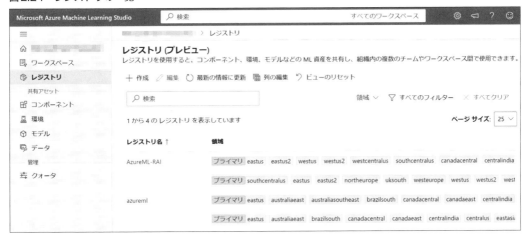

レジストリについては第9章で解説します。

注2.13　「画像ラベル付けプロジェクトを設定する」
　　　　https://learn.microsoft.com/azure/machine-learning/how-to-create-image-labeling-projects

第 **2** 章　Azure Machine Learning の概要

COLUMN

Azure Machine Learning CLI/SDK v2

　Azure Machine Learningでは、2022年にCLI v2とPython SDK v2がリリースされました。これまで提供されてきたCLI/Python SDK v1と比較して、コンセプトや操作コマンドが大きく変化しています。新機能は基本的にv2にしか追加されない予定です。また、本書はv2の機能を中心に解説しています。v1とv2の主な違いは以下のとおりです。

- **一貫性**

  v2では、CLIとPython SDK間で機能や用語の一貫性が向上している。これまではCLIとSDKでそれぞれ提供されていなかった機能があったが、v2ではCLI、SDK、さらにはREST APIで同等の機能が提供されている。このため、v1と比較してコマンドの構文が異なる

- **言語サポート**

  CLI v2では、YAMLファイルを使用してアセットやワークフローの設定を定義できる。カスタムロジックはPython、R、Java、Julia、またはC#のスクリプトファイルで記述でき、YAML内で参照される

- **デプロイと自動化の容易さ**

  CLI v2では、コマンドラインを使用することで、デプロイと自動化がより簡単になる。これにより、あらゆるプラットフォームからワークフローを呼び出すことができる

- **管理された推論デプロイメント**

  v2では、リアルタイムおよびバッチ推論デプロイメント用のモデルデプロイメントを簡素化するエンドポイントが導入されている。この機能はCLI v2とSDK v2でのみ利用可能

- **再利用可能なコンポーネント**

  v2では、パイプライン間で共通ロジックを管理および再利用するコンポーネントが導入されている。この機能はCLI v2とSDK v2でのみ利用可能

- **MLflow互換のワークスペースと実験管理**

  Azure Machine LearningワークスペースはMLflowと互換性がある[注2.D]。SDK v1ではMLflow互換機能を使用したログ機能に加えて独自のログ機能が存在していたが、v2ではなくなり、代わりにMLflowの実験管理機能を使用するスタイルへ一本化された

　CLI v1は非推奨 (deprecated) となったため、マネージド推論機能や再利用可能なコンポーネントなどの新機能を使用したい場合にはCLI v2の利用が推奨されます。一方、Python SDK v1は引き続き利用できますが、新機能や改善された使い勝手を利用したい場合は、SDK v2の使用が推奨されます。

注2.D　MLflowトラッキングサーバーを使用するのと同じ方法でAzure Machine Learningワークスペースを使用できます。MLflowをラップしたり、内部でMLflowサーバーをホストしたりしているわけではなく、同じ言葉を話すイメージです。MLflowの詳細は第6章で解説します。

2.3 ᠄ Azureサービスとの連携

Azure Machine Learningの強みとして、他のAzureサービスと連携し、機械学習プロジェクトを加速できることも大切なポイントです。代表的なものに次のようなサービスがあります。

2.3.1 ᠄ Azure Synapse Analytics/Azure Data Factory

Azureの統合データ分析プラットフォームであるAzure Synapse Analytics[注2.14]のデータ加工/ETL機能であるSynapse Pipelinesや、同等の機能を提供している（コードベースを共有している）Azure Data Factoryにも、Azure Machine Learningとの連携機能が備わっています。両サービスから、Azure Machine Learning上に構成したパイプラインのスケジュール/トリガー実行ができ、SparkノートブックからAzure Machine LearningのAutoMLを利用可能です。

2.3.2 ᠄ Microsoft Fabric

Microsoft Fabricはデータ収集、管理、分析のためのデータ分析プラットフォームで、2023年末に一般提供が開始された比較的新しいサービスです。Azure Synapse AnalyticsやAzure Data Factoryを中心にしたAzureのデータ収集・分析機能とPower BIのデータ分析・可視化機能を1つにまとめてSaaSとして提供しています。組織内のさまざまなデータをOneLakeと呼ばれるデータレイク・ストアに集約して扱えるのも特徴です。Microsoft Fabricで収集・加工したデータをAzure Machine Learningで学習したり、Azure Machine LearningでバッチエンドポイントにデプロイしたモデルをMicrosoft Fabricから利用したりといった連携が可能です。

2.3.3 ᠄ Azure Kubernetes Services/Azure Arc

Azure Machine LearningはKubernetes計算環境の利用にも力を入れています。AzureのマネージドKubernetesプラットフォームであるAzure Kubernetes Services[注2.15]をAzure Machine Learningの学習・推論用の計算環境として利用できます。また、Azure Arc[注2.16]を利用して任意のKubernetesクラスターを学習・推論用に使用できます。これにより、Azure Machine Learningの学習・推論機能を、Azure以外のクラウドサービスやオンプレ環境にも展開できます。

2.3.4 ᠄ GitHub/Azure DevOps

Azure Machine Learning CLIは、YAMLベースでジョブやアセットを定義できるようになっ

注2.14 「Azure Synapse Analyticsとは」https://learn.microsoft.com/azure/synapse-analytics/overview-what-is
注2.15 「Azure Kubernetes Service (AKS) とは」https://learn.microsoft.com/azure/aks/intro-kubernetes
注2.16 「Azure Arcの概要」https://learn.microsoft.com/azure/azure-arc/overview

第2章　Azure Machine Learningの概要

ています。Gitベースのバージョン管理システムを活用し、CI/CDツールと連携することで、MLOpsを実現できます。Microsoft製品では、GitHub ActionsやAzure Pipelinesを使用し、CI/CDや機械学習モデルの再学習用パイプラインを実装できます。

　GitHub ActionsやAzure Pipelinesからは、Azure Machine Learningの機能をCLIやPython SDKを通じて利用できます。これにより、コードのビルド、テスト、デプロイといった一連の作業を自動化し、効率的に行うことが可能です。たとえば、次のようなパイプラインを構成できます。

- コードをビルドしてテストするビルドパイプライン
- 設定されたスケジュールやデータの追加などをトリガーにモデルを再トレーニングする再トレーニングパイプライン
- 学習されたモデルの品質保証（Quality Assurance；QA）や運用環境へのデプロイを行うリリースパイプライン

　これらのパイプラインを構成することで、エンドツーエンドの機械学習ライフサイクルを自動化し、効率的に管理できます[注2.17]。Azure Machine LearningでのMLOpsについては第9章で詳しく解説します。

2.4 まとめ

　本章ではAzure Machine Learningの概要を紹介しました。Azure Machine Learningは、機械学習のワークフロー全体をサポートするクラウドベースのプラットフォームであり、データの前処理からモデルのトレーニング、評価、デプロイまでの一連のプロセスを統合的に管理できます。また、LLMなどの生成AIを活用したアプリケーションを開発・運用するための機能も提供しています。次章以降では、Azure Machine Learningの各機能や機能の使い方について詳しく解説します。

注2.17　「機械学習の操作」https://learn.microsoft.com/azure/architecture/reference-architectures/ai/mlops-python

2.4　まとめ

COLUMN

Microsoftの責任あるAIへの取り組み

　本章ではAzure Machine Learningの強みとして責任あるAIに関わる機能を紹介しました。Microsoftはかねてより責任あるAI活用に取り組んでいるため、本コラムではその取り組み内容を紹介します注2.E。

　Microsoftは、AIシステムを構築するための6つの原則（公正性、信頼性と安全性、プライバシーとセキュリティ、包括性、透明性、説明責任）に従うフレームワークである責任あるAIの基本原則（Responsible AI Standard）を制定しました。このフレームワークは、MicrosoftがAIシステムを設計、構築、テストする方法を指導し、AIシステムを構築する際に考慮すべき重要な問題に対処するためのものです。

　Microsoftは、責任あるAIの基本原則に基づいて、AIシステムの設計、構築、テストに取り組んでいます。学習済みモデルをAPIとして提供する「Azure AIサービス」（Azure OpenAI Serviceを含む）もこの原則に基づいて構築されています。また、リーダーシップやエンジニアリングチームなどの委員会からの指導を受けて、責任あるAIガバナンスを適用しています。

　Azure Machine Learningでは、開発者とデータサイエンスがこれら6つの原則を実装して運用していくことをサポートするためにツールが提供されています。

公平性と包括性

　AIシステムは、すべての人を公平に扱い、同じような立場にある人々の集団に異なる影響を与えることを避けなければなりません。たとえば、AIシステムが医療、ローン申請、雇用に関するガイダンスを提供する場合、同様の症状、経済状況、職業資格を持つすべての人に同じ提案をする必要があります。Azure Machine Learningでは、責任あるAIダッシュボード（付録D参照）の公平性評価コンポーネントにより、データサイエンティストや開発者は、性別、民族性、年齢、その他の特徴で定義されたセンシティブなグループ間でのモデルの公平性を評価できます。

信頼性と安全性

　AIシステムは信頼性と安全性が重要であり、予期せぬ条件にも安全に対応し、悪質な操作に耐えられる必要があります。Azure Machine Learningでは、責任あるAIダッシュボードのエラー分析コンポーネントが、モデルのエラーがどのように分布しているかを理解し、全体的なベンチマークよりもエラー率が高いデータのコーホート（サブセット）を特定できます。

透明性

　AIシステムが人々の人生に大きな影響を与える意思決定を支援する際、透明性が非常に重要です。解釈可能性は透明性の重要な要素で、AIシステムの振る舞いを理解することで、パフォーマンス

注2.E　「責任あるAIとは？」https://learn.microsoft.com/ja-jp/azure/machine-learning/concept-responsible-ai

第**2**章　Azure Machine Learningの概要

や公平性の問題を特定できます。Azure Machine Learningの透明性は、責任あるAIダッシュボードのモデル解釈性と反実仮想（起こり得たけれども実際には起こらなかった状況）を使用してモデルの説明を作る「What-ifコンポーネント」を通じて実現されています。これらのコンポーネントは、モデルの予測に対する説明を人間が理解できる形で生成します。

　Azure Machine Learningは、責任あるAIスコアカードもサポートしており、開発者はデータセットやモデルの健全性に関する情報を共有し、法令順守を達成し、信頼を築くことができます。スコアカードは、機械学習モデルの特性を明らかにする監査レビューで使用できます。

プライバシーとセキュリティ

　AIの普及に伴い、プライバシー保護と個人・企業情報のセキュリティが重要かつ複雑化しています。AIシステムは、正確な予測と意思決定のためにデータへのアクセスが不可欠です。Azure Machine Learningは、セキュアな設定を作成し、法令順守をサポートします。Azure Machine LearningとAzureプラットフォームを使用して、リソースへのアクセス制限や通信の暗号化、脆弱性スキャンなどが可能です。

　また、Microsoftはプライバシーとセキュリティの実装を支援する2つのオープンソースパッケージを提供しています。SmartNoiseは、機械学習ソリューションで個人データのプライバシーを保護するための差分プライバシーシステムを構築するためのプロジェクトです。Counterfitは、AIシステムに対するサイバー攻撃をシミュレートするためのコマンドラインツールと汎用自動化レイヤーを含むプロジェクトで、さまざまな環境やデータタイプ（数値、テキスト、画像など）に対応しています。

説明責任（アカウンタビリティ）

　AIシステムを設計・導入する人々は、そのシステムの運用に責任を持たなければなりません。組織は業界標準に基づいて説明責任の基準を策定し、人々の生活に影響を与える決定においてAIシステムが最終権限を持たないようにする必要があります。

　Azure Machine Learningは説明責任を高めるべく、効率的なAIワークフローを実現するMLOps機能を提供しています。これにより、モデルの登録・パッケージ化・デプロイが容易になり、エンドツーエンドの機械学習ライフサイクルのガバナンスデータを取得できます。また、ライフサイクルの各イベントに通知やアラートを提供し、運用上の問題や機械学習に関連する問題を監視できます。

　さらに、責任あるAIスコアカードは、ステークホルダー間のコミュニケーションを促進し、開発者がAIデータとモデルの正常性に関する情報を共有することで信頼を築くことができます。また、機械学習プラットフォームは、データ駆動型インサイトとモデル駆動型インサイトを通じて意思決定をサポートします。これらのインサイトは、責任あるAIダッシュボードの因果推論コンポーネントや反事実仮想的なWhat-ifコンポーネントから得られます。

第3章 Azure Machine Learningのセットアップ

　本章では、Azureアカウントの作成からリソースの階層構造の理解、Azure Machine Learningワークスペースの作成手順までを解説します。また、高性能GPUを利用するためのクォータ引き上げ申請についても取り上げます。これらの手順を通じて、クラウド環境での機械学習の基盤を確立し、次章以降で実際にAzure Machine Learningを活用する準備を整えます。

3.1 Azureリソースの階層構造

　実際にAzure Machine Learningワークスペースを作成する前に、Azureリソースの階層構造について説明します。Azureにはリソースを効率的に管理するために4つの管理レベルがあります（図3.1）。

図3.1　Azureリソースの管理レベルと階層構造

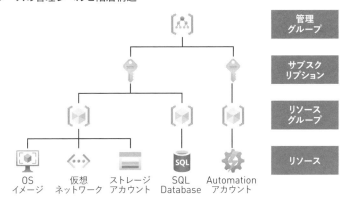

参考：https://learn.microsoft.com/ja-jp/azure/cloud-adoption-framework/ready/azure-setup-guide/organize-resources

3.1.1　管理グループ（Management groups）
　Azure上で大規模な環境を管理するための論理的なグループです。複数のサブスクリプションのアクセス、ポリシー、コンプライアンスを管理するために使用できます。管理グループ内のすべてのサブスクリプションは、管理グループに適用された条件を自動的に継承します。

3.1.2　サブスクリプション（Subscriptions）
　Azure利用契約を行ったあとに作成されるAzure利用料の支払い単位で、権限など、リソース

第**3**章　Azure Machine Learningのセットアップ

管理の単位でもあります。各サブスクリプションには、作成して使用できるリソース量に対する
制限やクォータがあります。

3.1.3 ⋮ リソースグループ（Resource groups）

　Azure上でリソースを分類するための論理的なグループです。リソースグループを使用することで、
複数のリソースをまとめて管理できます。たとえば、Webアプリケーションを実行するために必要な
仮想マシン、ストレージアカウント、ネットワークインターフェースなどのリソースを、1つのリソー
スグループにまとめられます。Azureではすべてのリソースがリソースグループ中に配置されています。

3.1.4 ⋮ リソース（Resources）

　ユーザーが作成したサービスのインスタンスです。リソースには、仮想マシン、ストレージア
カウント、仮想マシン、ストレージ、SQLデータベースなどがあります。

3.2 ⋮ Azureアカウント作成

　Azureを利用するには、Webから直接アカウントの作成・利用開始を行う方法のほかに、企業
のユーザーはMicrosoftの担当者やパートナー企業を通じてAzureのライセンスを購入できます。
本節ではAzure Webサイトからの直接購入に絞って解説します。すでに利用可能なAzureアカ
ウントをお持ちの場合は、本節はスキップしてください。

　Azureを初めて利用する場合、無料アカウントを作成してお試しいただけます。Azure無料ア
カウントには下記特典が含まれます（2024年11月現在）。

- 人気Azure製品への12ヵ月間の無料アクセス
- 最初の30日間に利用できる200米国ドルのクレジット
- 常に無料の25を超える製品へのアクセスが含まれる

　サインアップするには、電話番号、クレジットカード、MicrosoftまたはGitHubアカウントが
必要です。クレジットカード情報は本人確認にのみ使用されます。従量課金制の利用形態へサブ
スクリプションを移行するまでは、どのサービスにも課金されませんのでご安心ください。

> **Notice**
>
> 　Azure無料アカウントでは後述するクォータの引き上げ制限ができません。第11章で紹介して
> いるPhi-3モデルのファインチューニングを実施したい場合はAzure従量課金アカウントを作成、
> 利用してください。

50

次の手順で、Azureアカウントの作成を行ってください。

1. Microsoft Azureのホームページ（https://azure.microsoft.com/ja-jp/free/）にアクセス
2. 画面上部の［無料で始める］をクリック
3. 名前、住所、電話番号、メールアドレスなどのアカウント情報を入力。また、Azureにログインするためのユーザー名とパスワードも設定する必要がある
4. クレジットカード情報を入力（本人確認のために使用される）
5. アカウント情報が完了したら［アカウントを作成する］をクリック
6. Microsoft Azure portal（https://portal.azure.com/）を開く。ユーザー名とパスワードを入力して、ログイン
7. Azure portalで［サブスクリプション］を選択し、指示にしたがってサブスクリプションを作成

3.3 Azure Machine Learningワークスペースの作成

　Azure portalを使ったAzure Machine Learningワークスペースの作成手順を紹介します。まずAzure portalを開きます（**図3.2**）。

図3.2　Azure portal初期画面

第3章 Azure Machine Learningのセットアップ

　上部の検索ボックスに「Azure Machine Learning」と入力します。検索結果の［サービス］欄内の［Azure Machine Learning］を選択します（**図3.3**）。

図3.3　検索ボックスでサービス名を検索

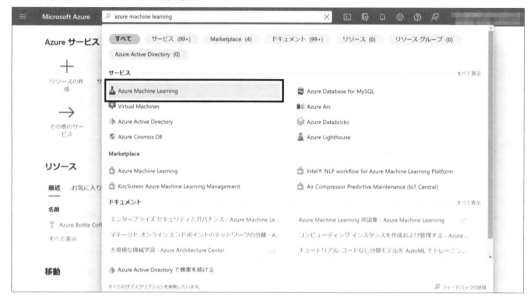

　左上の［作成］より、［新しいワークスペース］を選択します（**図3.4**）。

図3.4　新しいワークスペースを作成

　リソースグループの作成／選択をします。図3.5では新たにリソースグループ「rg-azureml」を作成しています。

3.3 Azure Machine Learningワークスペースの作成

図3.5 リソースグループの新規作成

ワークスペース名の指定、リージョンの選択をします。図3.6では、ワークスペース名を「ml-lab」とし、リージョンを[Japan East]（東日本）に設定しています。

図3.6 ワークスペース名、リージョンの指定

第3章 Azure Machine Learningのセットアップ

　ワークスペースの作成と同時に、ストレージアカウントなどの関連リソースも併せて作成されます。今回はデフォルト（自動生成）の設定を利用します。

　左下の［確認および作成］を選択します。Azureリソースの作成が正しく構成されているか検証され、問題がなさそうでしたら［作成］を行います（図3.7）。

図3.7　確認および作成

　デプロイが始まると、図3.8のような画面になります。しばらく待つと、デプロイが完了します（図3.9）。

図3.8 デプロイ進行中

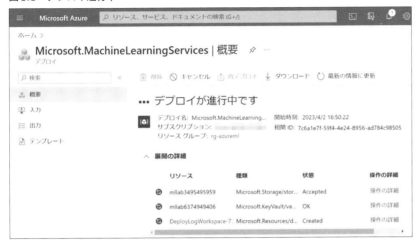

図3.9 デプロイ完了

デプロイ完了画面の［リソースに移動］を選択すると、Azure Machine Learning ワークスペースリソースの画面に遷移します（**図3.10**）。

第3章 Azure Machine Learningのセットアップ

図3.10 Azure Machine Learningワークスペース

Azure Machine Learningワークスペースリソース画面下部の［スタジオの起動］を選択すると、Azure Machine Learningスタジオが起動します（図3.11）。

図3.11 スタジオの起動

スタジオへアクセスしたい場合、Azure portalの検索ボックスで「Azure Machine Learning」と検索してAzure Machine Learningリソース一覧から進んでいく方法や、リソースグループ（今回なら「rg-azureml」）のリソース一覧より進んでいく方法があります。また、ブラウザに直接「ml.azure.com」と入力する方法でもスタジオにアクセスできます。

3.4 クォータの引き上げ申請

Azureでは不正なリソース作成による予算超過を防ぎ、データセンターのサーバー容量を過度に圧迫しないため、作成できるリソース数をクォータという形で制限しています。Azure Machine Learningでも幅広いリソースについてクォータが設定されています[注3.1]。利用初期の段階で意識する必要はあまりありませんが、コンピューティングとして高性能なGPUを搭載したVM（仮想マシン）を利用したい場合はクォータの引き上げを要求する必要がある場合がほとんどです。

今回は第11章でLLMをマネージドオンラインエンドポイント上へデプロイするため、NVIDIA A100 GPUを搭載しているNC_A100_v4シリーズVMのクォータ引き上げ申請を行います。

まずはワークスペース画面左上の［すべてのワークスペース］を選択し、すべてのワークスペース表示画面へ移動します。そこでサイドメニュー内の管理セクションにある［クォータ］を選択します（図3.12）。

図3.12　すべてのワークスペース画面からクォータ管理画面へ移動

クォータ引き上げを行いたいAzure Machine Learningワークスペースが存在するサブスクリ

注3.1　「Azure Machine Learning を使用するリソースのクォータと制限の管理と引き上げ」
https://learn.microsoft.com/ja-jp/azure/machine-learning/how-to-manage-quotas

プションを選択します（図3.13）。

図3.13　対象サブスクリプションの選択

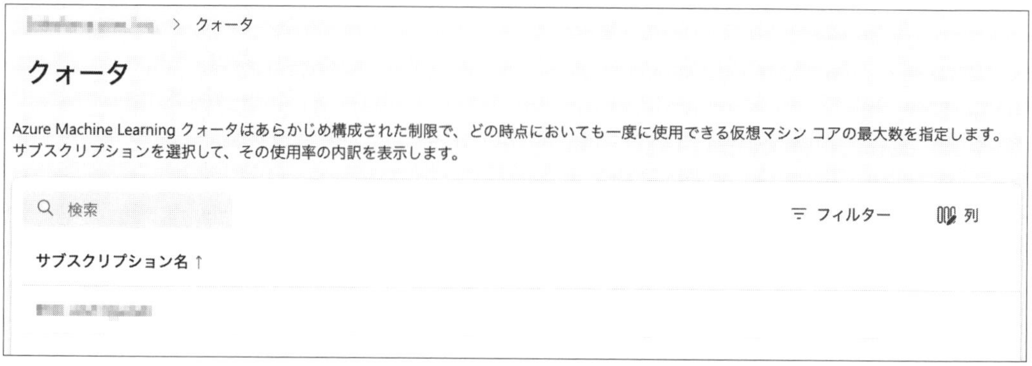

コンピューティング（マネージドオンラインエンドポイント）を作成したいリージョンを選択します。ここではワークスペースと同一の［Japan East］（東日本）リージョンを選択しています（図3.14）。

図3.14　対象リージョンの選択

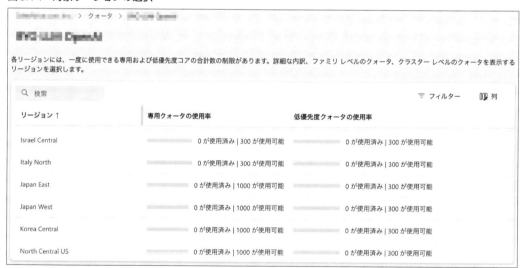

> **Notice**
> 第11章ではMicrosoftのPhi-3モデルに対し、East US 2リージョンでファインチューニングを行う方法を紹介しています。ご自身でも試されたい場合はJapan Eastと同様の手順でEast US 2リージョンでのクォータ引き上げ申請をお願いします。

3.4 クォータの引き上げ申請

　クォータ引き上げを行いたいVMシリーズを選択します。第11章で利用するStandard_NC24ads_A100_v4サイズVMはNC_A100_v4サイズシリーズに含まれているため[注3.2]、ここでは［Standard NCADSA100v4 Family Cluster Dedicated vCPUs］を選択します（図3.15）。

図3.15　VMシリーズの選択

![図3.15 VMシリーズ選択画面]

画面上部にある［クォータの要求］ボタンを選択します（図3.16）。

図3.16　クォータの要求画面へ

注3.2　「NC_A100_v4サイズシリーズ」
https://learn.microsoft.com/ja-jp/azure/virtual-machines/sizes/gpu-accelerated/nca100v4-series

59

第3章 Azure Machine Learningのセットアップ

Standard_NC24ads_A100_v4は24個のvCPU（仮想CPU）から構成されており、今回は1インスタンスの利用となるため、ここでは新しいコア数の上限欄に「24」と入力します（図3.17）。

図3.17 申請コア数の設定

送信ボタンを選択すると、クォータ引き上げのためのサポートチケットが作成されます（図3.18）。また、登録されているメールアドレスにMicrosoftサポートからのメールが届きます。

図3.18 クォータ引き上げのためのサポートチケットが作成される

3.4 クォータの引き上げ申請

［要求をオンラインで表示］を選択すると、portal上でもサポートチケットのステータスが確認できます（図3.19）。

図3.19　サポートチケットのステータス確認

データセンターのキャパシティなど、対象リージョンで申請を行ったVMの空き状況に問題がなければ、数日でクォータ引き上げ申請が完了したという旨の連絡が届きます。クォータ管理画面（図3.14、3.15）で確認できる使用可能なコア数が増加していれば、無事に当該VMを利用したコンピューティングが作成できるようになっています。引き上げ申請が拒否された場合は申請を行う対象リージョンやVMシリーズを変更して試してみてください。

COLUMN
プレビュー機能の有効化

　Azure Machine Learningは頻繁に新機能の追加や機能強化が図られている製品です。Azure Machine Learningスタジオでプレビュー機能の有効化・無効化を切り替えられるようになっているので、気軽に最新の機能を試せます。

　プレビュー機能を有効にするには、まずAzure Machine Learningスタジオの右上にあるメガホンアイコンを選択してプレビュー機能の管理画面を表示します。プレビュー機能の一覧から有効化したい機能を選択し、トグルを有効化します（図3.A）。

図3.A　プレビュー機能の管理

プレビュー機能に関するフィードバックの提供も可能です。プレビュー機能の管理画面からフィードバックを提供したい機能を見つけ、「笑顔」または「しかめっ面」アイコンを選択します。詳細を入力できるテキストボックスが表示されるので、フィードバックを入力します。画面下部に表示される [フィードバックの送信] を選択します (図3.B)。

図3.B　プレビュー機能に関するフィードバックの提供

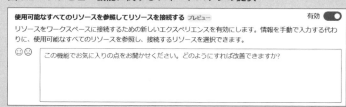

プレビュー期間中はフィードバックの内容が反映されやすい期間ですので、積極的にフィードバックを提供することをお勧めします。

3.5　まとめ

本章ではAzure Machine Learningを利用するために必要なAzureアカウントのセットアップから、Azure Machine Learningワークスペースの作成まで行いました。本章の最後で起動したAzure Machine Learningスタジオは第4章より実際に利用していきます。

第4章 AutoMLの概要と実践

　自動機械学習（Automated Machine Learning；AutoML）とは、機械学習モデルの開発プロセスを自動化する技術です。機械学習モデルの開発プロセスにはパターン化できるものが多く、質の良いデータを用意すれば非専門家でも高品質のモデルを作成できる時代になりました。本章ではAzure Machine Learningで使えるAutoMLの機能を紹介し、サンプルデータを使ってその使い方を学びます。

4.1　AutoML（自動機械学習）とは?

　自動機械学習（Automated Machine Learning；AutoML）とは、機械学習モデルの開発プロセスを自動化する技術です。AutoMLは、アルゴリズム選定、データの前処理、パラメーター設定、モデル学習、モデル評価のステップを自動化します。これらの技術には機械学習の専門知識が必要ですが、AutoMLを使うことで非専門家でも高品質のモデルを開発できます（図4.1）。

図4.1　自動機械学習で自動化される作業

　Azure Machine Learningでは、これらAutoMLの機能をAzure Machine Learningスタジオ（図4.2）、もしくはPython SDKやCLIから利用することができます[注4.1]。

注4.1　「Azure Machine Learning CLIとPython SDKを使用して表形式データのAutoMLトレーニングを設定する」https://learn.microsoft.com/ja-jp/azure/machine-learning/how-to-configure-auto-train

第4章 AutoMLの概要と実践

図4.2 Azure Machine LearningスタジオのAuroMLの画面

4.2 AutoMLでサポートされる機械学習のタスク

Azure Machine LearningのAutoMLは、テーブル（数値）、画像、テキストに関するさまざまなタスクに対応しています。サポートする機械学習のタスクは下記のとおりです。

4.2.1 分類

分類タスクは、数値データからカテゴリを予測したい場合に利用します。たとえば、ローン審査において、顧客の年収や借入額のデータから、顧客の信用度（低、中、高）を予測したい場合に分類モデルが有効です（図4.3）。

図4.3 分類タスクの例

4.2.2 回帰

回帰タスクは、数値データから数値を予測したい場合に利用します。たとえば、不動産の物件価格に関して、築年数や駅からの距離などの数値データから価格を予測したい場合、回帰モデルが有効です（**図4.4**）。

図4.4 回帰タスクの例

4.2.3 時系列予測

時系列予測は、過去の時系列データに基づいて未来の値を予測します。たとえば、過去の株価の情報をもとに未来の株価を予測したい場合、時系列予測モデルが有効です（**図4.5**）。

図4.5 時系列予測タスクの例

分類タスク・回帰タスク・時系列予測で利用可能なアルゴリズムは公式ページをご参照ください[注4.2]。

4.2.4 画像（Computer Vision）

画像関連のタスクでは、画像分類、物体検出、セグメント化をサポートしています。画像分類のタスクでは、1つの画像に対して1つのラベルを推論するマルチクラス分類と、1つの画像に対して複数のラベルを推論するマルチラベル分類をサポートしています（**図4.6**）。

注4.2 「サポートされているアルゴリズム」https://learn.microsoft.com/ja-jp/azure/machine-learning/how-to-configure-auto-train?view=azureml-api-2&tabs=python#supported-algorithms

図4.6　画像分類タスクの例

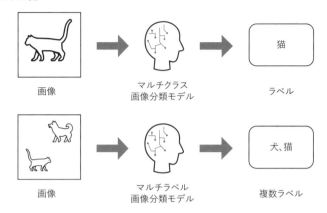

物体検出のタスクでは、事前に画像と物体のラベル・境界を学習させておき、与えられた画像のラベル・物体の境界を推論します。事前に学習させた物体であれば、画像内のすべての物体を検出します（**図4.7**）。

図4.7　物体検出タスクの例

セグメント化のタスクでは、画像の各ピクセルを識別し、どの部分がどの対象物に属するかを分類します。たとえば、**図4.8**のように猫の画像を入力すると、セグメントモデルが猫の形状を認識し、背景と区別された「猫の領域」だけを抽出することができます。

図4.8　セグメント化タスクの例

画像系タスクで利用可能なモデルは公式ページをご参照ください[注4.3]。

注4.3　「サポートされているモデルアーキテクチャ」https://learn.microsoft.com/ja-jp/azure/machine-learning/how-to-auto-train-image-models?view=azureml-api-2&tabs=cli#supported-model-architectures

4.2.5 ┋ 自然言語処理（NLP）

自然言語処理のタスクでは、テキスト分類や固有表現認識（NER）がサポートされています。テキスト分類では、事前にテキストとテキストに関するラベルを学習させておき、与えられたテキストのラベルを推論します。

1つのテキストに対して1つのラベルを予測するマルチクラス分類と1つのテキストに対して複数のラベルを予測するマルチラベル分類をサポートしています（図4.9）。

図4.9　テキスト分類の例

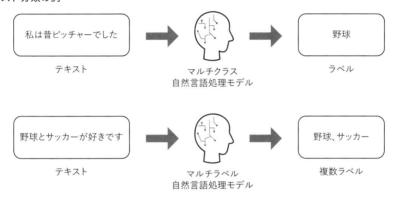

固有表現認識では、テキスト中の特定の単語やフレーズを識別し、それがどのカテゴリに属するかを分類します。たとえば、人名、場所、組織名、日付、金額といった文章内の重要なエンティティを抽出します（図4.10）。

図4.10　固有表現認識の例

自然言語処理のタスクで利用可能なモデルは公式ページをご参照ください[注4.4]。

ここからはハンズオン形式でAutoMLを実際に動かしていきながら、具体的な機能について解説します。

注4.4　「サポートされているモデルアルゴリズム」https://learn.microsoft.com/ja-jp/azure/machine-learning/how-to-auto-train-nlp-models?view=azureml-api-2&tabs=cli#supported-model-algorithms

第4章　AutoMLの概要と実践

4.3 ｜ ハンズオン

　ここからのハンズオンでは、米国の小売店として有名なウォルマートの売り上げ予測を題材とします。データセットには、ウォルマートの45店舗に関する情報が含まれており、各店舗の週ごとの売り上げや関連データが格納されています。

- 店舗 (Store)：店舗番号
- 日付 (Date)：売り上げの週
- 週ごとの売り上げ (Weekly_Sales)：特定の店舗の売り上げ
- 祝日フラグ (Holiday_Flag)：その週が特別な休日であるかどうか（平日：0、休日：1）
- 気温 (Temperature)：販売当日の気温
- 地域の燃料費 (Fuel_Price)：この地域の燃料費
- 消費者物価指数 (CPI)：消費者物価指数
- 失業率 (Unemployment)：失業率

　本ハンズオンでは、「週ごとの売り上げ」を、その他のデータを用いて予測するモデルを構築します。売り上げ予測には時系列予測の手法もありますが、本ハンズオンでは回帰タスクとして扱います。

　機械学習において、予測対象となるデータは「目的変数」、予測のために利用するデータは「説明変数」と呼ばれます。今回のケースでは、「週ごとの売り上げ」が目的変数、それ以外のデータが説明変数となります。

　利用するデータセットは、Kaggle上でCC0（パブリックドメイン）ライセンスのもと提供されているものです[注4.5]。本書籍のGitHubのリポジトリから[注4.6]からもダウンロードできます。

　データセットはそれぞれの用途別に、下記の期間に分割されています。

- 学習データ (Walmart_train.csv)：2010-02-05〜2011-10-31
- 検証データ (Walmart_valid.csv)：2011-11-01〜2012-04-30
- テストデータ (Walmart_test.csv)：2012-05-01〜2012-11-01

　学習データはモデルの学習に利用します。検証データは、モデルの精度を確認し、パラメーターの調整に使用します。テストデータは、学習済みモデルの最終的な精度を評価するために使用します。

注4.5　"Walmart Dataset" https://www.kaggle.com/datasets/yasserh/walmart-dataset/data
注4.6　https://github.com/shohei1029/book-azureml-sample/tree/main/data

4.3.1 データの登録

データをAutoMLで利用するには、Azure Machine Learningの「データ」アセットに登録する必要があります。Azure Machine Learningスタジオを開き、[データ] - [作成] を選択します（図4.11）。

図4.11 Azure Machine Learningスタジオの初期画面からデータの作成へ

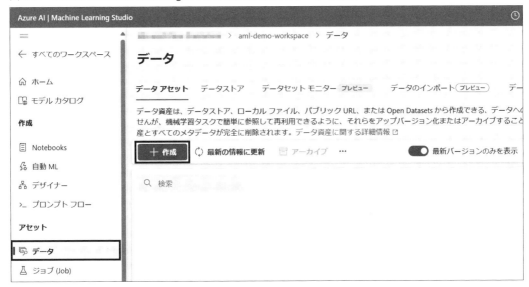

学習データの名前には「walmart-train」と入力し、データの種類は [表形式] を選択します（図4.12）。

図4.12 データ資産（アセット）の名前と型の設定

データソースは［ローカルファイルから］を選択します（図4.13）。

図4.13　データソース

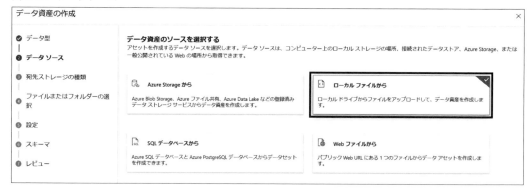

データストアは既存の「workspaceblobstore」を選択します（図4.14）。

図4.14　宛先のストレージの種類

［ファイルまたはフォルダーをアップロードする］を選択し、「Walmart_train.csv」をアップロードします（図4.15）。

図4.15　ファイルまたはフォルダーの選択

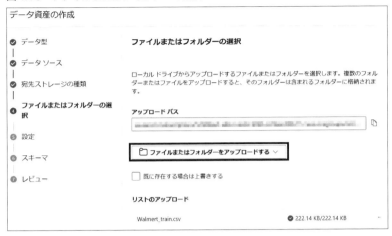

［設定］ではCSVのヘッダやレコードが正しく読み込まれているかを確認します。今回は設定不要ですので［次へ］を選択します（図4.16）。

図4.16　設定

データからデータ型を自動で予測し、自動でスキーマが作成されています。「Holiday_Flag」には数値が格納されていますが、今回は文字列として扱いたいので手動でデータ型を変更しましょう（図4.17）。

第4章 AutoMLの概要と実践

図4.17　スキーマ

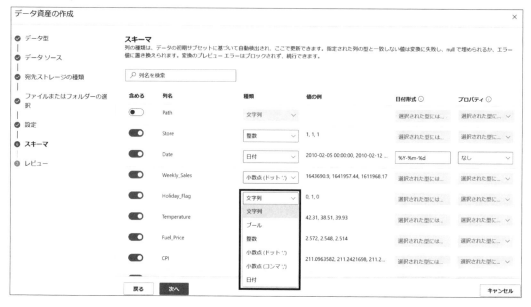

すべての項目を設定したので［作成］を選択します（**図4.18**）。

図4.18　レビュー

検証データとテストデータも同様に作成します（**図4.19**）。

図4.19 検証・テストデータ

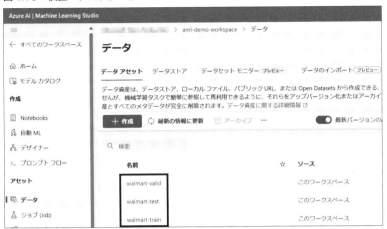

データを登録すると［探索］-［プロファイル］からデータの分布を確認できます（図4.20）。

図4.20 データのプロファイル

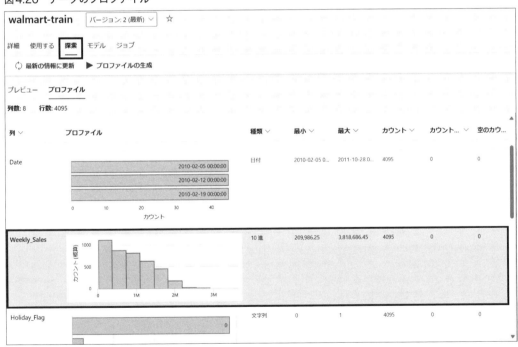

　目的変数である「Weekly_Sales」の分布を見ると、正規分布ではないことがわかります。これは店舗ごとに売り上げが異なり、それらの分布が混ざりあったことが要因と推測できます。

その他のデータにも目を通しておきましょう。

4.3.2 学習ジョブの作成と実行

学習・検証・テストデータが準備できたので、AutoMLのジョブを作成・実行します。Azure Machine Learningスタジオから［自動ML］-［新規の自動機械学習ジョブ］を選択します（図4.21）。

図4.21　新規ジョブの作成

ジョブ名にはランダムな文字列が既定で入力されています。実験名には新規作成で「walmart-automl」と入力します（図4.22）。

図4.22　基本設定

タスクの種類には「回帰」を選択し、先ほど登録した学習データ「walmart-train」を選択します（**図4.23**）。

図4.23　タスクの種類とデータ

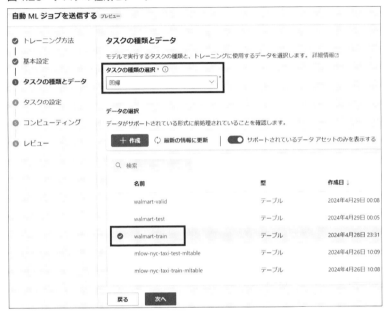

ターゲット列には目的変数である「Weekly_Sales」を選択します。[特徴量設定の表示]を選択し、特徴量の設定を確認します（**図4.24**）。

図4.24　タスクの設定

特徴量に対して、データ型が正しく設定されているか確認します。デフォルトでは[特徴量の種類]に「自動」が選択されていますが、誤ってデータ型を判定されないように手動で設定するようにします。たとえば「Horiday_Flag」には、平日であれば0、祝日であれば1の数値データが格

納されています。一般的には数値データですが、0と1という数字自体は今回は意味を持たないため、「数値」ではなく「カテゴリ別」と設定します(図4.25)。

図4.25 特徴量の設定

次に、[次で補完]の項目について確認します。[次で補完]を「自動」に設定すると、特徴量は自動的に適切な形に変換されます。主な特徴量の変換処理は表4.1のとおりです。

表4.1 主な特徴量の変換処理

特徴量化の手順	説明
高カーディナリティまたは差異なしの特徴の削除	これらの特徴をトレーニングセットと検証セットから削除する。まったく値が存在しない特徴、すべての行の値が同じである特徴、高いカーディナリティ(ハッシュ、ID、GUIDなど)の特徴に適用される
欠損値の補完	数値特徴の場合、その列の平均値で補完する。カテゴリ特徴の場合、出現回数が最も多い値で補完
日付の特徴	日付データ(Datetime型)は、年、月、日、曜日、年の通算日、四半期、時間、分、秒などの要素に分解して特徴量として扱う
変換とエンコード	一意の値がほとんどない数値特徴をカテゴリ特徴に変換する。カーディナリティの低いカテゴリ特徴の場合、カテゴリ変数を0と1の二値ベクトルに変換するワンホットエンコードが使用される。カーディナリティが高いカテゴリ特徴の場合、ワンホットハッシュエンコードが使用される

［検証の種類］に関して、今回は検証データを用意しているので「ユーザー検証データ」を選択し、「walmart-valid」を選択します（**図4.26**）。

図4.26　検証とテスト

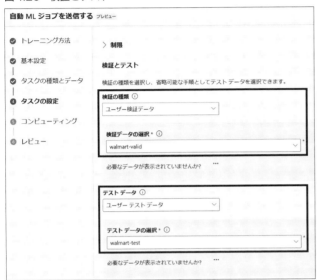

Azure Machine Learningでは、学習データから検証データを分割して用意するk分割交差検証などの方法をサポートしています。ユーザーは事前に検証データを用意することなく、1つの学習データのみを用意し、AutoMLを実行することが可能です。検証データの分割に関しては**表4.2**のとおりです。

表4.2　検証の種類

検証方法	説明
自動（既定）	学習データが20,000行以上の場合、「トレーニングと検証の分割」が適用される。既定では学習データの10％が検証データとして分割される。学習データが1,000行から20,000行未満の場合、「k-fold交差検証」が適用される（既定では学習データを3つに分割）。データが1,000行未満の場合、「k-fold交差検証」が適用される（既定では学習データを10つに分割）
トレーニングと検証の分割	検証データのサイズ（割合）を0.0〜1.0の間で指定
k-fold交差検証	fold数を指定する。k=5を指定した場合、学習データは5分割され、4/5が学習データ、1/5が検証データに利用される。この検証プロセスを別の分割パターンで5回実施し、それらの検証メトリックの平均値を使用
モンテカルロクロス検証	検証データのサイズとfold数の両方を指定する。検証データのサイズを0.2、fold数を7に指定した場合、学習データの20％が検証データとして分割され、これらの検証を別の分割パターンで7回実施
ユーザー検証データ	ユーザーが検証データを指定

［コンピューティング］では、学習が実行される計算環境を指定します。特別な用途がない場合は「サーバーレス」を選択します（図4.27）。

図4.27　コンピューティング

すべての設定が完了したので［トレーニングジョブの送信］を選択します（図4.28）。

図4.28　レビュー

4.3.3　結果の確認

AzureMLのジョブが完了したら、実行結果を確認します。Azure Machine Learningスタジオの［ジョブ］から、先ほど作成した「walmart-automl」を選択してください。この中には、過去に実行したジョブの結果が格納されています。

最新のジョブは一覧の一番上に表示されますので、それを選択します（図4.29）。

図4.29　ジョブの一覧

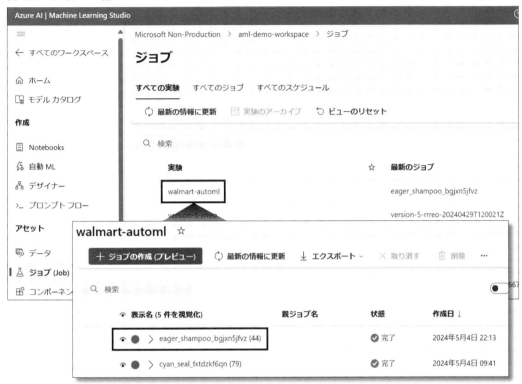

ジョブの［概要］タブでは、実行時間や学習・検証データで使用されたデータセットのバージョンといった情報を確認できます（図4.30）。

第4章 AutoMLの概要と実践

図4.30 ジョブの概要

次に、[モデル+子ジョブ]タブを開くと、AutoMLで実行されたアルゴリズムが一覧で表示されます。この一覧は精度順にソートされており、一番上にある「VotingEnsemble」が最も精度の高いアルゴリズムです(**図4.31**)。

図4.31 モデル+子ジョブ

「VotingEnsemble」はアンサンブル学習を使用した手法です。アンサンブル学習とは、複数のモデル（予測器）を組み合わせることで、単一のモデルよりも高い精度や汎化性能を目指す機械学習の手法です。各モデルの強みを活かして互いの弱点を補完することで、全体のパフォーマンスを向上させます。

［概要］タブを確認するとモデルにおいて重要なメトリックが確認できます（**図4.32**）。

図4.32　モデルのメトリック

- 説明分散が0.96722であるため、目的変数が説明変数によって十分に説明されているモデルであることがわかる
- 平均絶対誤差率が8.3522%で、予測誤差が平均して約8%前後に収まっていることが確認できる

［モデル］タブを選択し、［アンサンブル詳細を表示する］を選択すると、それぞれのモデルのアルゴリズム名とその重みを確認できます（**図4.33**）。

第4章 AutoMLの概要と実践

図4.33 アンサンブル詳細

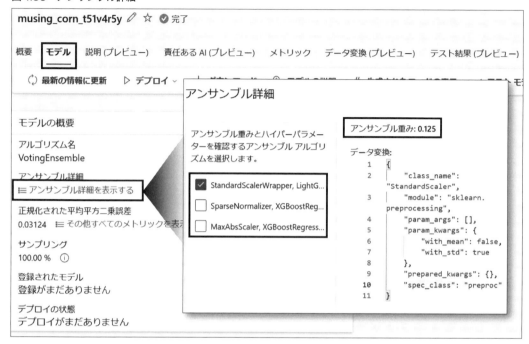

［メトリック］タブからは、モデルのすべてのメトリックを確認できます。「Predicted vs. True」(真値 vs 予測値) のグラフを見ると、点がおおよそy=xの点線上に集まっていることがわかります（図4.34）。

図4.34 Predicted vs. True

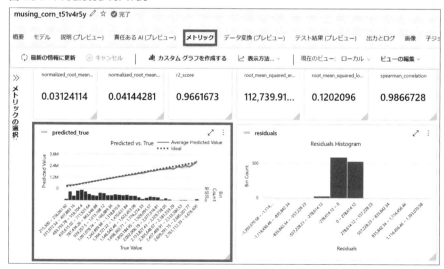

ただし、売上が高い部分では、予測値がy=xの直線から外れている箇所があり、これらはモデルがうまく予測できていないことを示しています。

その他のメトリックに関しては公式ページをご参照ください[注4.7]。

［説明］タブでは、モデルの特徴量の重要度を確認できます（図4.35）。

図4.35　特徴量の重要度

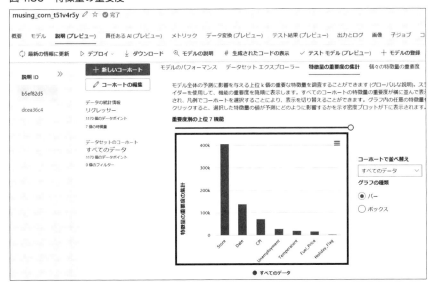

特徴量の重要度の算出には、グローバルサロゲートモデル（代理モデル）が使用されています。この手法では、元のモデルの予測結果をもとに解釈可能な別の代理モデルを学習させ、その学習結果を解析することで、アンサンブルモデルのように直接解釈が難しいモデルから特徴量の重要度を導出します。

特徴量のグラフを確認すると「Store」「Date」「CPI」の順に重要度が高いことがわかります。とくに「Store」が予測に最も大きな影響を与えていることがわかります。これは、どの店舗の売上であるかが、予測精度において重要な要素であることを示しています。

4.3.4　モデルのデプロイ

AutoMLで得られたジョブのモデルは数クリックでAPIのエンドポイントとしてデプロイできます。［デプロイ］-［リアルタイムエンドポイント］を選択します（図4.36）。

注4.7　「回帰／予測メトリック」https://learn.microsoft.com/ja-jp/azure/machine-learning/how-to-understand-automated-ml?view=azureml-api-2#regressionforecasting-metrics

図4.36 モデルのデプロイ

エンドポイントをホストするマシンスペック、エンドポイント名、デプロイ名を設定し、デプロイを選択します（図4.37）。

図4.37 デプロイの設定

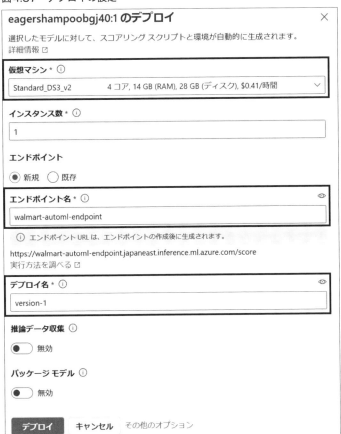

デプロイを実行すると、エンドポイントが作成されます（図4.38）。

図4.38　エンドポイントの画面

エンドポイントをクリックすると、デプロイ状況が確認できます。約15分前後でプロビジョニングの状態が［成功］になります（**図4.39**）。

図4.39　デプロイ状況の確認

デプロイが完了したら、[テスト] タブからAPIをテストすることが可能です（図4.40）。

図4.40　エンドポイントのテスト

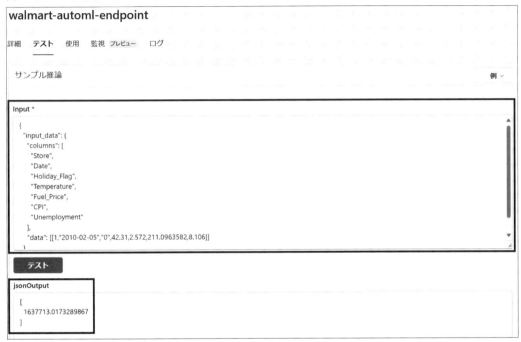

図4.40で使用している [Inputs] のサンプルデータは本書GitHubからダウンロードできます[注4.8]。

4.4 まとめ

Azure Machine Learningで使えるAutoMLの機能と使い方について解説しました。特徴量エンジニアリングやアンサンブル学習のように、人の手でやろうとすると骨が折れるようなタスクも、AutoMLを使うことで簡単に実行できることがわかりました。AutoMLには先人の叡智が詰まっていますので、ぜひ一度お試しください。

注4.8　https://github.com/shohei1029/book-azureml-sample/tree/main/ch4

COLUMN
データのラベリング

　機械学習のモデル作成においては、学習データの質が非常に重要です。学習データを作成する際には、とくにデータのラベリングに多くの時間がかかります。Azure Machine Learningでは、画像やテキストのラベリング機能が用意されており、これを活用することで効率的にデータラベリングを行うことができます。ラベリング作業は、Azure Machine Learningスタジオから実施することが可能です（図4.A）。

図4.A　データラベリング機能

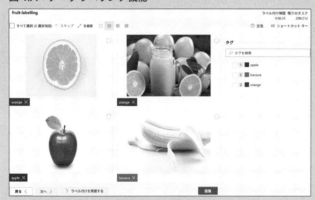

Azure Machine Learningでラベリング機能を使えるタスクは、以下のとおりです。

- 画像認識タスク
  - 画像分類
  - オブジェクト検出
  - セグメント検出
- 自然言語処理タスク
  - テキスト分類
  - 名前付きエンティティ認識

　データラベリングのプロジェクトを作成すれば、モデル開発者とデータラベリング担当者がプロジェクトを共有することができます。プロジェクトを通じて、モデル開発者はデータラベリング担当者に対してラベリングの基準を明確に伝えることが可能です。

　さらに、Azure Machine Learningには機械学習アルゴリズムによるラベリング支援機能が備わっており、一定量のラベリングを行うと、その結果をもとに機械学習モデルが作成されます。このモデルを使うことで、ラベルが付いていないデータセットにも自動的にラベルが付与されます。ラベリング担当者はモデルによって付与されたラベルを確認し、それを採用するか決定するだけで良いため、ラベリング作業を大幅に効率化できます。

第 **2** 部

機械学習モデルの
構築と活用

|||||||||||||||||||||||||||||||||||

- ○ 第5章　スクラッチでのモデル開発
- ○ 第6章　MLflowによる実験管理とモデル管理
- ○ 第7章　機械学習パイプライン
- ○ 第8章　モデルのデプロイ
- ○ 第9章　MLOpsの概要と実践

- ノートブックを使用したモデル開発やデータアセットの登録、学習ジョブの実行、モデル評価を実践
- 機械学習パイプラインの構築やMLflowを活用した実験管理とモデル管理を学習
- モデルを推論環境にデプロイし、実際に推論を行うプロセスを体験
- MLOpsを通じたモデル開発から運用までのライフサイクル管理を解説

第 **5** 章　スクラッチでのモデル開発

第 **5** 章　スクラッチでのモデル開発

　前章では AutoML で簡単にモデルを開発する方法を紹介しました。しかし、実案件では AutoML で作成したモデルではビジネス要件を満たす予測精度を得ることができず、独自に特徴量エンジニアリング、学習、ハイパーパラメーター[注5.1]のチューニングといった処理を実装して精度向上を目指すケースも多くあります。本章では、そのようなケースに対応するためスクラッチでモデルを開発する方法について解説します。

5.1　ノートブック上でのモデル開発

　データサイエンティストがスクラッチでモデル開発を行う場合は、自身のローカル環境やクラウド上の仮想マシンの Jupyter Notebook 環境で開発を行うことが一般的です。

　Azure Machine Learning でもデータサイエンティストがスクラッチでモデルを開発する環境としてノートブックを提供しています。まずは、Azure Machine Learning のノートブックを活用して自身のローカル環境と同じ要領でモデル開発を行ってみましょう。

5.1.1　コンピューティングインスタンスの作成

　Azure Machine Learning のノートブックを使用してモデル開発を行うためには、ノートブックを動かすためのコンピューティングリソースが必要になります。Azure Machine Learning ではデータサイエンティスト向けのマネージドクラウドベースワークステーションとしてコンピューティングインスタンス[注5.2]を提供しています。コンピューティングインスタンスには作成後、即座にモデル開発に取り組めるようさまざまなツールや環境がプリインストールされています。

　それでは、コンピューティングインスタンスを作成してみましょう。

注5.1　ハイパーパラメーターは、機械学習モデルのトレーニング前に設定するパラメーターで、学習率やバッチサイズなどが含まれます。指定可能なパラメーターはアルゴリズムごとに異なり、指定のしかたによってモデル性能に大きな影響を与えます。

注5.2　「Azure Machine Learning コンピューティングインスタンスとは」
　　　　https://learn.microsoft.com/ja-jp/azure/machine-learning/concept-compute-instance?view=azureml-api-2

1. Azure Machine Learningの画面左側にある［コンピューティング］を選択（図5.1）

図5.1　Azure Machine Learningの画面

2. ［新規］を選択して、新しいコンピューティングインスタンスを作成
3. 名前を入力し、必須の設定はすべて既定値のままで［確認と作成］を選択する（図5.2）。なお、コンピューティングインスタンスやコンピューティングクラスターとして利用可能な仮想マシンサイズは、CPU/GPUなどさまざまなSKU[注5.3]から選択できる

注5.3　「サポートされているVMシリーズおよびサイズ」
https://learn.microsoft.com/ja-jp/azure/machine-learning/concept-compute-target#supported-vm-series-and-sizes

第5章 スクラッチでのモデル開発

図5.2 コンピューティングインスタンス作成の必須設定画面

4. ［作成］を選択し、コンピューティングインスタンスが作成されるまで待つ（図5.3）。なお、スケジュール設定にインフォーメーションで表示されているとおり、自動シャットダウンが既定で有効になっている。変更したい場合は必要に応じて設定を変更する

図5.3 コンピューティングインスタンス作成のレビュー画面

5.1.2 ≡ Web版のVS Codeを起動

コンピューティングインスタンスを起動すると、Azure Machine Learning Studio上のノートブックだけでなく、Jupyter Notebook、JupyterLabまたはVS Codeでモデル開発を始めることができます。VS Codeを使いたい場合、ローカル端末にVS Code Desktop版をインストールし、コンピューティングインスタンスにアクセス、コンピューティングインスタンスのリソースを使用してモデル開発するように構成できます。また、ブラウザから直接Web版のVS Codeを使用できます。

今回は簡易的に利用可能なWeb版のVS Codeを活用してモデル開発を進めます。

1. ［VS Code(Web)］を選択（図5.4）

図5.4　Web用のVS Codeを起動

第5章 スクラッチでのモデル開発

2. ［親フォルダー…］にチェックを入れ、［はい、作成者を信頼します］を選択（**図5.5**）

図5.5　ファイルの作成者を信頼するか確認

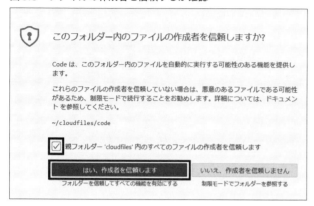

5.1.3　サンプルコードのダウンロード

モデル開発に必要なサンプルコードをGitHubからダウンロードします。

1. Web用VS Codeで、メニューの［ターミナル］-［新しいターミナル］を選択（**図5.6**）

図5.6　ターミナル起動

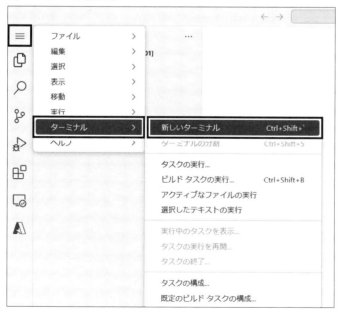

2. ターミナル上で次のコマンドを実行。<use name>は自身のユーザー名に置き換えてください。

```
$ cd Users/<username>/
$ git clone https://github.com/shohei1029/book-azureml-sample.git
```

5.1.4 ≡ conda仮想環境作成

モデル開発を行うためのPython環境は、OS上に直接インストールする形で準備することもできます。しかし、単一の環境をさまざまな機械学習プロジェクトの環境として利用しようとした場合、それぞれのプロジェクトで必要なライブラリやバージョンが異なるため、プロジェクト間での環境の共存が難しくなってきます。

そのため、PythonのpyenvやAnacondaを活用してプロジェクトごとに仮想的に独立させた環境を準備し、それぞれ準備した仮想環境に必要なライブラリをインストールして利用する方法が一般的になってきています。

Azure Machine Learningのノートブックではcondaの仮想環境が対応しており、次の手順で作成できます。

1. VS Code (Web) のエクスプローラーから、サンプルコード内のch5/sample.ipynbをオープンする
2. ［カーネルの選択］-［Python環境］を選択（図5.7）

図5.7　コンピューティングインスタンスを選択

3. [azureml_py310_sdkv2] を選択（図5.8）

図5.8　カーネルを選択

4. ch5/env/conda.yamlには学習ジョブで使用するパッケージのリスト（**リスト5.1**）が記述されている。このリストをもとにconda仮想環境を作成する

リスト5.1　conda.yml

```
name: azureml-book-ch5-env
channels:
  - defaults
dependencies:
  - python=3.11
  - ipykernel
  - pip
  - pip:
    - azureml-mlflow==1.57.0.post1
    - azure-ai-ml==1.20.0
    - azure-identity==1.18.0
    - python-dotenv==1.0.1
    - mlflow==2.16.2
    - lightgbm==4.3.0
    - scikit-learn==1.4.2
    - azureml-fsspec==1.3.1
```

5. メニューから [ターミナル] - [新しいターミナル] を選択
6. ターミナル上で次のコマンドを実行

```
$ cd Users/<username>/book-azureml-sample/ch5/
$ conda env create -f env/conda.yml
```

5.1 ノートブック上でのモデル開発

> **COLUMN**
>
> **Azure Machine Learning上でのAnacondaライセンスについて**
>
> Microsoft Cloudを利用するユーザーは、Anacondaから別途有料ライセンスを取得しなくても、Azure Machine Learningを含むAzureで、Anacondaパッケージを商用目的で使用できます[注5.A]。ただしパッケージは、Microsoft Cloudのサービスの一部としてのみ使用でき、独自のインフラストラクチャにダウンロードしたり、Anacondaの商標を使用したりすることはできません。パッケージには、パッケージ作成者によって提供される独自のライセンスがある場合がありますのでご注意ください。
>
> 注5.A "Anaconda licensing for Microsoft products and services"
> https://learn.microsoft.com/ja-jp/legal/machine-learning/conda-licensing

5.1.5 新しいカーネルとして追加

conda仮想環境を作成したら、ノートブックからカーネルとして指定できるようにするため、新しいカーネルとして追加します。

1. ターミナル上で次のコマンドを実行

```
$ conda init bash
```

2. [+] - [bash] を選択（図5.9）

図5.9 bashシェルをリロード

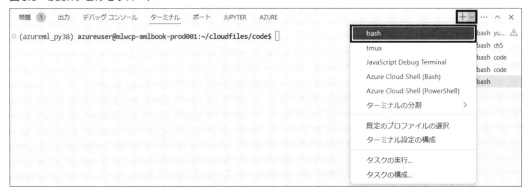

第5章 スクラッチでのモデル開発

3. ターミナル上で次のコマンドを実行

```
$ conda activate azureml-book-ch5-env
$ ipython kernel install --user --name=azureml-book-ch5-env
```

5.1.6 ▪ モデル開発

それでは、作成したコンピューティングインスタンスのリソースを活用し、ノートブック上でモデル開発を行ってみます。まずは、用意したconda仮想環境のカーネルを指定します。

1. ［azureml_py310_sdkv2(Python 3.10.14)］ - ［別のカーネルを選択］ を選択（図5.10）

図5.10　別のカーネルを選択

2. 自身が使用しているコンピューティングインスタンスを選択（図5.11）

図5.11　コンピューティングインスタンスを選択

3. ［azureml-book-ch5-env］ を選択する。azureml-book-ch5-envが表示されていない場合は、最新の状態に更新する（図5.12）

5.1 ノートブック上でのモデル開発

図5.12 カスタム環境のカーネルを指定

4. サンプルコード（ch5/sample.ipynb）の**リスト5.2**のセルを実行する。このセルには、ウォルマートの売上予測を行うための回帰モデルを学習データから学習し、検証データで推論した結果と正解ラベルから平方根平均二乗誤差（RMSE）[注5.4]という指標を算出して、モデルの予測精度を評価する処理が記述されている

リスト5.2　LightGBMで回帰モデル開発

```
import pandas as pd
import numpy as np
import pickle
import lightgbm as lgb
from sklearn.metrics import mean_squared_error
import pandas as pd

# RMSEを計算する関数
def rmse(validation, target):
    return np.sqrt(mean_squared_error(validation, target))

# 学習データと検証データの読み込み
df_train = pd.read_csv("../data/Walmart_train.csv")
df_valid = pd.read_csv("../data/Walmart_valid.csv")

# Date列からMonth列とDay列を追加し、Date列を削除
df_train['Month'] = pd.to_datetime(df_train['Date']).dt.month
df_train['Day'] = pd.to_datetime(df_train['Date']).dt.day
df_train = df_train.drop(columns='Date')
df_valid['Month'] = pd.to_datetime(df_valid['Date']).dt.month
df_valid['Day'] = pd.to_datetime(df_valid['Date']).dt.day
df_valid = df_valid.drop(columns='Date')

# ターゲット変数となる列名を指定
```

注5.4　平方根平均二乗誤差（Root Mean Squared Error；RMSE）は、予測モデルの精度を評価するための指標の1つです。予測値と実際の値との差（誤差）を二乗し、その平均値の平方根を取ることで計算されます。

第5章　スクラッチでのモデル開発

```python
col_target = "Weekly_Sales"

# 学習データと検証データを、特徴量とターゲット変数に分割
X_train = df_train.drop(columns=col_target)
y_train = df_train[col_target].to_numpy().ravel()
X_valid = df_valid.drop(columns=col_target)
y_valid = df_valid[col_target].to_numpy().ravel()

# LightGBMのデータセットに変換
train_data = lgb.Dataset(X_train, label=y_train)

# ハイパーパラメーターの設定
params = {
    'objective': 'regression',
    'metric': 'rmse',
    'num_leaves': 31,
    'learning_rate': 0.05
}

# モデルの学習
model = lgb.train(params, train_data, num_boost_round=100)

# モデルの保存
pickle.dump(model, open("./model.pkl", "wb"))

# 検証データでRMSEを算出
preds = model.predict(X_valid)
print(rmse(df_valid[col_target], preds))
```

5.2 学習ジョブでのモデル開発

　このようにコンピューティングインスタンス上でも、ローカル環境で実装するように簡単にモデル開発を行うことができました。

　ローカル環境でモデル開発を開始し、予測精度の良いモデルができてきたら、大規模な本番データでの学習や継続的な再学習を実施するため、学習ジョブとしてクラウドベースのクラスターにスケールアウトさせて実行させるのが一般的です。Azure Machine Learningでは、分散学習を実施可能なコンピューティングクラスターやサーバーレスコンピューティングなど、さまざまなコンピューティングターゲットを指定できます[注5.5]。

　今回は、コンピューティング作成が不要なサーバーレスコンピューティングを使用して学習ジョブを実行してみましょう。

注5.5　「コンピューティングターゲットのトレーニング」https://learn.microsoft.com/ja-jp/azure/machine-learning/concept-compute-target?view=azureml-api-2#training-compute-targets

5.2 学習ジョブでのモデル開発

5.2.1 ⋮ Azure Machine Learningワークスペースに接続

Azure Machine Learningに対し、各種コードを実行するためには最初にAzure Machine Learningワークスペースに接続する必要があります。

1. サンプルコードの**リスト5.3**のセルを実行する。ここでは、DefaultAzureCredentialを使って Azure Machine Learningワークスペースへの接続のためのクレデンシャルを取得している。 Azure Machine Learningのコンピューティングインスタンス上で対話的にワークスペースに 接続する場合、コンピューティングインスタンスを使用しているEntra IDユーザーとして認証 される

リスト5.3　Azure Machine Learningワークスペースへの接続のためのクレデンシャル取得

```
from azure.ai.ml import MLClient
from azure.identity import DefaultAzureCredential

credential = DefaultAzureCredential()
```

2. サンプルコードの**リスト5.4**のセルを実行する。ここでは、Azure Machine Learningワーク スペースへ接続するためのハンドルを取得している

リスト5.4　Azure Machine Learningワークスペース接続のためのハンドルを取得

```
ml_client = MLClient(
    credential=credential,
    subscription_id="<SUBSCRIPTION_ID>",
    resource_group_name="<RESOURCE_GROUP>",
    workspace_name="<AML_WORKSPACE_NAME>",
)
```

サブスクリプションID、リソースグループ名、Azure Machine Learningワークスペース名は、 Azure Machine Learningスタジオ上で次の手順で設定できます（**図5.13**）。

- 右上隅のAzure Machine Learningスタジオツールバーで、Azure Machine Learningワー クスペース名を選ぶ
- Azure Machine Learningワークスペース、リソースグループ、サブスクリプションIDの値 をコピーし、コードにペーストする

第5章 スクラッチでのモデル開発

図5.13 各種値の設定

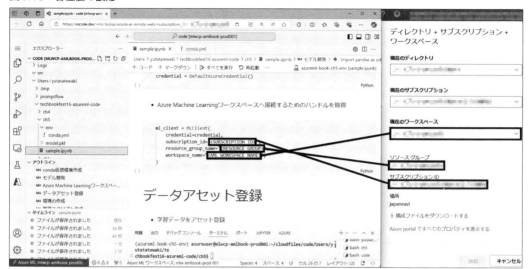

> **COLUMN**
>
> ### DefaultAzureCredentialとは
>
> Azureサービスに安全に認証するためのクライアントライブラリです。このクレデンシャルは、環境変数、マネージドID、Azure CLIなどさまざまな認証方法を自動的に検出し、使用できます。どのような順番で認証を試みるかは公式ドキュメント[注5.B]を参照してください。
>
> ----
> 注5.B 「コンピューティングターゲットのトレーニング」https://learn.microsoft.com/ja-jp/python/api/azure-identity/azure.identity.defaultazurecredential?view=azure-python

5.2.2 : データアセットの作成

モデルの学習で使用する学習データと検証データをデータアセットとして登録します。これにより、どのバージョンのデータを使用して学習したのかをトラッキングできます。

1. サンプルコードのリスト5.5のセルを実行する。ここでは学習データをアセット登録している
2. サンプルコードのリスト5.6のセルを実行する。ここでは検証データをアセット登録している

リスト5.5 学習データアセット登録

```
from azure.ai.ml.entities import Data
from azure.ai.ml.constants import AssetTypes
```

```
# 登録するデータアセットのバージョン指定(例: "1")
VERSION = "1"

# 学習データのパス指定
# local: './<path>/<file>' (対象データは自動的にデフォルトのデータストアへアップロードされる)
# blob:  'wasbs://<container_name>@<account_name>.blob.core.windows.net/<path>/<file>'
# ADLS gen2: 'abfss://<file_system>@<account_name>.dfs.core.windows.net/<path>/<file>'
# Datastore: 'azureml://datastores/<data_store_name>/paths/<path>/<file>'
path = "../data/Walmart_train.csv"

# 学習データのアセット定義
my_data = Data(
    path=path,
    type=AssetTypes.URI_FILE,
    description="ウォルマートの売上履歴　学習データセット",
    name="Walmart_store_sales_train",
    version=VERSION,
)

# 学習データのアセット作成
ml_client.data.create_or_update(my_data)
```

リスト5.6　検証データアセット登録

```
# 検証データのパス指定
path = "../data/Walmart_valid.csv"

# 検証データのアセット定義
my_data = Data(
    path=path,
    type=AssetTypes.URI_FILE,
    description="ウォルマートの売上履歴　検証データセット",
    name="Walmart_store_sales_valid",
    version=VERSION,
)

# 検証データのアセット作成
ml_client.data.create_or_update(my_data)
```

5.2.3 ᛝ カスタム環境の作成

　サーバレスコンピューティングを使用することによりコンピューティングの作成が不要になっても、コンピューティングリソース上で動作するジョブの実行環境は必要です。

- サンプルコードのリスト5.7のセルを実行する。ここでは、conda.yamlファイルを参照してカスタム環境を作成し、Azure Machine Learningワークスペースに登録している

第5章　スクラッチでのモデル開発

リスト5.7　カスタム環境の作成

```python
import os
from azure.ai.ml.entities import Environment

custom_env_name = "walmart-store-sales-env"
env_dir = "./env"

custom_job_env = Environment(
    name=custom_env_name,
    description="ウォルマート売上予測モデルの学習ジョブ用の環境",
    tags={"lightgbm": "4.3.0"},
    conda_file=os.path.join(env_dir, "conda.yml"),
    image="mcr.microsoft.com/azureml/openmpi4.1.0-ubuntu20.04:latest",
)
custom_job_env = ml_client.environments.create_or_update(custom_job_env)

print(
    f"{custom_job_env.name} 環境をAzure Machine Learningワークスペースへ登録しました。環境バージョンは {custom_job_env.version} です。"
)
```

5.2.4 ⋮ 学習用スクリプト作成

データの準備、学習、学習済みモデルの登録まで一連の処理を実行する学習用スクリプトを作成します。この学習スクリプトでは、MLflowの`autolog()`を使用して自動的にメトリック、パラメーターやモデルなどをロギングする処理を入れています（MLflowの詳細については第6章で扱います）。

1. サンプルコードのリスト5.8のセルを実行する。ここでは学習用スクリプトを格納するディレクトリを作成している
2. サンプルコードのリスト5.9のセルを、35-37行目の`subscription_id`、`resource_group_name`と`workspace_name`を図5.13のとおり設定してから実行する。IPythonマジック（コラム参照）を使用して、作成したディレクトリに学習スクリプトを書き込む

リスト5.8　学習スクリプト格納ディレクトリ作成

```python
import os

env_dir = "./src"
os.makedirs(env_dir, exist_ok=True)
```

5.2　学習ジョブでのモデル開発

リスト5.9　学習スクリプト作成

```python
%%writefile {env_dir}/main.py
import os
import argparse
import pandas as pd
import mlflow
import mlflow.sklearn
import numpy as np
import lightgbm as lgb
from azure.ai.ml import MLClient
from azure.identity import DefaultAzureCredential


def main():
    """メイン関数"""

    # パラメーター
    parser = argparse.ArgumentParser()
    parser.add_argument("--num_leaves", type=int, default=31,
                        help="1本の木の最大葉枚数")
    parser.add_argument("--learning_rate", type=float, default=0.05,
                        help="学習率")
    parser.add_argument("--registered_model_name", type=str,
                        help="登録するモデル名")
    parser.add_argument("--train_data_path", type=str,
                        help="学習データアセットパス")
    parser.add_argument("--valid_data_path", type=str,
                        help="検証データアセットパス")

    args = parser.parse_args()

    # Azure Machine Learningワークスペースへの接続
    credential = DefaultAzureCredential(exclude_workload_identity_credential=True)
    ml_client = MLClient(
        credential=credential,
        subscription_id="<SUBSCRIPTION_ID>",
        resource_group_name="<RESOURCE_GROUP>",
        workspace_name="<AML_WORKSPACE_NAME>",
    )

    # ロギング開始
    mlflow.start_run()

    # 自動ロギング有効化
    mlflow.lightgbm.autolog()

    ##################
    #<データ準備>
    ##################
```

105

第 **5** 章　スクラッチでのモデル開発

```python
# 学習データと検証データの読み込み
df_train = pd.read_csv(args.train_data_path)
df_valid = pd.read_csv(args.valid_data_path)

# Date列からMonth列とDay列を追加し、Date列を削除
df_train['Month'] = pd.to_datetime(df_train['Date']).dt.month
df_train['Day'] = pd.to_datetime(df_train['Date']).dt.day
df_train = df_train.drop(columns='Date')
df_valid['Month'] = pd.to_datetime(df_valid['Date']).dt.month
df_valid['Day'] = pd.to_datetime(df_valid['Date']).dt.day
df_valid = df_valid.drop(columns='Date')

# ターゲット変数となる列名を指定
col_target = "Weekly_Sales"

# 学習データと検証データを、特徴量とターゲット変数に分割
X_train = df_train.drop(columns=col_target)
y_train = df_train[col_target].to_numpy().ravel()
X_valid = df_valid.drop(columns=col_target)
y_valid = df_valid[col_target].to_numpy().ravel()

# LightGBMのデータセットに変換
train_data = lgb.Dataset(X_train, label=y_train)
valid_data = lgb.Dataset(X_valid, label=y_valid)


###################
#</データ準備>
###################


##################
#<学習>
##################
# ハイパーパラメーターの設定
params = {
    'objective': 'regression',
    'metric': 'rmse',
    'num_leaves': args.num_leaves,
    'learning_rate': args.learning_rate
}

# モデルの学習
model = lgb.train(params=params, train_set=train_data,
                  num_boost_round=100, valid_sets=valid_data)


##################
#</学習>
##################
```

5.2 学習ジョブでのモデル開発

```
#########################
#<モデル登録>
#########################
# 学習済みモデルをAzure Machine Learningワークスペースへ登録
mlflow.lightgbm.log_model(
    lgb_model=model,
    registered_model_name=args.registered_model_name,
    artifact_path=args.registered_model_name
)

#########################
#</モデル登録>
#########################

# ロギング停止
mlflow.end_run()

if __name__ == " __main__ ":
    main()
```

COLUMN

IPythonマジック

IPythonマジックとは、IPython内で特定のタスクを簡単に実行するための特別なコマンドです。これには、行マジック（%で始まる）とセルマジック（%%で始まる）の2種類があります。行マジックは1行のコードに対して作用し、セルマジックはセル全体に対して作用します。%%writefileは、セルの内容をファイルに書き出すマジックコマンドです。

5.2.5 ジョブの構成

学習スクリプトが用意できたので、学習ジョブを実行します。

学習ジョブの構成をサンプルコードのリスト5.10で定義します。ここで学習スクリプトやスクリプトへ渡す引数や環境などを定義します。

リスト5.10　学習ジョブの構成定義

```
from azure.ai.ml import command
from azure.ai.ml import Input
from azure.ai.ml.constants import AssetTypes

train_data_name = ml_client.data.get(name="Walmart_store_sales_train",
                                     version="1")
valid_data_name = ml_client.data.get(name="Walmart_store_sales_valid",
                                     version="1")
```

第5章 スクラッチでのモデル開発

```python
# 学習スクリプト引数設定
inputs = {
    # ジョブの入力として学習データ指定
    "train_data_path": Input(
            type=AssetTypes.URI_FILE,
            path=train_data_name.id
    ),
    # ジョブの入力として検証データ指定
    "valid_data_path": Input(
            type=AssetTypes.URI_FILE,
            path=valid_data_name.id
    ),
    # 1本の木の最大葉枚数
    "num_leaves" : 30,
    # 学習率
    "learning_rate" : 0.04,
    # 登録するモデル名
    "registered_model_name" : "Walmart_store_sales_model"
}

# 学習ジョブの構成
job = command(
    # 学習スクリプト引数
    inputs=inputs,
    # 学習スクリプトの格納場所
    code="./src/",
    # 学習スクリプトの実行コマンド
    command="python main.py --num_leaves ${{inputs.num_leaves}} --learning_rate ${{inp
uts.learning_rate}} --registered_model_name ${{inputs.registered_model_name}} --train_
data_path ${{inputs.train_data_path}} --valid_data_path ${{inputs.valid_data_path}}",
    # 環境 ( @latest で最新版を指定。 :バージョン数 でバージョン指定も可)
    environment="walmart-store-sales-env@latest",
    # 実験名
    experiment_name="train_walmart_store_sales_prediction",
    # ジョブの表示名
    display_name="walmart_store_sales_prediction"
)
```

108

> 5.2 学習ジョブでのモデル開発

COLUMN

LightGBMとは

　LightGBM (Light Gradient Boosting Machine) [注5.C] は、Microsoftが開発した機械学習アルゴリズムで、とくに高速かつ効率的な学習を行うことで知られています。これは、大規模なデータセットに対しても効果的に動作し、高い精度の予測モデルを作成するために使用されます。

基本的なコンセプト

- **決定木の集合**：LightGBMは、複数の決定木 (Decision Trees) を組み合わせて予測モデルを作成する。各決定木はデータの一部に基づいて訓練され、最終的な予測はこれらの木の結果を集約して得られる
- **グラディエントブースティング**：モデルの誤差を最小化するための反復的な学習プロセス。各ステップで、新しい決定木が前のステップでの予測誤差を修正するように学習される。これにより、モデルの精度が徐々に向上する

特徴

- **高速な学習**：非常に高速な学習アルゴリズムを採用しており、とくに大規模なデータセットに対して優れたパフォーマンスを発揮する
- **低メモリ消費**：メモリの効率的な使用を実現しているため、大量のデータを扱う場合でも安定して動作する
- **高い精度**：他の多くの機械学習アルゴリズムと比較しても、非常に高い予測精度を提供する

応用例

- **金融**：クレジットリスクの評価や市場予測に使用される
- **医療**：患者の診断や治療効果の予測に役立つ
- **マーケティング**：顧客の行動予測やターゲティング広告に利用される

　LightGBMは、初心者でも理解しやすいシンプルな構造を持ちながら、非常に強力で実用的なアルゴリズムです。

注5.C　"LightGBM: A Highly Efficient Gradient Boosting Decision Tree" https://proceedings.neurips.cc/paper_files/paper/2017/file/6449f44a102fde848669bdd9eb6b76fa-Paper.pdf

第5章 スクラッチでのモデル開発

5.2.6 ジョブの実行

サンプルコードの**リスト5.11**でジョブを実行します。

リスト5.11　学習ジョブコマンドの実行

```
job = ml_client.create_or_update(job)

# ジョブ実行が完了するまで待機
ml_client.jobs.stream(job.name)
```

> **Notice**
> ジョブの実行には2〜3分かかります。カスタム環境がまだ構築中である場合は、さらに長く（10分以上）かかることがあります。

5.3 モデルの評価

学習ジョブが完了したあとは、学習結果を確認します。

1. ジョブの結果は、[ジョブ] から最新のジョブの [walmart_store_sales_prediction] で確認できる（図5.14）

図5.14　学習ジョブ実行結果

110

5.3 モデルの評価

2. ［概要］では、学習にかかった時間や入出力情報、メトリックやパラメーターなどサマリーについて確認できる（図5.15）

図5.15　学習ジョブの実行結果の概要

3. ［メトリック］では、ステップを進めるにつれRMSEが減少していることが確認できる（図5.16）

図5.16　学習ジョブの実行結果のメトリック

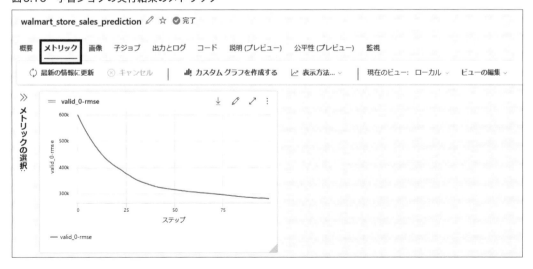

4. ［画像］では、特徴量の重要度が確認できる（図5.17）

図5.17　学習ジョブの実行結果の画像

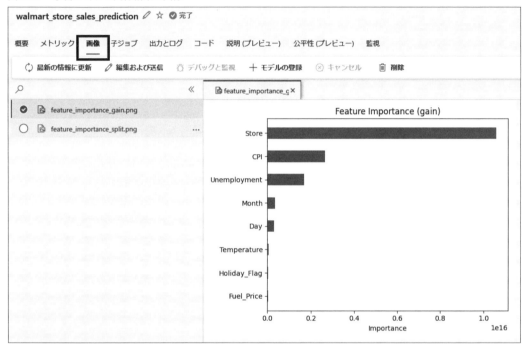

5. ［出力とログ］では、ジョブの実行ログや学習済みモデルなどのアーティファクト（成果物）が出力されていることが確認できる（図5.18）

図5.18　学習ジョブの実行結果の出力とログ

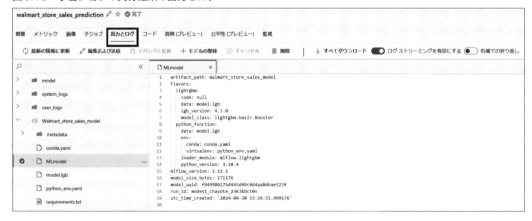

5.4 コンピューティングインスタンスの停止

モデル開発が完了したら、コンピューティングインスタンスを停止しましょう。コンピューティングインスタンスは停止することで、コストを抑えることができます。

［コンピューティング］を選択し、対象のコンピューティングインスタンスを選択、［停止］を選択します（図5.19）。

図5.19 コンピューティングインスタンスの停止

状態が停止になったら完了です。

5.5 まとめ

本章では、スクラッチでモデル開発する方法について解説しました。VS Codeと連携したモデル開発を行うことができるため、GitHub Copilotなどさまざまな拡張機能を活用して開発生産性を大幅に向上させることができます。

第6章 MLflowによる実験管理とモデル管理

機械学習プロジェクトを推進していくにあたっては、試行錯誤の記録を取ることで手戻りを避けつつ開発の方向性を探っていくための「実験管理」と、モデルをすばやくデプロイにつなげるための「モデル管理」の2つの要素が重要です。Azure Machine Learningでは実験管理とモデル管理の操作について、独立したOSSであるMLflowを使用する形になっているため、MLflowを理解することがAzure Machine Learningにおける実験管理およびモデル管理を理解することにつながります。第6章では、まずMLflowの解説をしたうえで、Azure Machine LearningとMLflowを組み合わせる方法の解説に移ります。

6.1 MLflow概要

MLflowは「機械学習ライフサイクルのためのオープンソースプラットフォーム」と位置づけられています。MLflowは「機械学習ライフサイクル」の支援のために、とくにアセット管理、トレーサビリティ、再現性を重視し、実験管理とモデルの取り回しに必要なライブラリとUIおよびサーバーの実装を提供しています。とりわけ実験管理分野においては、ライバルと競いつつもデファクトスタンダードに近い立ち位置を確立しつつあります。ライブラリとしてはPythonライブラリに加えてJava、R向けのSDKが用意されているほか、REST APIを利用することでその他の言語やシステムと連携させることも可能です。

開発の主体はDatabricks社という同名のデータ分析ツールを提供する企業で、リリース当初よりOSSとして開発されてきました。現在はプロジェクト全体がLinux Foundationに移管され、よりオープンな開発体制になっています。

GitHub上のMLflowのリポジトリ[注6.1]を見るとわかりますが、開発はかなり活発です。2022年11月頃にはMLflow 2.0が登場し、1.0のリリース以来となるメジャーバージョンアップデートを迎え、2.3ではLLM向けのサポートなども追加され、継続的に機能が強化されています。

MLflowは特定のサービスやクラウドサービスに依存せず、また特定のライブラリやフレームワークにも原則依存せず、MLflowを構成する各コンポーネント間ですらも強い依存性が発生しないような作りになっています。さらには、もともとの開発元であるDatabricks社のサービス上で使

注6.1 "mlflow/mlflow-Releases" https://github.com/mlflow/mlflow/releases

用しなければいけないというわけでもなく、MLflow単体で利用可能なように設計されています。

　本章ではAzure Machine Learningと組み合わせることを前提として解説しますが、MLflow自体はAzure Machine Learningと組み合わせても良いし組み合わせなくても良い、高度なフレキシビリティを備えた独立したツールです。この自由度の高さも、MLflowが備える機能とともに重要なポイントの1つとなります。

　MLflowは、たとえば1人のユーザーが自分の個人的な実験記録を取るユースケースでも、機械学習プロジェクトに取り組むチームが実験記録を集約するユースケースで使用することもできます。実験記録用途には使わず、統一されたインターフェースでモデルを取り扱うための抽象化レイヤーのみ利用することもできますし、その逆にモデルの抽象化機能はいっさい使用せず、ただ実験記録を取るためだけのツールとして使用することもできます。自由度の高さ、依存性の緩さが、極めて広範囲のユースケースに対応できるという強みにつながっています。

6.2 MLflowの構成と使い方

　MLflow は MLflow Tracking、MLflow Models、MLflow Model Registry、MLflow Projects、MLflow Recipesの5つのコンポーネントから構成されています。本章ではその中でもAzure Machine Learningと関係が深いMLflow TrackingとMLflow Modelsについて詳しく解説し、残りの3つのコンポーネントについては**表6.1**に示すに留めます。

表6.1　MLflowを構成するコンポーネント

コンポーネント	役割
MLflow Tracking	機械学習を行う際にモデルに与えるハイパーパラメーターやコードのバージョン、学習中に生成される各種メトリック、グラフや生成物などのファイルを記録し、それらを整理・可視化する。ライブラリと、サーバー実装であるMLflow Tracking Serverの2つの要素を持つ
MLflow Models	機械学習モデルに対して統一的なフォーマットとインターフェースを提供し、あらゆる機械学習モデルの抽象化レイヤーとして機能する。モデルの推論を行う際に必要な環境情報や入出力形式などを保持し、開発環境とは異なる環境でもモデルによる推論を行えるようにする
MLflow Model Registry	機械学習の実験とモデルをひも付けつつ、モデルにバージョンを付与して整理・管理し、ステージングを行う。MLflow Models形式でモデルを保存することで、モデルのライフサイクルを管理するツールとして機能する
MLflow Project	機械学習を実際にどのように実行するのか環境にできるだけ依存しない形で記述し、統一的なインターフェースで実行可能にする。MLflow Modelsが推論に対する抽象化レイヤーとすれば、MLflow Projectは学習に対する抽象化レイヤーとして機能する
MLflow Recipes	機械学習のワークフローを記述する。完全な自由度を持ったパイプラインを記述するのではなく、ある型に沿ったパイプラインに処理を当てはめる形でパイプラインを定義する

第6章 MLflowによる実験管理とモデル管理

6.2.1 MLflow Tracking

MLflow Trackingは機械学習を行う際にモデルに与えるハイパーパラメーターやコードのバージョン、学習中に生成される各種メトリック、グラフや生成物などのファイルを記録し、それらを整理・可視化するためのコンポーネントです。機械学習のコード中に差し込んでパラメーターなどを記録するためのライブラリと、ライブラリからのAPI呼び出しを受けて実験記録を蓄積し、またそれらを可視化して表示するためのUIを提供するサーバー実装であるMLflow Tracking Serverの2つの要素からなります。

MLflow Trackingでは、機械学習の一回一回の実行を意味する「Run」と、複数回のRunをまとめた「Experiment」という2つの要素によって機械学習の実行を管理します。またRunの中にはさらにRunをネストできます。どのような単位でRunやネストされたRun、Experimentを割り当てるかは自由です。

初期段階の機械学習プロジェクトで適切なアルゴリズムを探っている途中であれば、アルゴリズムを変えて実験するたびにその実験をRunに割り当て、それぞれの実験ごとのRunを1つのExperimentに所属させるというやり方が直感的かと思います。すでにアルゴリズムは決定していて（あるいはAutoMLを利用していて）ハイパーパラメーターチューニングを行っている段階であれば、Runのネストを一段深くして個別の試行を深い階層のRunに、チューニングジョブ全体を1つ上のRunに割り当て、それらチューニングジョブをExperimentに所属させるようにするとわかりやすくなります（図6.1）。

図6.1 ExperimentとRunの階層構造例

◯ MLflow Tracking Server

MLflow Tracking ServerはMLflowで実験記録を行う際にMLflowのライブラリが実際にアクセスする先のサーバーとして機能します（図6.2）。

図6.2　MLflow Tracking Serverの構成

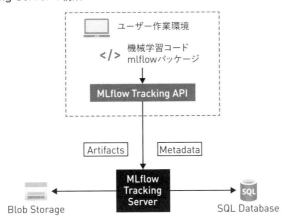

MLflow Tracking Serverはサーバーの本体部分にあたり、MLflow Tracking APIの定義に従ってリクエストを受け付けるように実装されています。サーバー上で直接立ち上げるか、Docker Composeなどを使ってコンテナで立ち上げる必要があります。

MLflow Tracking Serverは配下にファイルやディレクトリ、モデルなどのファイル群（Artifacts；アーティファクト）を保存するためのストレージ（Artifact Store）と、各種メトリックやパラメーターを保存するためのリレーショナルデータベース（Backend Store）を持ちます。

ストレージとしてはクラウドサービスのブロックストレージやファイルサーバーを指定できます。Azureの場合はAzure Blob Storageが使用可能です。その他に汎用のFTPサーバーやNFSでアクセスできるサーバーを使用することもできますし、ローカルストレージをそのまま利用することもできます。

リレーショナルデータベースとしてはSQLAlchemy[注6.2]がサポートするリレーショナルデータベース[注6.3]を使用できます。PostgreSQLやMySQL、SQL Serverなど、メジャーなデータベースは一通りサポートしています。Azureの場合はAzure SQL DatabaseやAzure Database for PostgreSQL、Azure Database for MySQLなどが選択肢になりますし、Docker Composeで

注6.2　PythonのメジャーなObject Relational Mapper（ORM）ライブラリ。Pythonからリレーショナルデータベースを操作する際によく用いられる。
注6.3　"Supported databases" https://docs.sqlalchemy.org/en/20/core/engines.html#supported-databases

第6章 MLflowによる実験管理とモデル管理

MLflow Tracking ServerをホストするコンテナとセットでDBコンテナを立ち上げて利用することも可能です。

別途DBを建てるのが面倒であれば、SQLiteのようなファイルベースのDBを利用することやSQLAlchemyを使用せずローカルファイルに直接データを書き込むことも可能です。注意点として、ローカルファイルを使用すると一部機能に制限がかかるため、別途DBを建てたくない場合でもSQLiteを使用しておくほうが無難です。

MLflow Trackingと後述するMLflow Model Registryの機能は、MLflow Tracking Serverによって実現されています。よって、MLflow TrackingやMLflow Model Registryを必要とする場合、最初にMLflow Tracking Serverをどのようにホストするかを考える必要が生じてきます。

ローカルで起動し、ユーザーが自分1人だけの場合でもチームで利用する場合でも、コンテナを使用する方法が有望な選択肢となります。公式イメージ[注6.4]がありますので、こちらの利用を検討すると良いでしょう。

チームで利用する場合には「認証」の要素を考える必要が生じてきます。たとえMLflow Tracking Serverへのアクセスを閉域アクセスに限定していたとしても、ゼロトラスト、あるいは多層防御の観点から最低限度でも認証を追加しておくべきでしょう。Nginxのリバースプロキシサーバーを応用して認証機能を付加するか、Databricks社が提供するマネージドサービスを使用するか、Azure Machine LearningのMLflow Tracking Server互換エンドポイントを利用するか、いずれかが候補となります。

● MLflow Trackingライブラリ

「MLflow Trackingライブラリ」という独立したライブラリがあるかのような書き方をしていますが、MLflowというPythonパッケージそのものが備えている実験管理のための機能をMLflow Tracking Serverと区別するために便宜上そう呼称しています。実際にはMLflowパッケージそのもののことを指しています。MLflow Tracking Serverに対し、MLflowパッケージから実験記録やモデル周りの何らかの操作を行うという形でMLflow Trackingの機能を使っていくことになります。実験記録の基本的な使い方を解説します。

実験を記録するにはまずExperimentを作成します（**リスト6.1**）。

リスト6.1 Experimentの作成とセット

```
import mlflow

experiment = mlflow.set_experiment("MLflow Sample Experiment")
```

注6.4 "Official MLflow Docker Image" https://mlflow.org/docs/latest/docker.html

`mlflow.create_experiment`で明示的にExperimentを作成することもできますが、存在しないExperimentを`mlflow.set_experiment`しようとすると自動作成されるので、上記コードのみで問題ありません。

　　Experimentをセットしたあと、**リスト6.2**のようにRunの開始と終了を定義し、その間で記録関数を実行します。

リスト6.2　Runの開始と終了

```
run = mlflow.start_run()

mlflow.log_params(params)
mlflow.log_metrics(metrics)

mlflow.end_run()
```

　　`mlflow.start_run()`によって記録が開始され、`mlflow.end_run()`するまで記録が続きます。これによって機械学習のジョブ実行にかかった時間を測っています。

　　あるいは、**リスト6.3**のように`with`によるコンテキストマネージャーを使用して、その配下のコードブロックの実行が完了しだい自動でRunを終了させることもできます。

リスト6.3　with句を使用したRunの開始

```
with mlflow.start_run() as run:
    mlflow.log_params(params)
    mlflow.log_metrics(metrics)
```

　　記録関数を**表6.2**に示します。

第6章　MLflowによる実験管理とモデル管理

表6.2　MLflowの記録関数

関数	説明
mlflow.log_param("key", value)	ハイパーパラメーターを記録するための関数。第1引数がキー、第2引数が値
mlflow.log_params(dict)	ハイパーパラメーターをまとめて記録するための関数。辞書型を受け付ける
mlflow.log_metric ("key", value)	精度や損失などのメトリックを記録するための関数。第1引数がキー、第2引数が値。同じキーで連続して記録すると自動的に時系列として取り扱う
mlflow.log_metrics(dict)	精度や損失などのメトリックをまとめて記録するための関数。辞書形式のデータを受け付ける
mlflow.log_artifact (local_path, artifact_path)	ファイルを記録するための関数。第1引数がアップロードするファイルまたはディレクトリのパス、第2引数はオプションで指定することでMLflow Tracking Server内に記録されるときのディレクトリ構造をコントロールできる
mlflow.log_artifacts (local_path, artifact_path)	ファイルをまとめて記録するための関数。第1引数がアップロードするディレクトリのパス、第2引数はオプションで指定することでMLflow Tracking Server内に記録されるときのディレクトリ構造をコントロールできる
mlflow.log_image(image)	画像を記録するための関数。Pillowの画像やNumPyのndarray形式の画像を記録できる
mlflow.log_figure(fig)	図を記録するための関数。matplotlibやplotlyで描画した図を記録できる
mlflow.log_text (text, artifact_path)	テキストを記録するための関数。第1引数に記録したいテキスト、第2引数にMLflow Tracking Server内に記録されるときのファイル名を指定する。htmlやlogなどtxt以外の拡張子もサポートし、自由度が高い
mlflow.log_dict (dict, artifact_path)	辞書形式のデータを記録するための関数。第1引数に記録したい辞書形式データ、第2引数にMLflow Tracking Server内に記録されるときのファイル名を指定する。ファイルはjsonとyamlをサポートする

※参照："mlflow.log_artifact" https://mlflow.org/docs/latest/python_api/mlflow.html#mlflow.log_artifact

　似た名前の関数もありますが、単数系ですと1個のkey-valueペア／ファイルを記録し、複数形だと辞書型やディレクトリで複数個丸ごと記録する仕様になっています。

　mlflow.log_metric("key", value)およびmlflow.log_metrics(dict)のメトリック記録関数には他の記録関数とは少し異なる性質があり、同じkeyでkey-valueペアを複数回記録するとそのvalueは記録された順の時系列データとして取り扱われます（図6.3）。

120

図6.3 MLflowによって連続的に記録されたメトリック

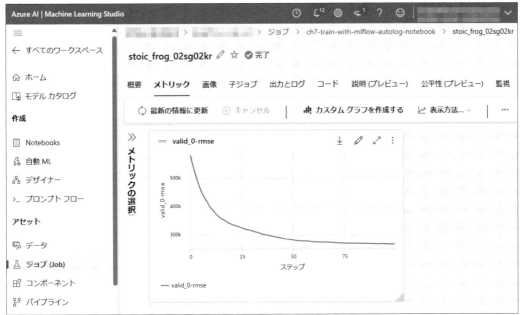

　この性質により、たとえばepochごとにLossの値を記録すれば、UIにはお馴染みの学習の推移を示す曲線が表示されます。key-valueペアであってもRunを通じた1回だけの記録であれば、単に値が記録されるだけとなります。

6.2.2　MLflow Models

　MLflow Modelsは機械学習モデルに対して統一的なフォーマットとインターフェースを提供する抽象レイヤーです。MLflow Modelsが指すのはモデルの保存形式であり、MLflow Modelsというライブラリやサーバーが存在するわけではありません。MLflow Trackingと同様に、MLflowのパッケージを使用して操作を行うことでMLflow Models形式にモデルをまとめ上げることが可能になります。

　機械学習プロジェクトでは、モデルの学習や評価を行ったあと、そのモデルを実際の本番環境やテスト環境にデプロイすることが一般的です。しかし世の中にはさまざまな機械学習フレームワークや環境が存在しているため、最終的にやりたいこと（推論）は同じでもモデルごとに異なる処理を記述する必要が生じてきます。

第6章 MLflow による実験管理とモデル管理

○ フレームワーク間の差異

一例として、PyTorch と XGBoost で作成したモデルについて、それぞれモデルを保存し、推論環境上で再ロードする処理を考えてみます。

PyTorch モデルの場合はまず torch.save(model.state_dict(), PATH) としてモデルのパラメーターを保存し、その後モデルを定義したクラスから作ったインスタンスである model に対し、model.load_state_dict(torch.load(PATH)) で学習済みモデルのパラメーターを読み込むという手順になります (**リスト6.4**)。

リスト6.4　PyTorchモデルの保存と読み込み

```
model = MyModel()

# 保存
torch.save(model.state_dict(), PATH)

# 読み込み
model.load_state_dict(torch.load(PATH))
```

必然的にモデルのパラメーターを保存したファイルだけでなく、モデルを定義したクラスやその周辺関数・クラス群もセットで推論環境に配置する必要があります。

XGBoost の場合は学習済みモデル model に対し、model.save_model('<filename>.json') のようにしてモデルを保存し、model.load_model('<filename>.json') でモデルをロードします。このとき、XGBoost のライブラリさえあれば問題はなく、PyTorch と違ってクラス定義などを持ち込む必要はありません (**リスト6.5**)。

リスト6.5　XGBoostモデルの保存と読み込み

```
model = xgb.XGBRegressor(**param)

# 保存
model.save_model('<filename>.json')

# 読み込み
model.load_model('<filename>.json')
```

その他、schikit-learn や LightGBM、TensorFlow などさまざまな機械学習フレームワークが存在しますが、それぞれ学習済みパラメーターを保存して読み込むというレベルでは共通でも、それぞれのフレームワークごとに手順や条件には差異が存在します。CPU で推論するか GPU で推論するか、あるいは単体のマシン上で推論するか Spark の分散環境上で推論するかなど、細かい前提条件を加味すればそのパターンはさらに増大します。

MLflow Models は、このようなフレームワーク間の取り回し方の違いや API の違いを吸収し、

MLflowが提供する統一的なインターフェースで、さまざまなフレームワークで作成したモデルを取り扱うことを可能にします。

　MLflow Models形式を採用することでモデルの取り回しがかなり楽になり、共通の手順で推論が可能になるというメリットを享受できます。加えて、ローカルでのテストデプロイを簡略化できたり、Azure Machine Learningが備える機械学習APIをデプロイする機能を利用してノーコードデプロイが可能になったりと、モデルの実運用に役立つさらなるメリットが存在します。この点についてはのちほど解説します。

◯ 基本的なMLflow Modelsの構造

　MLflow Modelsの実体はMLmodelという名前の設定ファイルと、モデルの実体を保存した何らかのファイル、モデルを扱うために必要なPythonのバージョンや依存パッケージ群を記録したファイル（condaのenvironment.ymlやpipのrequirements.txtなど）です（**図6.4**）。

図6.4　MLflow Models形式のファイル実体

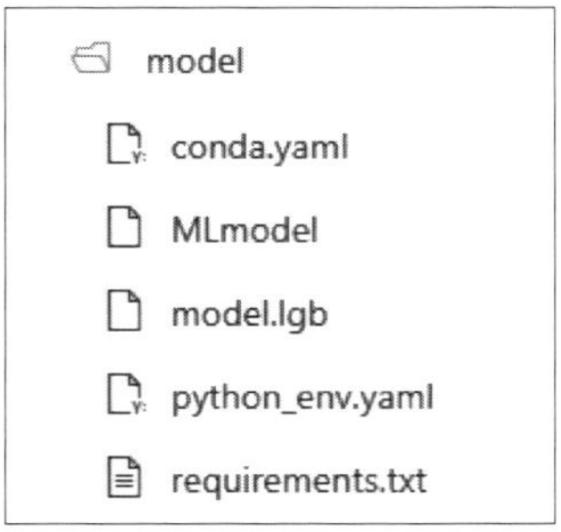

```
model
    conda.yaml
    MLmodel
    model.lgb
    python_env.yaml
    requirements.txt
```

　MLmodelというファイルは、拡張子こそありませんが記述形式はyamlです。**リスト6.6**に、LightGBMで学習したモデルをMLflow Models形式で保存したときに生成されるMLmodelファイルの中身を示します。

リスト6.6　MLmodel

```
artifact_path: model
flavors:
  lightgbm:
    code: null
    data: model.lgb
    lgb_version: 4.3.0
    model_class: lightgbm.basic.Booster
  python_function:
    data: model.lgb
    env:
      conda: conda.yaml
```

第6章 MLflowによる実験管理とモデル管理

```
      virtualenv: python_env.yaml
      loader_module: mlflow.lightgbm
      python_version: 3.11.9
mlflow_version: 2.12.1
model_size_bytes: 186501
model_uuid: 3f8107aefbc2416c85427feba3421e40
run_id: 677d2e7f-9a16-411f-b4c0-ab515ec4e587
signature:
  inputs: '[{"type": "long", "name": "Store", "required": true}, {"type": "long",
    "name": "Holiday_Flag", "required": true}, {"type": "double", "name": "Temperature",
    "required": true}, {"type": "double", "name": "Fuel_Price", "required": true},
    {"type": "double", "name": "CPI", "required": true}, {"type": "double", "name":
    "Unemployment", "required": true}, {"type": "integer", "name": "Month", "required":
    true}, {"type": "integer", "name": "Day", "required": true}]'
  outputs: '[{"type": "tensor", "tensor-spec": {"dtype": "float64", "shape": [-1]}}]'
  params: null
utc_time_created: '2024-05-01 18:03:06.147004'
```

flavorsではモデルを動作させるために必要なPythonバージョンやフレームワーク、依存パッケージと、モデルの実体を保存したバイナリファイルが指定されていることがわかります。

signatureではモデルの入出力形式を記述しており、受け付けるべきデータの型と出力形式が表現されています。MLflow Models形式のディレクトリ内のファイル群やMLmodelの記述からもわかるとおり、MLflow Modelsはモデルを取り扱うための環境、モデル実体のバイナルファイルとそれを読み込むための関数、モデルの入出力形式を保持し、MLflowのインターフェースの裏に隠蔽されています。

なお、MLmodelファイルはMLflow Models形式で保存する際に生成されるファイルです。手書きするものではありません。

MLflow Modelsを使うとき、使用しているフレームワークがMLflowを直接サポートしているフレーバー（フレームワーク）のリスト[注6.5]に含まれていれば、mlflow.<flavor>.log_model()に学習済みモデルのインスタンスと保存先パス（MLflow Tracking以下のRun）を渡すことでMLflow Modelsとして保存することが可能です。

参考までに、2024年11月時点でMLflowがサポートしているフレームワークは**表6.3**の26種類です。このうちPython FunctionとR Functionはやや特殊で、それぞれの言語における汎用形式として定義されています。使いたいフレームワークがサポートされていないときに使用することになります。

注6.5 "Built-In Model Flavors" https://mlflow.org/docs/latest/models.html#built-in-model-flavors

表6.3　MLflowがサポートするフレームワーク

フレームワーク	コードでの指定
Python Function	python_function
R Function	crate
H2O	h2o
Keras	keras
MLeap	mleap
PyTorch	pytorch
Scikit-learn	sklearn
Spark MLlib	spark
TensorFlow	tensorflow
ONNX	onnx
MXNet Gluon	gluon
XGBoost	xgboost
LightGBM	lightgbm
CatBoost	catboost
Spacy	spaCy
Fastai	fastai
Statsmodels	statsmodels
Prophet	prophet
Pmdarima	pmdarima
OpenAI (実験的)	openai
LangChain (実験的)	langchain
John Snow Labs (実験的)	johnsnowlabs
Diviner	diviner
Transformers (実験的)	transformers
SentenceTransformers (実験的)	sentence_transformers
Promptflow (実験的)	promptflow

　MLflow Models形式として十全に恩恵を受けるためには、学習済みモデルのインスタンス以外にModelSignatureクラスから作ったインスタンスとpip、もしくはcondaの依存パッケージリストを用意する必要があります。この2つはlog_model関数でMLflow Models形式としてモデルを記録するにあたり必須というわけではありませんが、用意しておくことでノーコードデプロイなどの恩恵を受けることができます。

　ModelSignatureインスタンスの役割は入出力形式の明示[注6.6]で、インスタンスの作り方には手動で定義する方法と、infer_signature関数を使用してモデルの学習時に実際に使用した学

....

注6.6　"Model Signatures And Input Examples"
　　　　https://mlflow.org/docs/latest/models.html#model-signatures-and-input-examples

第6章 MLflowによる実験管理とモデル管理

習データのデータフレームと推論結果から作る方法の2通りがあります。基本的にはinfer_
signature関数を使用することになるはずです。

たとえばLightGBMの場合は**リスト6.7**のような記述となります。

リスト6.7 LightGBMにおけるModelSignature作成

```
import lightgbm as lgb
from sklearn.model_selection import train_test_split
from sklearn import datasets
from mlflow.models.signature import infer_signature

X, y = datasets.load_iris(return_X_y=True, as_frame=True)

model = LGBMClassifier(objective="multiclass", random_state=42)
model.fit(X, y)

signature = infer_signature(X, model.predict(X))
```

LightGBMフレーバーの`log_model`関数の場合、引数は**リスト6.8**に示すような形式になっています。

リスト6.8 LightGBMフレーバーの`log_model`関数

```
mlflow.lightgbm.log_model(lgb_model, artifact_path, conda_env=None, code_paths=None,
registered_model_name=None, signature: mlflow.models.signature.ModelSignature = None
, input_example: Union[pandas.core.frame.DataFrame, numpy.ndarray, dict, list, csr_m
atrix, csc_matrix] = None, await_registration_for=300, pip_requirements=None, extra_
pip_requirements=None, metadata=None, **kwargs)
```

必須パラメーターは`lgb_model`と`artifact_path`で、それぞれLightGBMのインスタンスと
保存先パスを示します。「保存先パス」というのはRunの中におけるディレクトリを意味し、ロー
カルに保存されるのではなくMLflow Trackingの仕組みを利用してArtifact Storeに保存される
のですが、そのときのディレクトリ名になります。もしも一度ローカルに保存したい場合は
`save_model`関数を使用します。必然的に、`log_model`関数は`mlflow.start_run()`と
`mlflow.end_run()`の内側か、`with mlflow.start_run():`以下で実行する必要があります。

必須ではないパラメーターのうち、先述のとおりモデルの入出力形式を指定する`signature`と、
動作に必要な依存関係を記述したファイルを指定する`conda_env`または`pip_requirements`は
重要です。`conda_env`と`pip_requirements`は空のまま渡しても自動推定が走り、裏で勝手に
用意してくれますが、将来起こるかもしれない環境再現の問題を軽減するために自前でcondaの
environment.yamlもしくはpipのrequirements.txtを用意しておくとより安全です。なお、こ
の両者は排他です。同時に使用できない点に注意してください。

126

○ Python Functionフレーバー

フレーバーリストに含まれていないフレームワークを使用している場合や、リストに含まれているが何らかの処理を挟みこんでいたり複数モデルを組み合わせていたりなどの事情で組み込み関数を使用できない場合、そもそもフレームワークを使用せず機械学習プロジェクトを進めている場合は、汎用形式であるPython Functionフレーバーで対応します。

Python Functionフレーバーを使うにあたっては`mlflow.pyfunc.PythonModel`を継承したクラスを作り、そのクラスに推論を行うための`predict`という名前の関数を実装する必要があります。追加要素として、`load_context`という名前の関数を実装することで、学習で得たパラメーターを保存したファイルを読み込むなど、モデルロード時にインスタンスの状態を復元する処理を自動実行させることができます。`load_context`はオプショナルな扱いですが、用途を考えれば事実上必須です。

`mlflow.pyfunc.PythonModel`を継承したクラスの実装例を**リスト6.9**に示します。前提として、ここでは説明可能性に優れたモデルを提供するInterpretML[注6.7]のinterpretライブラリに含まれるExplainable Boosting Machine（EBM）を使用しています。EBMの詳細は割愛しますが、一般化加法モデルと決定木を組み合わせたようなモデルで、LightGBMやXGBoost同様に回帰や分類に使用できます。このフレームワークはMLflowのサポート外であり、Python Functionフレーバーの適用対象となります。

リスト6.9　Python Functionフレーバーのクラス実装

```python
class EbmWrapper(mlflow.pyfunc.PythonModel):
    def load_context(self, context):
        import pickle
        with open(context.artifacts["ebm_model_path"], 'rb') as f:
            self.regressor = pickle.load(f)

    def predict(self, context, model_input):
        return self.regressor.predict(model_input)
```

この例では`context`というオブジェクトを引数として受け取って学習済みモデルを読み込む`load_context`と、推論結果を返す`predict`を実装しています。

`context`が何なのかラッパークラスの実装だけでは判別不能ですが、`context`の正体はこのあと記述する`mlflow.pyfunc.log_model`の`artifacts`と同じ構造の辞書を配下に持つオブジェクトです。`context.artifacts`には読み込むべきオブジェクトのパスが記録されているため、これを利用することで何らかのファイルとして保存した学習済みモデルを復元可能です。このオ

注6.7　"InterpretML" https://interpret.ml/

第6章　MLflowによる実験管理とモデル管理

ブジェクトについてはのちほど、ノートブック上で機械学習とMLflowによる記録を行う手順の解説の中で詳細に触れます。

MLflow Tracking Serverへのモデル保存はその他フレーバーと大筋では同様で、`mlflow.pyfunc.log_model`に対し`mlflow.pyfunc.PythonModel`を継承して実装したクラスから作ったインスタンスを渡すことで行います。Signatureなど、その他引数についても同様です。`artifacts`という引数が特徴的です。

6.3 ┊ Azure Machine LearningとMLflowの関係

Azure Machine LearningはMLflowとの互換性を備えており、MLflowと併用されることを強く意識しています。Azure Machine LearningとMLflowを組み合わせることで、実験やモデルを記録したり、APIデプロイを簡略化したり、ジョブの実行をしたりとさまざまなことが可能になります（**表6.4**）。

表6.4　MLflowのコンポーネントとAzure Machine Learningの連携

コンポーネント	Azure Machine Learningとの関係
MLflow Tracking	Azure Machine LearningがMLflow Tracking Serverとして機能する互換エンドポイントを提供。azureml-mlflowパッケージと併用することでmlflowライブラリからAzure Machine Learningに実験記録を送って記録することが可能
MLflow Models	Azure Machine Learningモデルレジストリで対応。AutoMLによって生成されたモデルの保存形式として選択可能で、APIをデプロイするオンラインエンドポイントとバッチ推論を行うバッチエンドポイントにおいてはModelSignatureを持ったMLflow Models形式のモデルであればノーコードデプロイが可能
MLflow Project	Azure Machine Learning管理下の計算リソース上で実行するジョブを定義して実行する機能がプレビューとして提供されているが2026年9月廃止予定。第5章や第7章で詳細に解説しているAzure Machine Learningのジョブの利用を推奨

6.3.1 ┊ MLflow Tracking Server-as-a-Service

MLflowを使用する観点から見ると、Azure Machine Learningが提供するMLflow Tracking Serverの互換エンドポイント機能を利用することで、Azure Machine Learningの認証機能を担うMicrosoft Entra IDによるユーザー認証とRBAC（Role-based Access Control）による権限管理の恩恵を受けることができ、Azure Machine LearningというSLA99.9%で提供されるPaaSを使用して、サーバの立ち上げやイメージ管理、コンテナホストサービス、Artifact StoreやBackend Storeなどのインフラの管理を省くことができます。MLflow Tracking Serverそのものではありませんが、「MLflow Tracking Server-as-a-Service」として扱えると言い換えても良いかと思います（**図6.5**）。

128

図6.5 MLflow Tracking Server互換エンドポイント

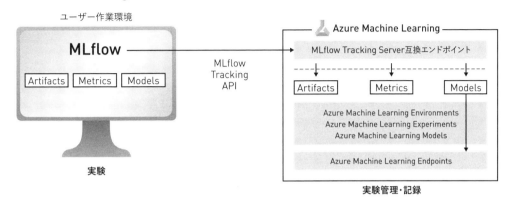

Azure Machine Learningを使用する観点から見ると、MLflowは今や唯一の実験管理ツールとなっています。すなわち、Azure Machine Learningで実験管理を行うためにはMLflowと互換エンドポイントの利用が必須となっています[注6.8]。

MLflow Tracking Server互換エンドポイント機能によって、MLflowから送られたデータはAzure Machine Learningのデータとして再解釈され、Azure Machine Learning上に配置されます。両者のデータモデルはほぼ同様ですが、1点だけ大きな差異があり、MLflowでRunと呼ばれるものはAzure Machine Learning上ではジョブと呼ばれています。Model Registryに相当する機能はAzure Machine Learning上にもあり、エイリアスなど最新の機能の一部については未対応ですが、ほぼ同様の機能を提供しています。

特定のベンダーのサービスに固有、かつ頻繁に仕様が変わるSDKを使用すると、サービスの提供停止やSDKのバージョンアップによってコードが動作不能に陥るリスクを抱えることになります。Azure Machine LearningがMLflowを実験管理ツールとして採用したことで、実験コードにAzure固有の要素が入ることを避け、今後Azure Machine Learningの利用を取りやめたとしても、MLflow Tracking ServerのURLを指定する記述のみ書き換えれば（環境変数などでURLの値を外に出していればそれすら不要で）、ただちに実行可能な状態に保つことができるようになりました。

また、Azure Machine LearningはAzure Machine LearningモデルレジストリにMLflow Models形式のモデルを保存することができ、さらにModelSignatureを登録していることを条件としてマネージドオンラインエンドポイントにノーコードで機械学習モデルをデプロイしてAPIとして本番投入したり、バッチエンドポイントを使用してバッチ推論を実行できたりします。

注6.8 かつてAzure Machine Learningがv1であったころは、MLflow Tracking Server互換エンドポイントはユーザーに対する実験管理ライブラリの選択肢の1つという位置づけで、Azure Machine LearningのSDKによっても実験管理が可能でした。

第**6**章　MLflowによる実験管理とモデル管理

AutoMLなどAzure Machine Learningの機能によって生成されたモデルもMLflow Models形式で保持され、やはりノーコードデプロイが可能になっています。MLflow ModelsはAzure Machine Learningの内部に深く組み込まれているといっても過言ではありません。

6.3.2 ⫶ その他のクラウドサービスの対応状況

　かつてMLflowをファーストパーティ製品で採用していたパブリッククラウドは、Azure Databricks (Databricks社の製品ながらファーストパーティ扱いで展開している例外的な製品) とAzure Machine Learningを擁するAzureだけでしたが、2024年11月時点で状況は大きく改善し、AWSではAmazon SageMakerに付随する機能としてフルマネージドのMLflow Tracking Serverのサービスが登場し、Oracle Cloud Infrastructure (OCI) では各種OCIリソースとMLflowを連携させるための公式MLflowプラグインが登場しています。Google Cloudではファーストパーティ製品としては直接対応していませんが、Databricks社がマネージドのMLflow Tracking Serverが組み込まれた自社サービスをAWS、Azure、Google Cloudの3つのベンダーで展開しているため、Databricksを利用することでMLflowの利用が可能です。また、Google Cloud Vertex AI Experimentsの自動ロギング機能では内部的にMLflowを利用している[注6.9]ため、もしかするとGoogle CloudもMLflow互換性を備える日が今後来るかもしれません。

　このように濃淡はあれど多くのベンダーがMLflowを自社サービスに採用したことで、MLflowは実験管理のデファクトスタンダードの立場により近づいてきており、MLflowを実験管理ツールに採用することでロックインを回避しやすくなってきています。ロックインを回避しやすいという性質は、今なお発展が続き、適切な環境やサービスの移り変わりが激しい機械学習分野のコードを維持・管理していく責務を負うエンジニアにとっては非常に重要な特性です。

注6.9　「Vertex AI Experimentsの自動ロギングでMLテストのトラッキングを自動化する方法 | Google Cloud 公式ブログ」
　　　　https://cloud.google.com/blog/ja/products/ai-machine-learning/effortless-tracking-of-your-vertex-ai-model-training

6.4 実験管理とモデル管理の実例と解説

COLUMN

MLflowとAzure Machine LearningのアセットURI

　一部、Azure Machine Learning固有のURI構造などに対応させるため、azureml-mlflowという
Pythonパッケージを追加でインストールする必要があります。importなどは不要で、ただインストー
ルするだけで問題ありません。これにより、azureml//:のようなAzure Machine Learning特有
のURI構造を識別できるようになります。しかしこの拡張は完全ではなく、場合によってはAzure
Machine Learningに記録されたジョブをMLflowが期待する形式のURIに変換する必要が生じて
きます（典型的にはmlflow.<flavor>.load_modelを使う場合など）。Runやモデルを指定する
URIの再構成は、MLflowとAzure Machine Learningを組み合わせるうえでは度々つまずくポイ
ントとなりますが、おおむねRunのIDを事後どのように特定すれば良いのか、という点に問題は
集約されます。ジョブにはさまざまな識別子が振られていますが、とくに「名前」として表示され
ているものやプロパティ中のrunIdなどが、ちょうどMLflow形式のURIを記述するために必要な
RunのIDとして使用可能です。run = mlflow.start_run()として得たRunのインスタンスか
らIDを抜き出したり、Azure Machine Learning SDK v2を使用して取得したジョブオブジェクト
から抜き出したりすることも可能です。頭の片隅に知識として置いておくと複雑なワークフロー
を組む場合などに役に立つかもしれません。

6.4 ┊ 実験管理とモデル管理の実例と解説

　これまでも使用してきたウォルマートの各店舗の売上のデータセットを使用して回帰問題を解
くシナリオを題材に、自動ロギング機能であるautologを使う／使わないパターンで、MLflowと
Azure Machine Learningで実験管理およびMLflow Models形式でモデルを保存する手順を追っ
ていきます。

6.4.1 ┊ autologを使用したノートブック上での実験管理

　ノートブック上でLightGBMを用いて回帰問題を解くことを考えます。mlflow.lightgbm.
autologを用いて簡易に実験記録とモデル保存を行います。MLflowがサポートしているフレー
ムワークを使う場合にはほぼこの手順1つで、難しいことを考えなくても一括で実験管理とモデ
ル管理が可能です。セル1つにつき1つのコードブロックとして、実行順に解説しつつ手順を記
述します。

131

第6章　MLflowによる実験管理とモデル管理

○ 環境準備

本書サンプルコード集のch6のディレクトリ内で**リスト6.10**を実行し、仮想環境を作ります。

リスト6.10　環境構築

```
conda env create -f conda.yaml
conda activate azureml-book-ch6-env
ipython kernel install --user --name=azureml-book-ch6-env
```

ここで参照しているconda.yamlの中身は**リスト6.11**のようになっています。

リスト6.11　conda.yaml

```
name: azureml-book-ch6-env
channels:
- defaults
dependencies:
- python=3.11
- ipykernel
- pip
- pip:
  - azure-ai-ml==1.20.0
  - mlflow==2.16.2
  - azureml-mlflow==1.57.0.post1
  - numpy==1.26.4
  - pandas==2.2.3
  - scikit-learn==1.4.2
  - lightgbm==4.3.0
  - interpret==0.6.1
  - kaleido==0.2.1
  - nbformat>=4.2.0
```

○ ライブラリの読み込み

使用するライブラリを読み込んでおきます（**リスト6.12**）。

リスト6.12　ライブラリ読み込み

```
import pandas as pd
import lightgbm as lgb

import mlflow
from azure.ai.ml import MLClient
from azure.identity import DefaultAzureCredential
```

データセットを取り扱うためにpandas、機械学習のためにlightgbmを使用します。MLflow

周りではmlflowパッケージ本体以外に、Azure Machine Learningが備える互換エンドポイントのURLを取得するためにazure.ai.mlパッケージからMLClientを読み込んでいるほか、認証を通すためのDefaultAzureCredentialをazure.identityパッケージから読み込んでいます。

❍ Azure Machine Learningへの接続

最初にAzure Machine Learningワークスペースに接続します（**リスト6.13**）。

リスト6.13　Azure Machine Learningの互換エンドポイントへの接続

```
import os
import mlflow
from azure.ai.ml import MLClient
from azure.identity import DefaultAzureCredential

subscription_id = "SUBSCRIPTION_ID"
resource_group = "RESOURCE_GROUP"
workspace = "AML_WORKSPACE_NAME"

ml_client = MLClient(
    DefaultAzureCredential(),
    subscription_id,
    resource_group,
    workspace,
)

azureml_mlflow_uri = ml_client.workspaces.get(
    ml_client.workspace_name
).mlflow_tracking_uri

mlflow.set_tracking_uri(azureml_mlflow_uri)
```

　このコードはAzure Machine Learning上のノートブックで実行しても良いですし、ローカル環境に建てたPython環境から実行しても良いです。いずれにしてもMicrosoft Entra IDによる認証が行われ、Azure Machine Learningワークスペースに対する操作が可能になります。その後、ワークスペースから`mlflow_tracking_uri`を取得して互換エンドポイントのURLを得、それを`mlflow.set_tracking_uri`でMLflowにセットするという流れになります。

　互換エンドポイントを使用するときにはazureml-mlflowパッケージが必須となります。このライブラリはAzure Machine LearningのSDKをインストールしても勝手にはインストールされません。インストールし忘れるとAzure Machine Learning独特のパスをMLflowが解釈できずエラーとなります。

　続いてAzure Machine Learningとの接続を確かめがてら、Experimentの設定を行います（**リスト6.14**）。

第6章　MLflowによる実験管理とモデル管理

リスト6.14　Experimentセット

```
exp = mlflow.set_experiment("ch7-train-with-mlflow-autolog-notebook")
```

エラーが出なければ成功です。

● データ準備

続いてデータ準備を行います。データをPandasのデータフレームとして読み込み、それぞれ正解ラベルと特徴量に分割するという流れです（リスト6.15）。

リスト6.15　データ準備

```
# 学習データと検証データの読み込み
df_train = pd.read_csv("../data/Walmart_train.csv")
df_valid = pd.read_csv("../data/Walmart_valid.csv")

# Date列からMonth列とDay列を追加し、Date列を削除
df_train['Month'] = pd.to_datetime(df_train['Date']).dt.month
df_train['Day'] = pd.to_datetime(df_train['Date']).dt.day
df_train = df_train.drop(columns='Date')
df_valid['Month'] = pd.to_datetime(df_valid['Date']).dt.month
df_valid['Day'] = pd.to_datetime(df_valid['Date']).dt.day
df_valid = df_valid.drop(columns='Date')

# ターゲット変数となる列名を指定
col_target = "Weekly_Sales"

# 学習データと検証データを、特徴量とターゲット変数に分割
X_train = df_train.drop(columns=col_target)
y_train = df_train[col_target].to_numpy().ravel()
X_valid = df_valid.drop(columns=col_target)
y_valid = df_valid[col_target].to_numpy().ravel()
```

● 学習と記録

モデルの学習と各種パラメーターやメトリック、モデルの記録を行います。まずはRunを開始します（リスト6.16）。

リスト6.16　Run開始

```
run = mlflow.start_run()
```

Runを開始するとAzure Machine Learning Studioのジョブに、新規に今回のRunとひも付くジョブが作成され、「実行中」ステータスになります（図6.6）。

図6.6 Runの開始

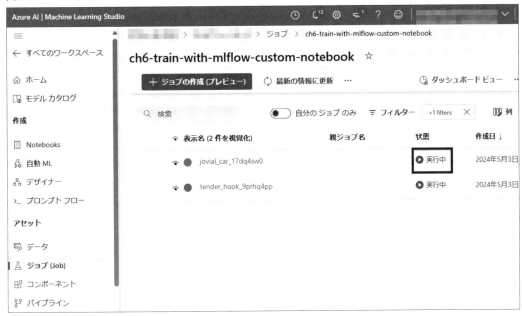

続いて mlflow.lightgbm.autolog 関数を実行し、実験記録およびモデル管理を自動実行します（リスト6.17）。

リスト6.17　autolog開始
```
mlflow.lightgbm.autolog()
```

autologを使用した場合、メトリックやパラメーターなどが自動で取得されるため、log_metricなどの記録関数を明示的に実行する必要がなくなります。排他というわけではないので、何か記録すべき値やデータがあるのであれば実行してもかまいません。

続いて、Pandasデータフレームとして保持しているデータをLightGBM固有のデータ形式に変換します。LightGBMのscikit-learn APIを使用する場合はX_trainとy_trainをそのまま渡すことができますが、LightGBMのネイティブAPIを使う場合はDatasetクラスで包んでやる必要があります（リスト6.18）。

リスト6.18　Datasetでラップ
```
train_data = lgb.Dataset(X_train, label=y_train)
valid_data = lgb.Dataset(X_valid, label=y_valid)
```

この処理は、mlflow.lightgbm.autolog関数よりもあとに実行する必要があります。モデ

第 **6** 章 MLflowによる実験管理とモデル管理

ルの入出力形式を指示するSignatureを`mlflow.lightgbm.autolog`関数が自動取得してくれるのですが、自動取得するには`mlflow.lightgbm.autolog`関数の実行よりあとに`lgb.Dataset`インスタンスを作る必要があるためです。

続いてLightGBMのパラメーターを定義します（**リスト6.19**）。

リスト6.19　パラメーター定義

```
params = {
    'objective': 'regression',
    "boosting_type": "gbdt",
    'metric': 'rmse',
    'num_leaves': 20,
    "max_depth": 10,
    'learning_rate': 0.1,
    "device_type": "cpu",
    "seed": 42,
    "deterministic": True,
}
```

詳細は割愛しますが、LightGBMによって回帰問題を解くようにパラメーターを定義しています。このパラメーターはのちほど自動的に記録されます。

学習を実行します（**リスト6.20**）。動作環境にもよりますが、10秒未満で処理が完了します。

リスト6.20　学習実行

```
clf = lgb.train(
    params,
    train_set=train_data,
    valid_sets=valid_data,
)
```

最後にRunを終了します（**リスト6.21**）。

リスト6.21　Run終了

```
mlflow.end_run()
```

○ 実際に取得された記録

Azure Machine Learningから、パラメーター（**図6.7**）、学習の推移（**図6.8**）、MLflow Models形式のモデル（**図6.9**）が保存されていることが確認できます。たいていのユースケースではautologで用を足すかと思います。非常に簡単ですし、autologが使えるときは積極的に使っていくと良いでしょう。

6.4 実験管理とモデル管理の実例と解説

図6.7 autologによって記録されたパラメーター

図6.8 autologによって記録されたメトリック

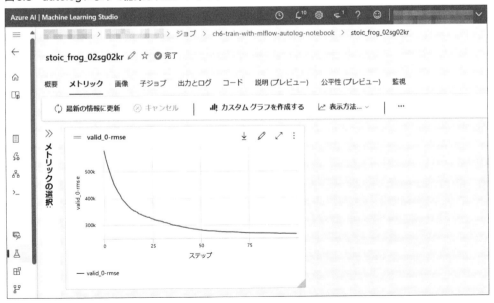

図6.9 autologによって記録されたモデル

6.4.2 ノートブック上でのカスタム実験管理

autologが使用できないケースで、実験記録もMLflow Models形式としてのモデル保存もすべて自前で行うことを考えます。題材として、MLflowが直接サポートしていないinterpretライブラリに収録されているExplainable Boosting Machine (EBM) を使用して実験を行うシナリオを考えます。

環境構築からデータ準備まではautologの場合とまったく同じですので割愛します。差分が生じてくるRunの開始から先に絞って解説します。

● 学習と記録

まずはRunを開始します（リスト6.22）。

リスト6.22　Run開始

```
run = mlflow.start_run()
```

続いてパラメーターの定義と記録を行います（リスト6.23）。

6.4 実験管理とモデル管理の実例と解説

リスト6.23　パラメーター定義

```
params = {
    'objective': "rmse",
    'max_leaves': 20,
    'learning_rate': 0.1,
    'random_state': 42
}

mlflow.log_params(params)
```

今回は辞書型でまとめてパラメーターを定義しているので、`log_params`を使用して記録します。ジョブのパラメーター欄に`params`の中身が表示されます（図6.10）。

図6.10　MLflowによって記録されたパラメーター

続いてEBMの学習を実行します（リスト6.24）。

リスト6.24　EBM学習

```
reg = ExplainableBoostingRegressor(**params)
reg.fit(X_train, y_train)
```

環境にもよりますが、おおむね20秒程度で終了するかと思います。学習が完了したらどの程度の性能になっているか評価を行います。今回はEBMにデフォルトで用意されている決定係数

139

第6章 MLflowによる実験管理とモデル管理

を算出する関数を利用します (**リスト6.25**)。

リスト6.25 メトリック算出と記録
```
r_2 = reg.score(X_valid, y_valid)

mlflow.log_metric("r_2_valid", r_2)
```

単一のメトリックですので、`log_metric`を使用して記録しています (**図6.11**)。

図6.11 MLflowによって記録されたメトリック

interpretライブラリにコールバックの仕組みがあればそれを利用して学習の推移を連続的にMLflowで記録することもできますが、残念ながら見当たらなかったので今回は行っていません。

もし自前で何らかコールバックの仕組みを利用して損失値などを連続的に記録する場合、ネットワークレイテンシーに注意を払う必要があります。MLflowでメトリックを記録する際は、Azure Machine Learningと通信を行っています。このとき、1回のイテレーションにかかる時間が十分に長ければネットワークレイテンシーの影響は少なく済みますが、十分に小さいときはネットワークレイテンシーの影響が大きく出てしまい速度が著しく低下する可能性があります。その場合、`mlflow.config.enable_async_logging()`によってメトリックの順番を保証しつつロギング処理を非同期化して、この問題を緩和することができます。

EBMの特徴は各変数の重要度を多角的に分析できる機能がデフォルトで組み込まれていることです (**リスト6.26**)。

6.4 実験管理とモデル管理の実例と解説

リスト6.26 モデルの説明
```
local_explanation = reg.explain_local(X_valid, y_valid)
global_explanation = reg.explain_global()
```

モデルレベルの全体的な説明をグローバル説明 (global_explanation)、ひとつひとつのデータに対する説明をローカル説明 (local_explanation) と呼びます。show(local_explanation) やshow(global_explanation) を実行することで、これらをダッシュボードのノートブック上に表示できます。このダッシュボードは図として別途出力することもできます (図6.12)。

図6.12 MLflowによって記録された図

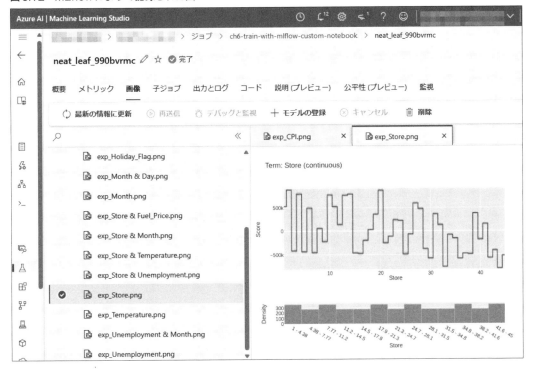

今回はこの図を記録します (リスト6.27)。

リスト6.27 説明性を示す画像の記録
```
for i in range(len(global_explanation.feature_names)):
    global_explanation_fig = global_explanation.visualize(i)
    mlflow.log_figure(global_explanation_fig, artifact_file=f'images/exp_{global_explanation.feature_names[i]}.png')
```

第6章 MLflow による実験管理とモデル管理

`global_explanation.visualize(i)` で出力した画像ファイルはplotlyのフォーマットです。対応する記録関数である `log_figure` を使用して画像を記録します。

一通りメトリックや図の記録も済んだら、今度はモデルそのものを記録します。

まずは前準備です。EBMのモデルを保存する場合、pickleによる方法が公式ドキュメントで推奨[注6.10]されています。今回は公式ドキュメントに倣ってpickleによるモデル保存を行い、それをMLflow Models形式でラップする方式を採ります（**リスト6.28**）。

リスト6.28　モデルのシリアライズ

```
filename = 'ebm_regressor.pkl'
with open(filename,'wb') as f:
    pickle.dump(reg,f)
```

続いて `mlflow.pyfunc.PythonModel` を継承して、モデルをラップしたクラスを実装します。クラスは `predict` 関数を必ず実装する必要があり、オプションで `load_context` 関数を持つことができます（**リスト6.29**）。

リスト6.29　pyfunc モデルクラス

```
artifacts = {"ebm_model_path": filename}

signature = mlflow.models.signature.infer_signature(X_valid, y_valid)

class EbmWrapper(mlflow.pyfunc.PythonModel):
    def load_context(self, context):
        import pickle
        with open(context.artifacts["ebm_model_path"], 'rb') as f:
            self.regressor = pickle.load(f)

    def predict(self, context, model_input):
        return self.regressor.predict(model_input)
```

先述のとおり、1行目で定義している `artifacts` という辞書オブジェクトが `context.artifacts` の正体です。このオブジェクトのうち、keyのほうは何でも良いのですが、valueのほうは実際に存在するファイルやディレクトリのパスである必要があります。MLflow Models形式としてモデルをロードするときにリスト6.29の `load_context` 関数が実行され、その引数としてこの辞書オブジェクトと同じkey-value構造を持った辞書オブジェクトが渡されるので、辞書オブジェクト内に記録されているファイルからモデルを復元する記述を書きます。

注6.10　"What the FAQ — InterpretML documentation" https://interpret.ml/docs/faq.html

6.4 実験管理とモデル管理の実例と解説

「同じkey-value構造を持った辞書オブジェクト」と言ったのは、ローカルに配置されているときのファイルパスや相対的な位置関係にかかわらず、MLflow Modelsとして読み込むために必要なファイルパスに置き換えられているためです。つまり、MLflow Models形式で保存したあとはここで指定したファイルはMLflow Modelsを構成するファイル群として記録されているわけで、その記録されたファイルを読み込むために必要な、適正なファイルパスに置換されます。もし~/model.pklをvalueとした辞書を定義し、実際にそのファイルがAzure Machine Learning上では<model-dir>/artifatcs/model.pklに収められたなら、context.artifactsのvalueは<model-dir>/artifatcs/model.pklに到達できるようなパスに置換されます。context.artifacts["ebm_model_path"]には指定したファイルを読み込むことができるパスが格納されていると思って実装して良い、ということです。

signatureはpredict関数のmodel_inputとして想定する型とpredict関数の返り値の型を指定するものです。今回は入出力ともにPandasデータフレームですのでシンプルですが、もしモデルの入力や返り値が特殊であればpredict関数内でその差異を吸収するための実装を書く必要があります。入出力としてはnumpyのndarrayやPandasデータフレーム、stringやint、floatなどのプリミティブ型などをサポートしています。詳しくは公式ドキュメント[注6.11]を参照してください。

続いて、モデルの保存と記録を行います。まずはローカルにMLflow Models形式でモデルを保存します（**リスト6.30**）。

リスト6.30　モデルのローカル保存

```
local_mlflow_model_path = "mlflow_pyfunc_model"

if os.path.exists(local_mlflow_model_path):
    shutil.rmtree(local_mlflow_model_path)

mlflow.pyfunc.save_model(
    path=local_mlflow_model_path,
    python_model=EbmWrapper(),
    conda_env="environment.yaml",
    artifacts=artifacts
)
```

save_modelはローカルにMLflow Models形式のモデルを保存する関数です。pathとしてローカルの保存先ディレクトリを指定します。指定ディレクトリ以下に関連ファイルを展開しますが、このときすでにファイルが存在しているとエラーになるため、存在確認のためのコードを加えて

注6.11　"Model Signatures And Input Examples"
　　　　https://mlflow.org/docs/latest/models.html#modelsignatures-and-input-examples

第 **6** 章　MLflow による実験管理とモデル管理

います。

　python_modelには実装したラッパークラスから作ったインスタンスを渡し、conda_envには動作に必要な依存関係を記述したファイルのパスを指定します。

　artifactsはモデル実体の位置を指示する辞書オブジェクトです。これによって、まずは作成したMLflow Models形式のモデルが正常動作するか確認します。

　実際にこのモデルを読み込んで動作するか確認します（**リスト6.31**）。

リスト6.31　モデルのテスト

```
loaded_model = mlflow.pyfunc.load_model(local_mlflow_model_path)
loaded_model.predict(X_valid)
```

　エラーなく結果が表示されれば成功です。

　続いてモデルをAzure Machine Learningに記録します（**リスト6.32**）。

リスト6.32　モデルの記録

```
mlflow.pyfunc.log_model(artifact_path=local_mlflow_model_path,
                        loader_module=None,
                        data_path=None,
                        code_path=None,
                        python_model=EbmWrapper(),
                        #registered_model_name="ebm-wrapped-model",
                        conda_env="environment.yaml",
                        artifacts=artifacts)
```

　log_modelがモデルを記録するための関数です。artifact_pathとして先ほどローカルに保存したMLflow Modelsのディレクトリを指定します。artifact_pathで指定したディレクトリの名前が、Azure Machine Learningに記録されたときにモデルが保存されるディレクトリの名前になります。

　python_modelには実装したラッパークラスから作ったインスタンスを渡します。クラス定義を渡すのではなくインスタンスを渡す点に注意です。

　conda_envには動作に必要な依存関係を記述したファイルのパスを指定します。

　artifactsはモデル実体の位置を指示する辞書オブジェクトです。pip_requirementsを使用してpipのrequirements.txtを使用してもかまいません。

　なお、artifactsで渡す辞書オブジェクトの各valueはすべてパスであることが期待されています。制御用のパラメーターなどを入れることはできません。もし正常にファイルを指定しない辞書オブジェクトを渡すと、**リスト6.33**のようにエラーが発生します。

144

6.4 実験管理とモデル管理の実例と解説

リスト6.33　正しくないartifactsを指定した場合のエラー

```
mlflow.exceptions.MlflowException: The following failures occurred while downloading one or more artifacts from : {'<filename>': "FileNotFoundError(2, 'No such file or directory')"}
```

リスト6.32では`registered_model_name`をコメントアウトしていますが、これを指定するとモデルのRun（ジョブ）への記録と同時にModel Registryへのモデル登録も行われます。

リスト6.32の実行により、Azure Machine Learningのジョブには図6.13のようにファイルが記録されます。

図6.13　MLflowによって記録されたファイル群

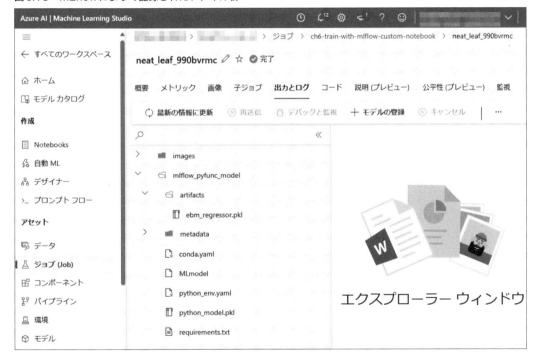

ここまでで、Runの内側で記録すべきことはすべて記録しました。最後にRunを終了します（リスト6.34）。

リスト6.34　Run終了

```
mlflow.end_run()
```

第 **6** 章　MLflow による実験管理とモデル管理

COLUMN

ジョブ中での実験管理

　本文ではノートブック上で実験管理を行う手法を2種類案内しましたが、Azure Machine Learningのコンピューティングクラスター上で実行するジョブになっても、この技法はほぼそのまま使い回すことができます。Azure Machine LearningのMLflow互換エンドポイントURIがプリセットされているため、ジョブで実行する場合との差異は関連する記述が不要である点と、ExperimentおよびRunの定義が不要な点の2点のみです。

　MLflowの互換エンドポイントのセットが不要な理由は、Azure Machine Learningのジョブとazureml-mlflowパッケージの仕様に依ります。コンピューティングクラスターでジョブを実行する場合、そのジョブはEnvironmentの定義から作られたコンテナ内で指定したスクリプトが実行されるという形で動きます。このコンテナベースの実行環境中にはAzure Machine Learning関連のさまざまな環境変数がプリセットされており、azureml-mlflowパッケージがこの引数を認識してMLflowを適切な状態にセットアップしてくれるため、ノートブック上では行っていた`mlflow.set_tracking_uri(azureml_mlflow_uri)`の処理をスキップする必要があります。

　ExperimentとRunのセットが不要な理由は、ジョブが実行された時点でExperimentとRunはそれぞれAzure Machine LearningのExprimentとジョブにひも付くためです。Experimentを実際に指定する部分は、ジョブの定義の一部としてAzure Machine Learningに送信するためのスクリプト中に含まれています。

　Runについては少し考慮事項があります。Azure Machine Learning上で実行するジョブの場合はExperimentと同様にRunはプリセットされているため、`mlflow.start_run`や`mlflow.end_run`を実行しなくても、本来その両関数の間でしか実行できない`mlflow.log_metrics`などの記録関数を動作させることが可能です。Experimentはジョブのスクリプト内部から指定しようとするとエラーになります。Runのほうは`mlflow.start_run`をしてもエラーになりませんが、RunのIDが必要な場合などを除けば取得する必要性は薄いです。

6.5 ┊ まとめ

　本章ではOSSの機械学習ライフサイクル管理ツールであるMLflowの概要を学び、実験管理とモデル管理の側面を深く掘り下げました。さらにMLflowとAzure Machine Learningを接続して、実際に実験管理およびモデル管理を行う方法を学びました。MLflowによって、学習フェイズにおいては実験管理を支援してモデルの再現性確保を助け、推論フェイズにおいてはモデルのノーコードデプロイなど取り回しを容易にすることで展開が容易になります。Azure Machine Learningをバックに持つMLflowはMLOpsのサイクルを進めるうえで、心強い味方となるはずです。

第7章 機械学習パイプライン

　第5章は、ノートブックやPythonスクリプトをジョブとしてスクラッチでモデル学習する方法を学びました。しかしながら、本番環境での運用を考慮すると、単にノートブックやPythonスクリプトを使用するだけでは、再現性の確保や自動化が難しいという問題があります。そこで本章は機械学習パイプラインという、機械学習のプロセスを統合して再利用可能な形で実行するためのワークフローを、Azure Machine Learningパイプラインで実装する方法を学びます。

7.1 機械学習パイプラインとは?

　機械学習パイプラインとは、機械学習におけるさまざまなプロセスを統合し、再利用可能な形で実行するためのワークフローです。本番展開を見据えると、モデル学習や推論は、人間の手によるマニュアル操作だけではなく、自動化されたプロセスが必要になってきます。機械学習ライフサイクルの自動化については第9章で詳しく説明しますが、機械学習パイプラインはその中核を担う技術です。この機械学習パイプラインは、複数のプロセスが依存関係を持ち、順番に実行されることから、**図7.1**のようなグラフで表現できます。

図7.1　一般的なパイプラインのイメージ図

　機械学習パイプラインを利用することで、次のようなメリットがあります。

- 再現性
  モデル学習や推論の一連のプロセスを同じ条件で実行し、同じ結果を得ることができる
- 自動化
  モデル学習や推論の一連のプロセスの実行を自動化することができる

第**7**章　機械学習パイプライン

- 再利用性
  モデル学習や推論の一連のプロセスが再利用可能になる。他のプロジェクトで同じパイプラインを利用することができる

　機械学習を用いるビジネスの現場では、モデル学習や推論で必要なデータは社内外のさまざまなシステムに存在し、それぞれのシステムに接続をしてデータの前処理を行うケースや、複数の機械学習モデルを用いて推論を行うケースなど複雑な処理フローになっていることが多いです。このような一連の処理をノートブックやスクリプトだけではなく、機械学習パイプラインとしてグラフで表現し、管理・実行することで、属人化を排除することができます。

7.2 ：Azure Machine Learningパイプラインとコンポーネント

　本節では、機械学習パイプラインを実装するためのAzure Machine Learningパイプラインの機能と、パイプラインを構成する小さな処理単位であるAzure Machine Learningコンポーネントについて説明します。

7.2.1 ： Azure Machine Learningパイプラインの概要

　Azure Machine Learningパイプラインは、機械学習パイプラインの構築、管理、実行を行うための機能です。任意のコードやコマンドを動かすことができますが、機械学習ワークロードでの利用を想定しています (図7.2)。

図7.2 パイプラインのグラフ

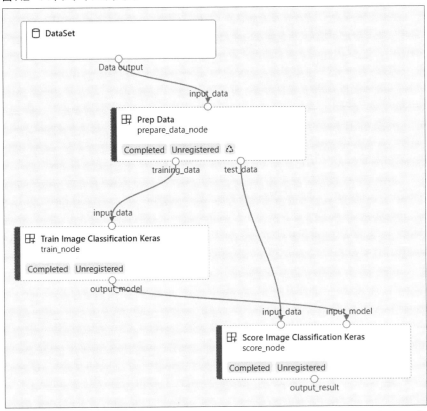

引用：https://learn.microsoft.com/ja-JP/azure/machine-learning/how-to-create-component-pipeline-python?view=azureml-api-2

　Azure Machine Learningパイプラインは機械学習のプロセスのさまざまなところで利用されます。主な用途は表7.1のとおりです。

表7.1　Azure Machine Learningパイプラインの主な用途

用途	説明
モデル構築パイプライン	本番環境にて定期的に新しいモデルを構築する。モデルの再学習を自動で行う
バッチ推論パイプライン	大量データに対する非リアルタイムな推論処理を行う
モデル監視パイプライン	データドリフトやモデル精度などの監視を実行する

7.2.2　パイプラインの仕組み

　Azure Machine Learningパイプラインの基本的な仕組みを見ていきます。各パイプラインは、図7.3のようにステップが組み合わさって構成されます。ステップはパイプラインを構成するプロセスの処理単位です。

第7章 機械学習パイプライン

図7.3 パイプラインとそれを構成する複数のステップのイメージ図

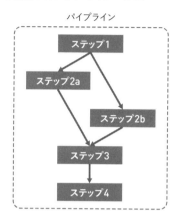

　このパイプラインは、第5章のモデル学習で用いたAzure Machine Learningのジョブで構成されます。第5章では単一のジョブでしたが、パイプラインを実行するジョブは親子関係で定義される複数のジョブで構成され、これまで同様に実験の一部として実行されます。まず、親ジョブが司令塔の役割を果たし、パイプライン全体を実行・管理します。パイプラインに含まれる各ステップはそれぞれ親ジョブが生成した子ジョブで実行されます。親ジョブは、子ジョブの実行を管理し、子ジョブは実行結果を親ジョブに返します。**図7.4**は、パイプラインとそれを構成するステップがそれぞれ親ジョブと子ジョブから構成されることを示しています。

図7.4 パイプラインにおける親ジョブと子ジョブの関係

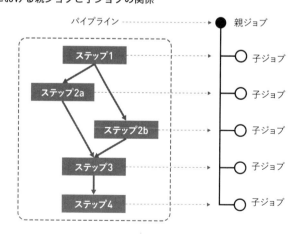

7.2.3 ⋮ パイプラインの実行方法

構築したパイプラインをシステムに組み込んで実行する方法は大きく分けて2つあります。

○ ジョブ（Jobs）とスケジュール（Schedule）

第5章ではPythonスクリプトをジョブで実行しましたが、パイプラインをジョブとして実行することもできます。また、スケジュール機能も搭載されており、決まった時間でパイプラインを実行できます。ジョブはAzure Machine Learning Python SDK、CLI（以下Python SDK、CLI）を用いて実行できるため、GitHub ActionsのようなCI/CDのツールと組み合わせて自動化することも可能です。

○ バッチエンドポイント（Batch Endpoint）

バッチエンドポイントはモデル学習や推論のバッチ処理を行う機能です。第8章で詳しく説明しますが、パイプラインをバッチエンドポイントとしてデプロイできます。バッチエンドポイントはREST APIを保持しており、これを用いてアプリケーションから容易に連携できます。たとえばAzureサービスでは、Azure Data FactoryやAzure Synapse Analyticsパイプラインの Web呼び出し機能、Azure Logic AppsのHTTPアクションを用いてREST APIを呼び出せます。

7.2.4 ⋮ Azure Machine Learningコンポーネント

コンポーネント（Components）は、Azure Machine Learningパイプラインの各ステップの構成要素です。コンポーネントはそれぞれ別々に開発・メンテナンスをすることができ、Azure Machine Learningワークスペースやレジストリに登録して共有できます。類似している処理内容であれば、さまざまなパイプラインで再利用できるため、チーム・組織の開発効率を向上させられます。

パイプラインの開発は、CLIを用いる場合はYAMLファイル、Python SDKを用いる場合は Pythonコードで記述します。実装方法はジョブと非常に類似しています。

○ コンポーネントの仕組み

コンポーネントがどのように動作するのかを見ていきます。各コンポーネントはジョブとして実行されるため、ジョブで必要なコード、環境、入出力の設定が必要です。また、各コンポーネントを識別するために、名前、バージョン、タグなどのメタデータを持ちます。図7.5にイメージを示します。

第7章 機械学習パイプライン

図7.5 コンポーネントを構成するもの

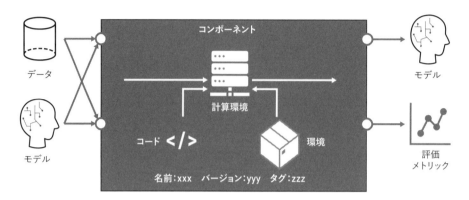

　コンポーネントの入力／出力のインターフェースは、データ、モデル、パラメーターに対応しています。入力に指定したデータやモデルがあれば、それらの実体であるファイルやフォルダは、コンポーネントのジョブ実行時に自動的に計算環境にマウント[注7.1]され、プログラムから容易にアクセスできるようになります。また、学習率やエポック数などのハイパーパラメーターを柔軟に設定できます。入力／出力でサポートされているものは**表7.2**のとおりです。

表7.2 コンポーネントの概要と入力・出力

種類	概要	入力	出力
データアセット（uri_file、uri_folder、mltable）	Azure Machine Learningのデータ型	○	○
学習済み機械学習モデル（mlflow_model、custom_model）	mlflow形式もしくはそれ以外の任意の形式の学習済みモデル	○	○
パラメーター（number、integer、string、boolean）	学習率などのハイパーパラメーター	○	×

　また、コンポーネント同士の接続は、後続のコンポーネントの入力に前段のコンポーネントの出力を指定することで柔軟に定義することができます。内部的には**図7.6**に示すように、パイプラインの出力はデータストアに保存され、後続のコンポーネントの入力として指定することで、コンポーネント同士の接続を実現しています。

　データストアとしては、デフォルトではワークスペース既定のデータストアであるworkspaceblobstoreが利用されますが、他のデータストアを指定することも可能です。

注7.1　入力／出力や種類によってサポートされるモード（ダウンロード、マウント、またはアップロード）が異なります。詳細はこちらのドキュメントをご参照ください。「コンポーネントとパイプラインの入力と出力を管理する - データ型の入力パスと出力モード」
https://learn.microsoft.com/ja-jp/azure/machine-learning/how-to-manage-inputs-outputs-pipeline?view=azureml-api-2&tabs=cli#data-type-input-and-output-modes

図7.6 パイプラインの出力データストアを介したデータのやりとり

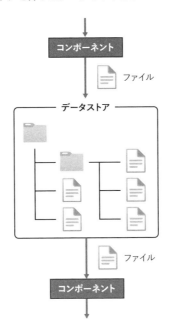

　なおPandas DataFrameなどのデータをコンポーネント間でやりとりする際は、一度ファイルとしてシリアル化したあとにデータストアに保存します。後続のコンポーネントではそのファイルをデシリアル化してデータを取得するという流れになります。このように実装の際はデータのシリアル化・デシリアル化を意識する必要があります。Azure Machine Learningにおけるデータの扱い方については付録Bで詳細に解説しています。

　なお、コンポーネントはあらゆるパイプラインで利用できるように汎用的に実装されますが、パイプラインの実行時にはパイプライン側からコンポーネントの入力／出力を設定できます。たとえば、学習率やエポック数などのハイパーパラメーターや学習・推論で使うデータをパイプライン実行時に柔軟に設定できます。

7.3 コンポーネントを用いたパイプラインの設計

　本節では、コンポーネントを使ったパイプラインの設計方法をステップバイステップで紹介します。この設計方法をベースにした具体的な実装については、次節のハンズオンで説明します。設計の基本的な流れは次のとおりです。

第7章 機械学習パイプライン

1. パイプライン全体の処理内容の定義
2. コンポーネントの処理内容の定義
3. コンポーネントの依存関係の定義
4. パラメーターや設定の制御

7.3.1 ≡ パイプライン全体の処理内容の定義

　最初に、パイプラインで実現する全体の処理内容を明確にします。事前に作成済みのノートブックやPythonスクリプトなどの資産をベースに考えると良いでしょう。既存の資産がない場合は、事前にコードを実装して動作確認しておくとパイプラインの設計がスムーズに進みます。

　また、パイプライン全体に対する入力と出力を定義します。たとえば、モデル学習を行うパイプラインの入力はモデル構築に必要なデータ、出力は学習済みモデルとその評価指標が考えられます（図7.7）。

図7.7　モデル学習パイプラインにおける入力と出力

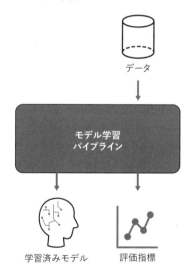

7.3.2 ≡ コンポーネントの処理内容の定義

　次にパイプラインを構成するコンポーネントを洗い出します。既存のノートブックやスクリプトをベースに、どういった処理単位でコンポーネントを定義するかを考えます。コンポーネントを細かく分割することで、再利用性・メンテナンス性を高めることができる一方で、細かく分割

7.3 コンポーネントを用いたパイプラインの設計

し過ぎると、ジョブを実行する際のオーバーヘッドが大きくなることに注意が必要です[注7.2]。

たとえば、第5章のモデル学習の内容を参考にすると、「データの前処理」「モデル学習」「テスト推論」「モデル評価」の4つのコンポーネントが考えられます。このようにコンポーネントを分けておくと、「モデル学習」ではGPUを用いて高速化したり、「モデル評価」では低スペックな計算リソースを用いたりするなど、それぞれの処理に適した計算リソースを柔軟に割り当てることができます。

7.3.3 ≡ コンポーネントの依存関係

これまで紹介してきたように、コンポーネント同士の依存関係は入力／出力のインターフェースを通じて定義します。

先ほど「データ前処理」「モデル学習」「テスト推論」「モデル評価」の4つのコンポーネントから構成されるモデル学習のパイプラインを例に挙げました。これらのコンポーネントは、パイプライン内部で「データ前処理」→「モデル学習」→「テスト推論」→「モデル評価」という順番で実行されます。

「データ前処理」のコンポーネントでは、入力として元データを受け取り、出力として前処理されたデータとして学習データとテストデータを返します。同様に、「モデル学習」のコンポーネントでは、入力として学習データを受け取り、出力として学習済みモデルを返します。また、「テスト推論」のコンポーネントでは、入力として学習済みモデルと検証データを受け取り、出力として予測値を返します。最後、「モデル評価」のコンポーネントでは予測値と正解値を受け取り、評価指標を返します。整理した関係を**表7.3**に示します。

表7.3 コンポーネントの入力・出力

コンポーネント	入力	出力
データ前処理	元データ	学習データ、テストデータ
モデル学習	学習データ	学習済みモデル
テスト推論	学習済みモデル、テストデータ	予測値
モデル評価	予測値、正解値	評価指標

グラフで表現すると**図7.8**のようなフローになります。

注7.2 コンポーネント単位でAzure Machine Learningのジョブが実行されます。ジョブの実行にあたっては、データのマウント、計算リソースの立ち上げ、Dockerイメージのダウンロードなどの付随作業が発生します。コンポーネントが多いほど、これらのオーバーヘッドが大きくなります。

155

第7章 機械学習パイプライン

図7.8 モデル学習におけるパイプラインとコンポーネント

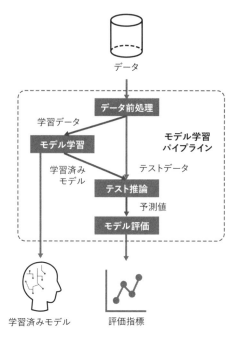

7.3.4 コンポーネントの設定

最後に、コンポーネントの基本的な設定を考えます。コンポーネントはジョブとして実行されるため、ジョブの設定と同様に、計算環境、環境情報、入出力を定義します。

以上で、パイプラインやコンポーネントの基本的な設計が完了しました。次節では、この設計をもとにAzure Machine Learningパイプラインを構築する方法をハンズオン形式で説明します。

7.4 Azure Machine Learningパイプラインの構築ハンズオン

本節では、第5章のシナリオと同様に、ウォルマートのサンプルデータを用いたモデル構築をテーマに、Azure Machine Learningパイプラインを構築する方法をステップバイステップで紹介します。次の手順でパイプラインの構築を進めます。

1. 事前準備

   パイプラインを構築するためのクライアント環境や、パイプラインを実行をするのに必要な計

算環境、環境、データアセットを準備する
2. **コンポーネントの作成**
   パイプラインを構成する4つのコンポーネント「データ前処理」「モデル学習」「テスト推論」「モデル評価」で動作するPythonスクリプトを実装し、各コンポーネントをYAMLファイルを用いて定義する
3. **パイプラインの作成**
   パイプラインの構成をYAMLファイルにて定義する
4. **パイプラインの構築とジョブ実行**
   CLIを用いてパイプラインの構築と実行を行う

今回構築するパイプライン全体のイメージは図7.9のとおりです。

図7.9　パイプラインの完成イメージ

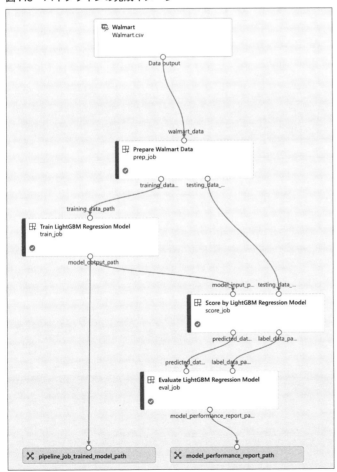

第**7**章　機械学習パイプライン

7.4.1 ☰ 事前準備

Azure Machine Learningパイプラインやコンポーネントを構築するためには、**表7.4**に挙げる事前準備が必要です。

表7.4　Azure Machine Learningパイプライン構築の事前準備

項目	説明
サンプルコード	本ハンズオンで用いるサンプルコード
CLI	Azure Machine Learningのコマンドセット。パイプラインやコンポーネントの作成などの操作に使用
計算環境	各コンポーネントで使用するコンピューティングクラスター
環境	各コンポーネントで利用するソフトウェアを定義した環境。第5章で作成したカスタム環境walmart-store-sales-envを利用する
データアセット	データアセットとして登録済みのウォルマートデータ

○ サンプルコード

本節で用いるサンプルコードは、これまでと同様に本書GitHubリポジトリに格納されています。コンピューティングインスタンスで作業する場合は、次のコマンドを実行し、コードを取得します。

```
$ cd Users/<username>/
$ git clone https://github.com/shohei1029/book-azureml-sample
$ cd book-azureml-sample/ch7
```

○ CLI

Azure Machine Learningコマンドセットの最新版をインストールします。次のコマンドを実行します。

```
$ az extension remove -n azure-cli-ml # 以前のバージョン(v1)のアンインストール
$ az extension remove -n ml # 現バージョン(v2)のアンインストール
$ az extension add -n ml # 最新版のインストール
```

CLIのインストールが完了したら、Azureにログインします。コンピューティングインスタンスでCLIを利用する場合は、デバイスコードを使ってログインする必要があります[注7.3]。次のコマンドを実行します。

```
$ az login --use-device #デバイスコード認証
```

注7.3　デバイスコード認証は、ユーザー名やパスワードなどの認証情報を直接入力できないデバイス上の認証時に有効です。コンピューティングインスタンス上では、Webブラウザを起動することが困難なため、デバイスコード認証を利用することが多いです。Azure CLIの対話型の認証方法の詳細はこちらのドキュメントをご参照ください。「Azure CLIを使用した対話形式でのサインイン」https://learn.microsoft.com/ja-jp/cli/azure/authenticate-azure-cli-interactively

158

7.4 Azure Machine Learningパイプラインの構築ハンズオン

次に、CLIで作業するAzureサブスクリプションが適切に選択されていることを確認します。

```
$ az acccount list --output table
```

作業するAzureサブスクリプションを変更したい場合は、次のコマンドを実行します。

```
$ az account set --subscription <サブスクリプションID>
```

最後に、今回利用するAzure Machine Learningのワークスペースを設定します。次のコマンドを実行します。

```
$ az configure --defaults group=<リソースグループ名> workspace=<ワークスペース名>
$ az configure --list --output table
```

○ 計算環境

コンピューティングクラスターの作成を行います。最小ノード数を0、最大ノード数を2にします。リスト7.1のようにYAMLファイルを作成します。

リスト7.1　コンピューティングクラスターのYAMLファイル(create-compute.yaml)

```
$schema: https://azuremlschemas.azureedge.net/latest/amlCompute.schema.json
name: cpu-clusters # コンピューティングクラスターの名前
type: amlcompute
size: STANDARD_DS3_v2 # Azure VMの種類
min_instances: 0 # 最小ノード数
max_instances: 2 # 最大ノード数
idle_time_before_scale_down: 300 # ジョブが完了してからスケールダウンを始めるまでの秒数
```

次に、CLIを用いてコンピューティングクラスターを作成します。

```
$ cd ./assets/compute
$ az ml compute create --file create-compute.yaml
```

構築したコンピューティングクラスターは、Azure Machine Learningスタジオのコンピューティングクラスターの画面から確認することができます。

第7章 機械学習パイプライン

図7.10 構築したコンピューティングクラスターの画面

○環境

各コンポーネントで利用する環境情報を定義します。今回は第5章で作成済みのカスタム環境walmart-store-sales-envを利用します。こちらはPython SDKを用いて作成しましたが、CLIを用いて環境を作成する方法もあり、そちらを紹介します。まず環境を定義したYAMLファイルを作成します（**リスト7.2**）。

リスト7.2　コンピューティングクラスターのYAMLファイル（create-environment.yaml）

```
$schema: https://azuremlschemas.azureedge.net/latest/environment.schema.json
name: walmart-store-sales-env
description: ウォルマート売上予測モデルの学習ジョブ用の環境
tags:
  lightgbm: "4.3.0"
conda_file: conda.yaml
image: mcr.microsoft.com/azureml/openmpi4.1.0-ubuntu20.04:latest
```

次にCLIを用いて環境を作成します。

```
$ cd ./assets/environment
$ az ml environment create --file create-environment.yaml
```

7.4 Azure Machine Learningパイプラインの構築ハンズオン

● データアセット

本章で用いるウォルマートのデータ（book-azureml-sample/ch7/data/Walmart.csv）をデータアセットとして登録します。まず、データアセットの登録を行うためのYAMLファイルを作成します（**リスト7.3**）。

リスト7.3　データアセットのYAMLファイル（create-data.yaml）

```
$schema: https://azuremlschemas.azureedge.net/latest/data.schema.json
name: Walmart
description: Walmart Store Sales Data
type: uri_file
path: ../../../data/Walmart.csv  # リポジトリ直下のdataフォルダに格納されているWalmart.csv
```

次のコマンドでデータアセットを登録します。

```
$ cd ../data/ # computeフォルダから同階層のdataフォルダに移動
$ az ml data create --file create-data.yaml
```

登録したデータアセットは、Azure Machine Learningスタジオのデータセットの画面から確認することができます（**図7.11**）。

図7.11　登録したWalmartのデータアセット

第7章 機械学習パイプライン

以上で、Azure Machine Learningパイプラインを構築するための事前準備が完了しました。次からは各コンポーネントの構成定義を始めます。

7.4.2 ∷ コンポーネントの作成

本ハンズオンで構築する4つのコンポーネントの概要と入出力の情報を**表7.5**に示します。

表7.5 コンポーネントの入力・出力

コンポーネント	概要	入力	出力
データ前処理	入力されたデータを学習データとテストデータに分割する	ウォルマートのサンプルデータ、データ分割比率（パラメーター）	学習データ、テストデータ
モデル学習	回帰モデルを作成する	学習データ	学習済みモデル
テスト推論	学習済みモデルを用いてテストデータの予測値を算出する	学習済みモデル、テストデータ	予測値
モデル評価	予測値と正解値を用いてモデルの性能を評価する	予測値、正解値	評価指標

今回はCLIを用いてコンポーネントを構築するため、コンポーネントの構成定義はYAMLファイルで行います。YAMLファイルの構成要素は**表7.6**のとおりです。

表7.6 コンポーネントのYAMLファイルの構文

項目	説明
name	コンポーネントの名称
display_name	コンポーネントの表示名
version	コンポーネントのバージョン情報
type	コンポーネントの種類（2024年11月時点でcommandのみ利用可能）
inputs	入力データに関する情報
outputs	出力データに関する情報
code	コンポーネントで利用するコードへのパス
environment	環境の名前とバージョン
command	コードの実行コマンド（python hello.pyなど）

次項以降では、今回作成する4つのコンポーネントそれぞれで実行されるPythonスクリプトとコンポーネントを定義したYAMLファイルについて説明します。コードは第5章で作成したものをベースにしています。

● データ前処理

最初のコンポーネントでは入力データの前処理を行います。コンポーネントの入力はAzure

162

7.4 Azure Machine Learning パイプラインの構築ハンズオン

Machine Learning に登録済みのデータアセットで、出力は学習データとテストデータです。
Python コード (prep.py) は**リスト7.4**のとおりです。

リスト7.4　データ前処理のPythonコード(prep.py)

```python
import argparse
from pathlib import Path
import mlflow
import mlflow.sklearn
import pandas as pd
from sklearn.model_selection import train_test_split


def parse_args():
    # 引数の処理
    parser = argparse.ArgumentParser()
    parser.add_argument("--input_data_path", type=str, help="元データの入力パス")
    parser.add_argument(
        "--test_split_ratio", type=float, help="学習データとテストデータの分割比率"
    )
    parser.add_argument(
        "--training_data_path", type=str, help="前処理した学習データの出力先"
    )
    parser.add_argument(
        "--testing_data_path", type=str, help="前処理したテストデータの出力先"
    )

    args = parser.parse_args()
    return args


def process_data(df):
    df_train, df_test = train_test_split(
        df, test_size=args.test_split_ratio, random_state=0
    )
    mlflow.log_metric("Train samples", len(df_train))
    mlflow.log_metric("Test samples", len(df_test))

    # Date列からMonth列とDay列を追加し、Date列を削除
    df_train["Month"] = pd.to_datetime(df_train["Date"]).dt.month
    df_train["Day"] = pd.to_datetime(df_train["Date"]).dt.day
    df_train = df_train.drop(columns="Date")
    df_test["Month"] = pd.to_datetime(df_test["Date"]).dt.month
    df_test["Day"] = pd.to_datetime(df_test["Date"]).dt.day
    df_test = df_test.drop(columns="Date")

    # ターゲット変数となる列名を指定
    col_target = "Weekly_Sales"
```

第7章 機械学習パイプライン

```python
    # 分割データの出力
    return df_train, df_test


def main(args):
    # 引数の確認
    lines = [
        f"元データのパス: {args.input_data_path}",
        f"分割データのパス (学習データ): {args.training_data_path}",
        f"分割データのパス (テストデータ): {args.testing_data_path}",
    ]
    [print(line) for line in lines]

    # 学習データの読み込み
    df = pd.read_csv(args.input_data_path)

    # データ前処理
    training_data, testing_data = process_data(df)
    training_data.to_csv(Path(args.training_data_path) / "train.csv", index=False)
    testing_data.to_csv(Path(args.testing_data_path) / "test.csv", index=False)


if __name__ == "__main__":
    # 引数の処理
    args = parse_args()

    # main 関数の実行
    main(args)
```

このPythonスクリプトでは、次のコンポーネントを定義したYAMLファイルを用いて、引数から入力データの入力パス (`--input_data_path`)、データの分割比率 (`--test_split_ratio`)、学習データ・テストデータの出力パス (`--training_data_path`、`--testing_data_path`) を指定しています。

コンポーネントを定義したYAMLファイル (prep.yaml) は**リスト7.5**のとおりです。

リスト7.5 データ前処理コンポーネントのYAMLファイル(prep.yaml)

```yaml
$schema: https://azuremlschemas.azureedge.net/latest/commandComponent.schema.json
name: prep_walmart_data
display_name: Prepare Walmart Data
version: 1
type: command

inputs: # 入力
  walmart_data: # 元データ
    type: uri_file
  test_split_ratio: # データ分割比率のパラメーター
    type: number
```

```
    min: 0 # 受け入れ可能な最小値
    max: 1 # 受け入れ可能な最大値
    default: 0.2 # デフォルト値

outputs: # 出力
  training_data_path:
    type: uri_folder
  testing_data_path:
    type: uri_folder

code: ./prep # コード

environment: azureml:walmart-store-sales-env@latest # 環境

command: >- # 実行コマンド
  python prep.py
  --input_data_path ${{inputs.walmart_data}}
  --test_split_ratio ${{inputs.test_split_ratio}}
  --training_data_path ${{outputs.training_data_path}}
  --testing_data_path ${{outputs.testing_data_path}}
```

● モデル学習

　次のコンポーネントではモデル学習を行います。LightGBMを用いて回帰モデルを構築します。コンポーネントの入力は、前のコンポーネントで出力された学習データです。出力は学習済みモデルです。Pythonコード（train.py）は**リスト7.6**のとおりです。

リスト7.6　モデル学習のPythonコード（train.py）

```
import argparse
from pathlib import Path
import lightgbm as lgb
import mlflow
import mlflow.sklearn
import numpy as np
import pandas as pd
from sklearn.metrics import mean_squared_error
from sklearn.model_selection import train_test_split


# RMSEを計算する関数
def rmse_score(validation, target):
    return np.sqrt(mean_squared_error(validation, target))


def parse_args():
    # 引数の処理
    parser = argparse.ArgumentParser()
    parser.add_argument("--training_data_path", type=str, help="学習データの入力パス")
```

第7章 機械学習パイプライン

```python
        parser.add_argument("--model_output_path", type=str, help="モデル出力フォルダの出力パス")
        parser.add_argument("--num_leaves", type=int, default=31, help="1本の木の最大葉枚数")
        parser.add_argument(
            "--learning_rate", type=float, default=0.05, help="学習率"
        )

        args = parser.parse_args()
        return args


def save_model(model, output_dir):
    # モデルの保存
    mlflow.lightgbm.save_model(model, output_dir)


def main(args):
    # 自動ロギングの有効化
    mlflow.autolog(log_models=False)

    # 引数の確認
    lines = [
        f"学習データのパス: {args.training_data_path}",
        f"モデル出力フォルダのパス: {args.model_output_path}",
    ]
    [print(line) for line in lines]

    # 学習データの読み込み
    df = pd.read_csv(Path(args.training_data_path) / "train.csv")
    df_train, df_valid = train_test_split(df, test_size=0.3, random_state=0)

    # ターゲット変数となる列名を指定
    col_target = "Weekly_Sales"

    # 学習データと検証データを、特徴量とターゲット変数に分割
    X_train = df_train.drop(columns=col_target)
    y_train = df_train[col_target].to_numpy().ravel()
    X_valid = df_valid.drop(columns=col_target)
    y_valid = df_valid[col_target].to_numpy().ravel()

    # LightGBMのデータセットに変換
    train_data = lgb.Dataset(X_train, label=y_train)
    valid_data = lgb.Dataset(X_valid, label=y_valid)
    # ハイパーパラメーターの設定
    params = {
        "objective": "regression",
        "metric": "rmse_score",
        "num_leaves": args.num_leaves,
        "learning_rate": args.learning_rate,
    }
```

```
    # モデル学習
    model = lgb.train(
        params=params, train_set=train_data, num_boost_round=100, valid_sets=valid_data
    )

    # モデル保存
    save_model(model, args.model_output_path)


if __name__ == "__main__":
    # 引数の処理
    args = parse_args()

    # main 関数の実行
    main(args)
```

このPythonスクリプトでは、次のコンポーネントを定義したYAMLファイルを用いて、引数から学習データのパス (--training_data_path)、学習済みモデルの出力パス (--model_output_path) を指定しています。

コンポーネントを定義したYAMLファイル (train.yaml) は**リスト7.7**のとおりです。

リスト7.7　モデル学習コンポーネントのYAMLファイル(train.yaml)

```
$schema: https://azuremlschemas.azureedge.net/latest/commandComponent.schema.json
name: train_lightgbm_regression_model
display_name: Train LightGBM Regression Model
version: 1
type: command

inputs: # 入力
  training_data_path:
    type: uri_folder

outputs: # 出力
  model_output_path:
    type: mlflow_model

code: ./train # コード

environment: azureml:walmart-store-sales-env@latest # 環境

command: >- # 実行コマンド
  python train.py
  --training_data_path ${{inputs.training_data_path}}
  --model_output_path ${{outputs.model_output_path}}
```

第 **7** 章　機械学習パイプライン

○ テスト推論

　次のコンポーネントではテストデータに対する推論を行います。コンポーネントの入力は、前のコンポーネントで出力された学習済みモデルとテストデータです。出力は予測値です。Pythonコード (score.py) は**リスト7.8**のとおりです。

リスト7.8　テスト推論のPythonコード (score.py)

```python
import argparse
from pathlib import Path
import mlflow
import mlflow.sklearn
import numpy as np
import pandas as pd


def parse_args():
    # 引数の処理
    parser = argparse.ArgumentParser()
    parser.add_argument("--model_input_path", type=str, help="学習済みモデルの入力パス")
    parser.add_argument("--testing_data_path", type=str, help="テストデータのパス")
    parser.add_argument("--predicted_data_path", type=str, help="予測値の出力パス")
    parser.add_argument("--label_data_path", type=str, help="ラベルデータの出力パス")

    args = parser.parse_args()
    return args


def get_model(model_input_path):
    return mlflow.lightgbm.load_model(model_input_path)


def score_model(X_test, model):
    pred = model.predict(X_test)
    return pred


def save_data(pred, data_path, filename):
    np.savetxt(Path(data_path) / filename, pred, delimiter=",")


def main(args):
    # 引数の確認
    lines = [
        f"モデル入力ファイルのパス: {args.model_input_path}",
        f"テストデータのパス: {args.testing_data_path}",
    ]
    [print(line) for line in lines]
```

168

7.4 Azure Machine Learningパイプラインの構築ハンズオン

```python
    # テストデータの読み込み
    df_test = pd.read_csv(Path(args.testing_data_path) / "test.csv")

    # ターゲット変数となる列名を指定
    col_target = "Weekly_Sales"

    # 学習データと検証データを、特徴量とターゲット変数に分割
    X_test = df_test.drop(columns=col_target)
    y_test = df_test[col_target].to_numpy().ravel()

    # モデルの取得
    model = get_model(args.model_input_path)

    # 予測
    pred = score_model(X_test, model)

    # 予測値の保存
    save_data(pred, args.predicted_data_path, "pred.csv")

    # ラベルデータの保存
    save_data(y_test, args.label_data_path, "label.csv")


if __name__ == "__main__":
    # 引数の処理
    args = parse_args()

    # main 関数の実行
    main(args)
```

このPythonスクリプトでは、後述するコンポーネントを定義したYAMLファイルを用いて、引数から学習済みモデルの入力パス(--model_input_path)、テストデータの入力パス(--testing_data_path)、予測値の出力パス(--predicted_data_path)、ラベルデータ（正解値）の出力パス(--label_data_path)を指定しています。

コンポーネントを定義したYAMLファイル(score.yaml)は**リスト7.9**のとおりです。

リスト7.9　テスト推論のYAMLファイル(score.yaml)

```yaml
$schema: https://azuremlschemas.azureedge.net/latest/commandComponent.schema.json
name: score_by_ightgbm_regression_model
display_name: Score by LightGBM Regression Model
version: 1
type: command

inputs: # 入力
  model_input_path:
    type: mlflow_model
```

169

第**7**章　機械学習パイプライン

```
    testing_data_path:
      type: uri_folder

outputs: # 出力
  predicted_data_path:
    type: uri_folder
  label_data_path:
    type: uri_folder

code: ./score # コード

environment: azureml:walmart-store-sales-env@latest # 環境

command: >- # 実行コマンド
  python score.py
  --testing_data_path ${{inputs.testing_data_path}}
  --model_input_path ${{inputs.model_input_path}}
  --predicted_data_path ${{outputs.predicted_data_path}}
  --label_data_path ${{outputs.label_data_path}}
```

○ モデル評価

　最後のコンポーネントではモデル評価を行います。コンポーネントの入力は、前のコンポーネントで出力された予測値とラベルデータです。出力はモデル評価指標です。このコンポーネントでは、平方根平均二乗誤差 (RMSE)、決定係数 (R2) を算出します。また、ラベルデータと予測値のプロットを作成し、MLflow を使用して Azure Machine Learning に保存します。このコンポーネントの Python コード (eval.py) は**リスト7.10**のとおりです。

リスト7.10　モデル評価の Python コード (eval.py)

```python
import argparse
from pathlib import Path
import matplotlib.pyplot as plt
import mlflow
import mlflow.sklearn
import numpy as np
import pandas as pd
from sklearn.metrics import mean_squared_error, r2_score


# RMSEを計算する関数
def rmse_score(validation, target):
    return np.sqrt(mean_squared_error(validation, target))


def parse_args():
    # 引数の処理
```

7.4 Azure Machine Learningパイプラインの構築ハンズオン

```python
    parser = argparse.ArgumentParser()
    parser.add_argument("--predicted_data_path", type=str, help="予測値の入力パス")
    parser.add_argument("--label_data_path", type=str, help="ラベルデータの入力パス")
    parser.add_argument(
        "--model_performance_report_path",
        type=str,
        help="モデルパフォーマンスレポートの出力パス",
    )

    args = parser.parse_args()
    return args


def evaluate_model(y_test, y_pred):
    # データのサンプル数のロギング
    mlflow.log_metric("テストデータのサンプル数", len(y_test))

    # モデル評価
    rmse = rmse_score(y_test, y_pred)
    r2 = r2_score(y_test, y_pred)

    # 精度メトリックのロギング
    mlflow.log_metric("rmse", rmse)
    mlflow.log_metric("r2", r2)


def plot_actuals_predictions(y_test, y_pred, report_path):
    # 出力パス
    output_path = str(Path(report_path) / "actuals_vs_predictions.png")

    # 実測値と予測値のプロット
    plt.figure(figsize=(10, 7))
    plt.scatter(y_test, y_pred)
    plt.plot(y_test, y_test, color="r")
    plt.title("Actual VS Predicted Values (Test set)")
    plt.xlabel("Actual Values")
    plt.ylabel("Predicted Values")
    plt.savefig(output_path)

    # プロット画像のロギング
    mlflow.log_artifact(output_path)


def main(args):
    # 引数の確認
    lines = [
        f"予測値データのパス: {args.predicted_data_path}",
        f"ラベルデータのパス: {args.label_data_path}",
        f"モデルパフォーマンスレポートのパス: {args.model_performance_report_path}",
    ]
```

第**7**章 機械学習パイプライン

```
    [print(line) for line in lines]

    # 予測値データの読み込み
    y_pred = pd.read_csv(Path(args.predicted_data_path) / "pred.csv")

    # ラベルデータの読み込み
    y_test = pd.read_csv(Path(args.label_data_path) / "label.csv")

    # モデル評価指標の算出
    evaluate_model(y_test, y_pred)

    # ラベルと予測値のプロット
    plot_actuals_predictions(y_test, y_pred, args.model_performance_report_path)


if __name__ == "__main__":
    # 引数の処理
    args = parse_args()

    # main 関数の実行
    main(args)
```

このPythonスクリプトでは、後述するコンポーネントを定義したYAMLファイルを用いて、引数から予測値の入力パス（--predicted_data_path）、ラベルデータの入力パス（--label_data_path）、モデル評価指標の出力パス（--model_performance_report_path）を指定しています。

コンポーネントを定義したYAMLファイル（eval.yaml）は**リスト7.11**のとおりです。

リスト7.11　モデル評価のYAMLファイル（eval.yaml）

```
$schema: https://azuremlschemas.azureedge.net/latest/commandComponent.schema.json
name: evaluate_lightgbm_regression_model
display_name: Evaluate LightGBM Regression Model
version: 1
type: command

inputs: # 入力
  predicted_data_path:
    type: uri_folder
  label_data_path:
    type: uri_folder

outputs: # 出力
  model_performance_report_path:
    type: uri_folder

code: ./eval # コード
```

```
environment: azureml:walmart-store-sales-env@latest # 環境

command: >- # 実行コマンド
  python eval.py
  --predicted_data_path ${{inputs.predicted_data_path}}
  --label_data_path ${{inputs.label_data_path}}
  --model_performance_report_path ${{outputs.model_performance_report_path}}
```

7.4.3 ≡ パイプラインの作成

　次にパイプライン全体の構成を定義します。これまでに作成したコンポーネントは独立しているため、各コンポーネントの入力／出力を通じて、コンポーネント間の依存関係を定義します。また、パイプライン全体の入力／出力やデフォルトの計算環境なども定義します。パイプラインの構成定義にもYAMLファイルを用います。パイプラインの構成要素は**表7.7**のとおりです。

表7.7　コンポーネントのYAMLファイルの構成要素

項目	説明
type	pipeline
display_name	パイプラインの表示名
description	パイプラインの説明
inputs	パイプラインの入力に関する情報
outputs	パイプラインの出力に関する情報
settings	パイプラインの設定情報

　パイプラインを定義したYAMLファイル（create-pipeline.yaml）は**リスト7.12**のとおりです。

リスト7.12　パイプライン全体のYAMLファイル（create-pipeline.yaml）

```
$schema: https://azuremlschemas.azureedge.net/latest/pipelineJob.schema.json
type: pipeline
display_name: Training Pipeline for Walmart Data
description: train_pipeline_for_walmart_data

inputs: # パイプラインの入力
  walmart_data:
    type: uri_file
    path: azureml:Walmart@latest
  test_split_ratio: 0.2

outputs: # パイプラインの出力
  pipeline_job_trained_model_path:
    type: mlflow_model
    mode: upload
```

```yaml
  model_performance_report_path:
    mode: upload

settings:
  default_datastore: azureml:workspaceblobstore
  default_compute: azureml:cpu-clusters
  continue_on_step_failure: false


jobs:
  prep_job: # データ準備
    type: command
    component: ./prep.yaml # 「データの準備」コンポーネント
    inputs:
      walmart_data: ${{parent.inputs.walmart_data}}
      test_split_ratio: ${{parent.inputs.test_split_ratio}}
    outputs:
      training_data_path:
      testing_data_path:


  train_job: # モデル学習
    type: command
    component: ./train.yaml # 「モデルの学習」コンポーネント
    inputs:
      training_data_path: ${{parent.jobs.prep_job.outputs.training_data_path}}
    outputs:
      model_output_path: ${{parent.outputs.pipeline_job_trained_model_path}}


  score_job: # テスト推論
    type: command
    component: ./score.yaml # 「テスト推論」コンポーネント
    inputs:
      testing_data_path: ${{parent.jobs.prep_job.outputs.testing_data_path}}
      model_input_path: ${{parent.jobs.train_job.outputs.model_output_path}}
    outputs:
      predicted_data_path:
      label_data_path:


  eval_job: # モデル評価
    type: command
    component: ./eval.yaml # 「モデル評価」コンポーネント
    inputs:
      predicted_data_path: ${{parent.jobs.score_job.outputs.predicted_data_path}}
      label_data_path: ${{parent.jobs.score_job.outputs.label_data_path}}
    outputs:
      model_performance_report_path: ${{parent.outputs.model_performance_report_path}}
```

7.4 Azure Machine Learningパイプラインの構築ハンズオン

○ パイプラインレベルの入力／出力

「データ前処理」のコンポーネント (prep_job) での入力は、パイプラインレベルでの入力から受け取ります。コンポーネントの入力の1つである walmart_data は `${{parent.inputs.walmart_data}}` と定義されていますが、これはパイプラインレベル (parent) の入力 (inputs) である walmart_data から受け取ることを意味します。このように、コンポーネントの入力／出力をパイプラインから制御することができます。

○ パイプライン間の依存関係

今回のパイプラインにおいて、コンポーネント間の依存関係がどのように定義されているかを確認します。2番めに実行される「モデル学習」のコンポーネント (train_job) の入力 (inputs) の training_data_path は、`${{parent.jobs.prep_job.outputs.training_data_path}}` と定義されています。これは、前のコンポーネントである「データ前処理」のコンポーネント (prep_job) の出力 (outputs) である training_data_path を受け取ることを意味します。同様に、「テスト推論」のコンポーネント (score_job) では入力 (inputs) として「モデル学習」のコンポーネント (train_job) の出力 (outputs) である model_output_path を受け取ります。このように、コンポーネント間の依存関係は、各コンポーネントの入力／出力を通じて定義されます。

7.4.4 ⋮ パイプラインの実行

CLIを用いてパイプラインを実行します。次のコマンドを実行します。

```
$ cd book-azureml-sample/ch7/pipeline
$ az ml job create --file pipeline.yaml
```

Azure Machine Learningスタジオから結果を確認します (**図7.12**)。

第7章 機械学習パイプライン

図7.12 パイプラインのジョブ実行結果

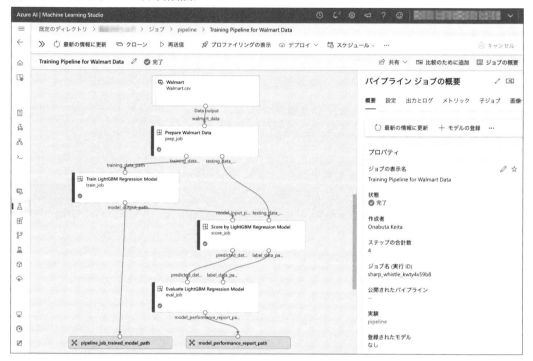

7.5 まとめ

本章では、Azure Machine Learningパイプラインを用いて機械学習パイプラインを構築する方法を解説しました。コンポーネントを使うことで、再利用可能なステップを定義し、パイプラインを構築することも学びました。次の第8章では、ここで構築したパイプラインをREST API経由で実行できるようにするために、バッチエンドポイントと呼ばれる機能にデプロイする方法を解説しています。

第 **8** 章 モデルのデプロイ

本章では、これまで構築した機械学習モデルやパイプラインを Azure Machine Learning の推論環境にデプロイして推論を実行する方法を解説します。

8.1 機械学習モデルの推論

Azure Machine Learning では用途に応じてさまざまな推論環境を利用することができます。一般的な推論環境の形態と Azure Machine Learning で該当する機能をマッピングしたものを**表8.1** に示します。

表8.1 モデル推論と Azure Machine Learning 機能のマッピング

推論の形態	説明	Azure ML 機能
クラウドでのリアルタイム推論	クラウドにおける低レイテンシーなモデル推論	オンラインエンドポイント
クラウドでのバッチ推論	クラウドにおける大量データに対するモデル推論	バッチエンドポイント
エッジでのリアルタイム推論	オンプレミス環境における低レイテンシーなモデル推論	モデルパッケージ（プレビュー）、Azure Arc 対応 Kubernetes[注8.1]
エッジでのバッチ推論	オンプレミス環境におけるバッチ推論	Azure Arc 対応 Kubernetes

次節以降は、上記の「オンラインエンドポイント」と「バッチエンドポイント」について解説します。

8.2 オンラインエンドポイント

8.2.1 オンラインエンドポイント概要

オンラインエンドポイントは低レイテンシーなリアルタイム推論環境を提供する機能です。オンラインエンドポイントには、マネージドオンラインエンドポイント、Kubernetes オンラインエ

注8.1 Azure Arc 対応 Kubernetes はコンピューティング環境に属し、Azure Kubernetes Service もしくは Azure 外部にある Arc 対応の Kubernetes 環境場で、Azure Machine Learning による学習や推論をサポートします。詳しくは次のドキュメントをご参照ください。「Azure Machine Learning での Kubernetes コンピューティング先の概要」
https://learn.microsoft.com/ja-jp/azure/machine-learning/how-to-attach-kubernetes-anywhere?view=azureml-api-2

ンドポイント、開発検証用のローカルエンドポイント[注8.2]の3種類があります。本項ではマネージドオンラインエンドポイントについて解説します。

マネージドオンラインエンドポイントは、Azure Machine Learning上に構築されるマネージドな計算環境で動作します。計算環境は、さまざまなスペックのAzure VMから選択することができます。また、計算環境のVMのアップデートなどのインフラ管理を行う必要がなく、監視や、監視メトリックに基づく自動スケーリングを行うことができます。

8.2.2　エンドポイントとデプロイ

デプロイは推論環境であり、学習済みの機械学習モデル、推論スクリプト、環境から構成されます。エンドポイントに1つ以上のデプロイがひも付き、ユーザーはエンドポイントを通じてデプロイを呼び出せます。図8.1のように1つのエンドポイントには複数のデプロイを含むことができます。

図8.1　エンドポイントとデプロイの関係

各デプロイは異なるモデルや異なる推論スクリプトを持つことができます。たとえば、システムリリース直後は1つのデプロイを作成して運用を行い、モデルやコードを改修するたびに新しいデプロイを同じエンドポイントに追加するような使い方をします。

8.2.3　デプロイに必要なアセット

エンドポイントにある各デプロイが最小の推論環境となります。各デプロイは図8.2に示すように、学習済みモデル、推論スクリプト、環境の3つのアセットが必要になります。

注8.2　開発検証用のローカルエンドポイントとは、ローカル環境での開発やデバッグを支援するためのエンドポイントです。オンラインエンドポイントよりもクイックにデプロイのデバッグを行うことができます。

図8.2 デプロイに必要なアセット

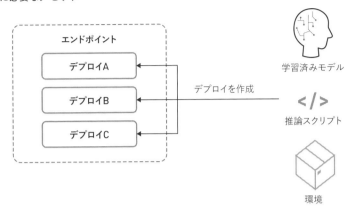

表8.2にそれぞれのアセットの説明を示します。

表8.2 デプロイに必要なアセット

アセット	説明
学習済みモデル	ローカルに保存、もしくはAzure Machine Learning上に登録された学習済み機械学習モデル
推論スクリプト	推論を行うためのスクリプト。モデルをロードするinit関数と推論を行うrun関数で構成
環境	推論スクリプトを実行するためのPythonなどのソフトウェアを定義

また、デプロイが動作するインスタンスと呼ばれる計算環境の種類[注8.3]と起動台数を設定する必要があります。

8.2.4 ユーザーへの影響を最小限に抑えた推論環境の移行

複数のデプロイを構成することで「ブルーグリーンデプロイメント」の機能を活用できます。一般的にブルーグリーンデプロイメントはソフトウェアのリリース戦略に類するもので、現行環境の「ブルー」と新しい環境の「グリーン」をセットアップし、グリーンの環境でのテストが成功したら現行環境をグリーンに切り替えることで、少ないダウンタイムで新しいソフトウェアに切り替えることができるというものです。問題が発生した場合でも、すぐに元の環境のブルーにロールバックできます。第2章でも紹介していますが、図8.3はブルーグリーンデプロイメントのイメージ図です。ブルーにトラフィックの90%、グリーンにトラフィックの10%を振り分けています。

注8.3 マネージドオンラインエンドポイントでサポートされている仮想マシンのSKUの一覧は次のリンクから参照できます。「マネージドオンラインエンドポイントSKUの一覧」https://learn.microsoft.com/ja-jp/azure/machine-learning/reference-managed-online-endpoints-vm-sku-list?view=azureml-api-2

第8章 モデルのデプロイ

図8.3 ブルーグリーンデプロイメントのイメージ図(再掲)

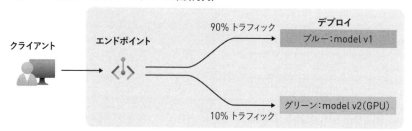

※参考：https://learn.microsoft.com/ja-jp/azure/machine-learning/how-to-safely-rollout-online-endpoints

　オンラインエンドポイントでは、受信トラフィックをブルーのデプロイとグリーンのデプロイに一定比率で振り分けることができます。たとえば図8.3では、新しい環境であるグリーンには10%のみトラフィックが割り振られていますが、問題がなければ徐々にグリーンに対する割合を増やしていき、最終的にはグリーンに100%のトラフィックを割り当てるといった使い方ができます。こちらも第2章で紹介していますが、図8.4はミラーリングのイメージ図です。ブルーにすべてのトラフィックを割り当てつつ、グリーンにもその10%のトラフィックを割り当てています。

図8.4 ミラーリングのイメージ図(再掲)

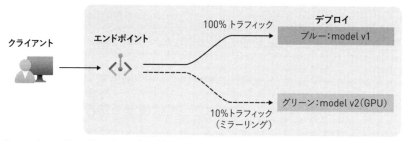

※参考：https://learn.microsoft.com/ja-jp/azure/machine-learning/how-to-safely-rollout-online-endpoints

　これらの仕組みはオンラインエンドポイントの機能を使わなくても、自前で実装することができます。実装方法はさまざまありますが、Azureのサービスで言えばAzure App Serviceにはデプロイスロットと呼ばれる機能があり、ブルーグリーンデプロイメントを実装することができます。Azure Machine Learningのオンラインエンドポイントは、機械学習モデルの推論のみを対象としているため、アプリケーション全体に対してブルーグリーンデプロイメントを行いたい場合は、こちらのサービスも検討すると良いでしょう。

8.2.5 ⋮ マネージドオンラインエンドポイントの認証

マネージドオンラインエンドポイントでは、認証モードとしてキーベースの認証、Azure Machine Learningトークン認証、Microsoft Entra認証のいずれかを選択することができます。キーベースの認証は、エンドポイントを呼び出す際にキーを指定する方法です。Azure Machine Learningトークン認証は、Azure Machine Learningのトークンを使って認証する方法です。Microsoft Entra認証は、Microsoft Entra ID のトークンを使って認証する方法です。

8.3 ⋮ マネージドオンラインエンドポイントの構築ハンズオン

本節では学習済みの機械学習モデルをAzure Machine Learningのマネージドオンラインエンドポイントにデプロイし、リアルタイム推論環境を構築します。流れは次のとおりです。

1. **アセットの準備**
   学習済み機械学習モデル、推論スクリプト、環境を準備する
2. **エンドポイントの作成**
   YAMLファイルとAzure Machine Learnin CLI (以下CLI) を用いてエンドポイントを作成する
3. **デプロイの作成**
   YAMLファイルとCLIを用いてデプロイを作成する
4. **推論の実行**
   構築したマネージドオンラインエンドポイントで推論を実行する

なお、本節で用いるサンプルコードは本書GitHubリポジトリに格納されています。GitHubからコードを取得しましょう。コンピューティングインスタンスで作業する場合は、次のコマンドを実行します。

```
$ cd Users/<username>
$ git clone https://github.com/shohei1029/book-azureml-sample
$ cd book-azureml-sample/ch8/moe
```

8.3.1 ⋮ アセットの準備

● 学習済み機械学習モデル

第5章で構築した登録済みの機械学習モデルWalmart_store_sales_modelを使用します。

● 推論スクリプト

受け取ったデータをモデルに入力し、推論結果を返す処理を行う推論スクリプトを作成します。

第**8**章　モデルのデプロイ

推論スクリプトではinit関数とrun関数が必須になります。init関数は起動時のみ実行される
もので、おもに学習済みモデルのロードを行います。run関数はエンドポイントにリクエストが
来るタイミングで実行されるもので、init関数でロードされたモデルを用いて推論を行います。
今回利用する推論スクリプトは**リスト8.1**のとおりです。

リスト8.1　推論スクリプト(score.py)

```python
import json
import logging
import os
import mlflow
import numpy as np


# 起動時に呼び出される関数
def init():
    global model
    model_path = os.path.join(
        os.environ["AZUREML_MODEL_DIR"],
        "model",
    )
    model = mlflow.lightgbm.load(model_path) # モデルのロード
    logging.info("Init complete")


# リクエストを受け取り、推論結果を返す関数
def run(raw_data):
    logging.info("model: request received")
    data = json.loads(raw_data)["data"]
    data = np.array(data)
    result = model.predict(data) # 推論
    logging.info("Request processed")
    return result.tolist()
```

○ 環境

推論スクリプトを実行するための環境を定義します。今回も、これまで同様にcondaを使って
インストールするPythonライブラリを管理します。condaを定義したYAMLファイルは**リスト8.2**
のとおりです。

リスト8.2　conda環境情報(conda.yaml)

```yaml
name: azureml-book-ch8-env
channels:
  - defaults
dependencies:
  - python=3.11
```

182

8.3 マネージドオンラインエンドポイントの構築ハンズオン

```
  - pip
  - pip:
    - azureml-mlflow==1.57.0.post1
    - azureml-defaults==1.57.0.post1
    - azure-ai-ml==1.20.0
    - azure-identity==1.18.0
    - python-dotenv==1.0.1
    - ipykernel==6.29.4
    - mlflow==2.16.2
    - lightgbm==4.3.0
    - scikit-learn==1.4.2
    - azureml-fsspec==1.3.1
```

　次に環境を作成するためのYAMLファイルを作成します。先ほどのcondaのYAMLファイルと、ベースとなるDocker Imageを指定します（**リスト8.3**）。

リスト8.3　環境定義(create-environment.yaml)

```
$schema: https://azuremlschemas.azureedge.net/latest/environment.schema.json
name: walmart-store-sales-env-inference
image: mcr.microsoft.com/azureml/openmpi4.1.0-ubuntu20.04:latest
conda_file: ./conda.yaml
description: walmart-store-sales-env-inference
```

　次のコマンドで環境を作成します。

```
$ cd ./environment
$ az ml environment create -f ./create-environment.yaml
```

　なお今回は取り扱いませんが、一般的なフレームワーク（scikit-learnなど）で構築されたモデルをMLflow形式として登録することで、ノーコードでオンラインエンドポイントにモデルをデプロイすることができます。その場合は推論スクリプトや環境の準備は不要です。MLflow形式のモデル登録については第6章、MLflow形式のモデルのデプロイについては付録Cで詳細に解説しています。

8.3.2　≡ エンドポイントの作成

　オンラインエンドポイントを作成します。まず、オンラインエンドポイントを定義したYAMLファイルを作成します（**リスト8.4**）。

第**8**章　モデルのデプロイ

リスト8.4　オンラインエンドポイント定義(create-endpoint.yaml)

```
$schema: https://azuremlschemas.azureedge.net/latest/managedOnlineEndpoint.schema.json
description: endpoint for online-deployment
auth_mode: key # キー認証
```

　次にCLIを用いてオンラインエンドポイントを作成します。

```
$ cd ../ # moe フォルダに戻る
$ az ml online-endpoint create --name walmart-moe --file create-endpoint.yaml
```

8.3.3 ⋮ デプロイの作成

　先ほど作ったオンラインエンドポイント上にデプロイを作成します。これまでと同じくYAMLファイルを用いてデプロイを定義します。名前はblueとします(**リスト8.5**)。

リスト8.5　デプロイ定義(create-deploy-blue.yaml)

```
$schema: https://azuremlschemas.azureedge.net/latest/managedOnlineDeployment.schema.json
name: blue
model: azureml:Walmart_store_sales_model@latest # 登録済みモデル
code_configuration: # 推論スクリプトのパス
  code: ./
  scoring_script: score.py
environment: azureml:walmart-store-sales-env-inference@latest # 環境
instance_type: Standard_DS4_v2 # 推論環境で使用するVMのスペック
instance_count: 1 # 起動台数
```

　次にCLIを用いてデプロイを作成します。`--all-traffic`オプションを指定することで、今から構築するデプロイにすべてのトラフィックを割り当てます。

```
$ az ml online-deployment create --endpoint-name walmart-moe --file create-deploy-bl
ue.yaml --all-traffic
```

　図8.5のように、Azure Machine Learningスタジオでオンラインエンドポイントが作成されたことを確認できます。

図8.5 オンラインエンドポイントのデプロイの画面

次にgreenという名前のデプロイを作成し、ブルーグリーンデプロイメントの環境を構築します。本来、greenはblueよりも新しいモデルであったり、新しい推論スクリプトを用いたデプロイであったりを想定していますが、ここは簡単のためblueと同じデプロイを作成します。greenを定義したYAMLファイルは**リスト8.6**のとおりです。

リスト8.6 デプロイ定義（create-deploy-green.yaml）

```
$schema: https://azuremlschemas.azureedge.net/latest/managedOnlineDeployment.schema.json
name: green
model: azureml:Walmart_store_sales_model@latest # 登録済みモデル
code_configuration: # 推論スクリプトのパス
  code: ./
  scoring_script: score.py
environment: azureml:walmart-store-sales-env-inference@latest # 環境
instance_type: Standard_DS4_v2 # 推論環境で使用するVMのスペック
instance_count: 1 # 起動台数
```

第8章 モデルのデプロイ

次にCLIを用いてデプロイを作成します。

```
$ az ml online-deployment create --endpoint-name walmart-moe --file create-deploy-green.yaml
```

これでエンドポイントにはblueとgreenの2つのデプロイが構成されました。現状はblueに100%のトラフィックが割り当てられています。

次に、トラフィックの割り振りを変更します。次のコマンドでblueに90%、greenに10%のトラフィックを割り振ります。

```
$ az ml online-endpoint update --name walmart-moe --traffic "blue=90 green=10"
```

図8.6のようにAzure Machine Learningスタジオでトラフィックの割り振りが変更されたことを確認できます。

図8.6　トラフィック割り当て状況

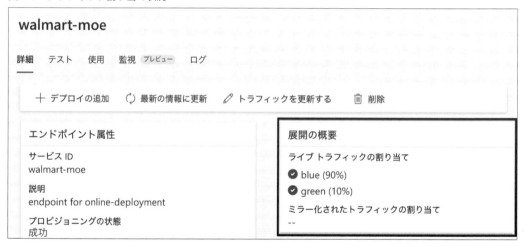

なお図8.7のように、先ほどのAzure Machine Learningスタジオの画面でも、［トラフィックを更新する］をクリックするとトラフィックの割り振りの設定確認と変更ができます。

図8.7 トラフィック割り当て

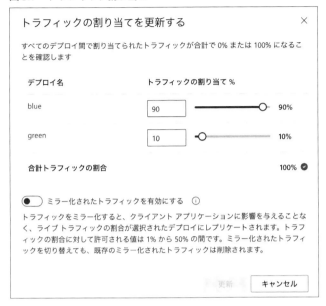

8.3.4 推論の実行

構築したオンラインエンドポイントで推論を実行します。推論で使用するサンプルデータはリスト8.7になります。

リスト8.7 サンプルデータ（sample-data.json）

```
{
    "data": [
        [
            28,
            0,
            67.31,
            3.805,
            129.7706452,
            12.89,
            10,
            14
        ]
    ]
}
```

CLIを利用して推論を実行します。[1033832.5892840354]のような値が返ってくれば推論が成功しています。

第**8**章　モデルのデプロイ

```
$ az ml online-endpoint invoke --name walmart-moe --request-file sample-data.json
```

　また本番のアプリケーションでは、REST APIを利用して推論をトリガーする構成を取ることが多いです。オンランエンドポイントはREST APIのインターフェースも保持しています。次のコマンドでREST APIのURI (scoring_ur) を取得することができます。

```
$ az ml online-endpoint show --name walmart-moe
```

　以上で、オンラインエンドポイントの構築ハンズオンは終了です。これまでは少量データを低レイテンシーで推論するオンラインエンドポイントについて解説しました。次節では大量データをバッチ処理で推論するバッチエンドポイントについて解説します。

8.4 ░ バッチエンドポイント

8.4.1 ░ バッチエンドポイントの概要

　Azure Machine Learningのバッチエンドポイントは、バッチ推論やモデル学習などのバッチ処理の機能です。オンラインエンドポイントと同じく、エンドポイントには複数のデプロイを構成することができます。デプロイには「モデルデプロイ」と「パイプラインコンポーネントデプロイ」の2種類があります。**表8.3**にそれぞれのデプロイの説明を示します。

表8.3　デプロイの種類

デプロイの種類	説明
モデルデプロイ	学習済み機械学習モデルのバッチ推論環境。パイプラインで複雑なワークフローを構築することはできないため、前処理や後処理がシンプルな場合に適している
パイプラインコンポーネントデプロイ	Azure Machine Learningパイプラインを実行する推論環境。バッチ推論やモデル学習などのバッチ処理を行う計算環境を提供する

　図8.8はバッチエンドポイントのイメージです。デプロイAはモデルデプロイ、デプロイBはパイプラインコンポーネントデプロイを示しています。デプロイの構成は異なるものの、同じエンドポイントにひも付いています。

図8.8 バッチエンドポイントのイメージ

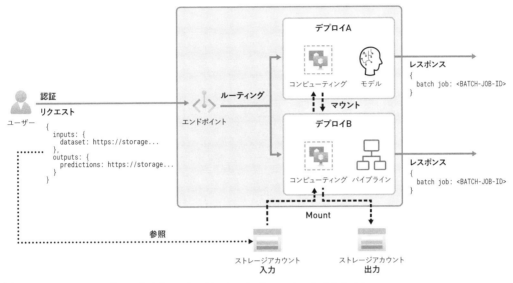

参考：https://learn.microsoft.com/ja-jp/azure/machine-learning/concept-endpoints-batch

8.4.2 バッチエンドポイントの認証

バッチエンドポイントを利用するにはMicrosoft Entra IDのトークンを使った認証が必要となります[注8.4]。ここでは、カスタムロールを作成してユーザーにアクション（アクセス許可）を付与します。このアクションが付与されたカスタムロールの定義は次の**リスト8.8**のとおりです。

リスト8.8　RBACカスタムロールの例（azureml-invoke-batch-endpoints.json）

```
{
    "Name": "AzureML Invoke Batch Endpoints",
    "IsCustom": true,
    "Description": "バッチエンドポイントを呼び出すことができる",
    "Actions": [
        "Microsoft.MachineLearningServices/workspaces/read",
        "Microsoft.MachineLearningServices/workspaces/data/versions/write",
        "Microsoft.MachineLearningServices/workspaces/datasets/registered/read",
        "Microsoft.MachineLearningServices/workspaces/datasets/registered/write",
        "Microsoft.MachineLearningServices/workspaces/datasets/unregistered/read",
        "Microsoft.MachineLearningServices/workspaces/datasets/unregistered/write",
        "Microsoft.MachineLearningServices/workspaces/datastores/read",
        "Microsoft.MachineLearningServices/workspaces/datastores/write",
        "Microsoft.MachineLearningServices/workspaces/datastores/listsecrets/action",
```

[注8.4] バッチエンドポイントでの認証についての詳細は次のリンクを参照してください。「バッチエンドポイントでの認可」
https://learn.microsoft.com/ja-jp/azure/machine-learning/how-to-authenticate-batch-endpoint

```
            "Microsoft.MachineLearningServices/workspaces/listStorageAccountKeys/action",
            "Microsoft.MachineLearningServices/workspaces/batchEndpoints/read",
            "Microsoft.MachineLearningServices/workspaces/batchEndpoints/write",
            "Microsoft.MachineLearningServices/workspaces/batchEndpoints/deployments/read",
            "Microsoft.MachineLearningServices/workspaces/batchEndpoints/deployments/write",
            "Microsoft.MachineLearningServices/workspaces/batchEndpoints/deployments/jobs/write",
            "Microsoft.MachineLearningServices/workspaces/batchEndpoints/jobs/write",
            "Microsoft.MachineLearningServices/workspaces/computes/read",
            "Microsoft.MachineLearningServices/workspaces/computes/listKeys/action",
            "Microsoft.MachineLearningServices/workspaces/metadata/secrets/read",
            "Microsoft.MachineLearningServices/workspaces/metadata/snapshots/read",
            "Microsoft.MachineLearningServices/workspaces/metadata/artifacts/read",
            "Microsoft.MachineLearningServices/workspaces/metadata/artifacts/write",
            "Microsoft.MachineLearningServices/workspaces/experiments/read",
            "Microsoft.MachineLearningServices/workspaces/experiments/runs/submit/action",
            "Microsoft.MachineLearningServices/workspaces/experiments/runs/read",
            "Microsoft.MachineLearningServices/workspaces/experiments/runs/write",
            "Microsoft.MachineLearningServices/workspaces/metrics/resource/write",
            "Microsoft.MachineLearningServices/workspaces/modules/read",
            "Microsoft.MachineLearningServices/workspaces/models/read",
            "Microsoft.MachineLearningServices/workspaces/endpoints/pipelines/read",
            "Microsoft.MachineLearningServices/workspaces/endpoints/pipelines/write",
            "Microsoft.MachineLearningServices/workspaces/environments/read",
            "Microsoft.MachineLearningServices/workspaces/environments/write",
            "Microsoft.MachineLearningServices/workspaces/environments/build/action",
            "Microsoft.MachineLearningServices/workspaces/environments/readSecrets/action"
    ],
    "NotActions": [],
    "AssignableScopes": [
        "/subscriptions/<サブスクリプションID>/resourceGroups/<リソースグループ名>/providers
/Microsoft.MachineLearningServices/workspaces/<ワークスペース名>"
    ]
}
```

このカスタムロールを作成するためのコマンドは次のとおりです。

```
$ az role definition create --role-definition azureml-invoke-batch-endpoints.json
```

ユーザーにこのカスタムロールを割り当てるためのコマンドは次のとおりです。

```
$ az role assignment create --role "AzureML Invoke Batch Endpoints" --assignee <ユー
ザーID> --scope /subscriptions/<サブスクリプションID>/resourceGroups/<リソースグループ名>/pro
viders/Microsoft.MachineLearningServices/workspaces/<ワークスペース名>
```

8.5 ┊ モデルデプロイの構築ハンズオン

本節では学習済みの機械学習モデルをバッチエンドポイントにデプロイします。基本的な流れは次のとおりです。

1. アセットの準備
   学習済み機械学習モデル、推論スクリプト、環境を準備する
2. エンドポイントの作成
   YAMLファイルとCLIを用いてバッチエンドポイントを作成する
3. デプロイの作成
   YAMLファイルとCLIを用いてデプロイを作成する
4. 推論の実行
   構築したバッチエンドポイントで推論を実行する

なお、本節で用いるサンプルコードは本書GitHubリポジトリに格納されています。GitHubからコードを取得しましょう。コンピューティングインスタンスで作業する場合は、次のコマンドを実行します。

```
$ cd Users/<username>/
$ git clone https://github.com/shohei1029/book-azureml-sample
$ cd book-azureml-sample/ch8/batch/model
```

8.5.1 ┊ アセットの準備
○ 学習済み機械学習モデル
第5章で構築した登録済みの機械学習モデルWalmart_store_sales_modelを使用します。

○ 推論スクリプト
受け取ったデータをモデルに入力し、推論結果を返す処理を行う推論スクリプトを作成します。オンラインマネージドエンドポイントと同様に、推論スクリプトではinit関数とrun関数は必須になります。init関数は起動時のみ実行されるもので、おもに学習済みモデルのロードを行います。run関数はエンドポイントにリクエストが来るタイミングで実行されるもので、init関数でロードされたモデルを用いて推論を行います。

また、run関数のmini_batch引数には、バッチエンドポイントに送信されたファイルパスのリストが渡されます。for文でファイルパスからデータを読み込み、推論を行って、結果を返す処理を行います。今回利用する推論スクリプトは**リスト8.9**のとおりです。

第 **8** 章　モデルのデプロイ

リスト 8.9　推論スクリプト (score.py)

```python
import logging
import os
import mlflow
import pandas as pd


def init():
    global model
    model_path = os.path.join(
        os.environ["AZUREML_MODEL_DIR"],
        "model",
    )
    model = mlflow.lightgbm.load_model(model_path)
    logging.info("Init complete")


def run(mini_batch):
    print(f"run method start: {__file__}, run({mini_batch})")
    results = pd.DataFrame()  # 結果を格納する DataFrame
    for input in mini_batch:
        # データの読み込み
        df_batch = pd.read_csv(input)

        # Date列からMonth列とDay列を追加し、Date列を削除
        df_batch["Month"] = pd.to_datetime(df_batch["Date"], format="%d-%m-%Y").dt.month
        df_batch["Day"] = pd.to_datetime(df_batch["Date"], format="%d-%m-%Y").dt.day
        df_batch = df_batch.drop(columns="Date")

        # ターゲット変数となる列名を指定
        col_target = "Weekly_Sales"

        # 学習データと検証データを、特徴量とターゲット変数に分割
        X_batch = df_batch.drop(columns=col_target)
        y_batch = df_batch[col_target].to_numpy().ravel()

        # 予測
        pred = model.predict(X_batch)

        # 元データへ予測値とファイルパスを追加
        df_batch["input"] = input
        df_batch["pred"] = pred

        results = pd.concat([results, df_batch], ignore_index=True)
    return results
```

○ 環境

前節で作成した環境walmart-store-sales-env-inferenceを使用します。

なおオンラインエンドポイントと同様に、一般的なフレームワーク（scikit-learnなど）で構築されたモデルをMLflow形式として登録することで、ノーコードでバッチエンドポイントにモデルをデプロイすることができます。その場合は推論スクリプトや環境の準備は不要です。MLflow形式のモデル登録については第6章、MLflow形式のモデルのデプロイについては付録Cで詳細に解説しています。

8.5.2 エンドポイントの作成

バッチエンドポイントを作成します。まず、バッチエンドポイントを定義したYAMLファイルを作成します（リスト8.10）。

リスト8.10　エンドポイント定義（create-model-batch-endpoint.yaml）

```
$schema: https://azuremlschemas.azureedge.net/latest/managedOnlineEndpoint.schema.json
description: endpoint for batch-deployment
auth_mode: aad_token
```

次にCLIを用いてバッチエンドポイントを作成します。

```
$ az ml batch-endpoint create --name walmart-model-batch-endpoint --file create-model-batch-endpoint.yaml
```

前節同様、Azure Machine Learningスタジオで、バッチエンドポイントが作成されたことを確認します。

8.5.3　デプロイの作成

先ほど作ったバッチエンドポイント上にデプロイを作成します。ここでもまずはデプロイを定義したYAMLファイルを作成し、準備したアセットを指定します（リスト8.11）。

リスト8.11　エンドポイント定義（create-model-batch-deploy.yaml）

```
$schema: https://azuremlschemas.azureedge.net/latest/batchDeployment.schema.json
name: batch-deployment
description: custom batch deployment

model: azureml:Walmart_store_sales_model@latest
code_configuration: # コードのパス
  code: .
  scoring_script: score.py
environment: azureml:walmart-store-sales-env-inference@latest # 環境
```

第8章 モデルのデプロイ

```
compute: azureml:cpu-clusters # コンピューティングクラスター
resources:
  instance_count: 1
max_concurrency_per_instance: 2
mini_batch_size: 10
output_action: append_row
output_file_name: predictions.csv # 予測値ファイル
retry_settings:
  max_retries: 3
  timeout: 30
error_threshold: -1
logging_level: info
```

次にCLIを用いてデプロイを作成します。

```
$ az ml batch-deployment create --file create-model-batch-deploy.yaml --endpoint-nam
e walmart-model-batch-endpoint --set-default
```

図8.9のようにAzure Machine Learningスタジオでモデルデプロイが作成されたことを確認できます。

図8.9 モデルデプロイの画面

8.5.4 ≡ 推論の実行

構築したモデルデプロイで推論を実行します。8.4.2項で紹介したように、呼び出し元に必要なアクセス許可が与えられていることを前提とします。

まず、推論で用いるテストデータに該当するデータアセットの情報をYAMLファイルに記載します（**リスト8.12**）。

リスト8.12　入力データ（inputs.yaml）

```
inputs:
  walmart_dataset:
    type: uri_file
    path: azureml:Walmart@latest
```

ここではCLIとREST APIの2通りの方法で推論を実行する方法を紹介します。Python SDKを利用する方法は割愛します。

まずCLIを用いて実行するコマンドは次のとおりです。バッチエンドポイントの名前と入力データが記載されたファイルを指定します。

```
$ az ml batch-endpoint invoke --name walmart-model-batch-endpoint --file inputs.yaml
```

次にREST APIを利用して推論を実行します。まず、Microsoft Entraのトークンを取得します。

```
$ SCORING_TOKEN=$(az account get-access-token --resource https://ml.azure.com --query "accessToken" --output tsv)
```

続いてバッチエンドポイントのURIを取得します。

```
$ SCORING_URI=$(az ml batch-endpoint show -n walmart-model-batch-endpoint --query scoring_uri --output tsv)
```

入力で用いるデータアセットのパスを取得します。

```
$ DATAASSET_PATH=$(az ml data show --name Walmart --label latest --query path --output tsv)
```

REST APIを実行します。

```
$ curl --location --request POST $SCORING_URI \
--header "Authorization: Bearer $SCORING_TOKEN" \
--header "Content-Type: application/json" \
--data-raw "{
    \"properties\": {
```

第8章 モデルのデプロイ

```
        \"InputData\": {
            \"walmart_data\": {
                \"JobInputType\": \"UriFile\",
                \"Uri\": \"$DATAASSET_PATH\"
            },
        },
    }
}"
```

これらの処理はジョブとして実行され、Azure Machine Learningスタジオで実行状況を確認できます（図8.10）。

図8.10　モデルデプロイのジョブ実行

推論結果は次のコマンドでローカルのカレントディレクトリにダウンロードすることができます。先ほど実行したジョブのIDを指定してください。

```
$ az ml job download --name <ジョブ名(実行ID)> --output-name score --download-path ./
```

ダウンロードされたCSVの中身をVS Codeで確認すると図8.11のように予測値が付与されたデータとなります。

図8.11 予測値が付与されたデータ

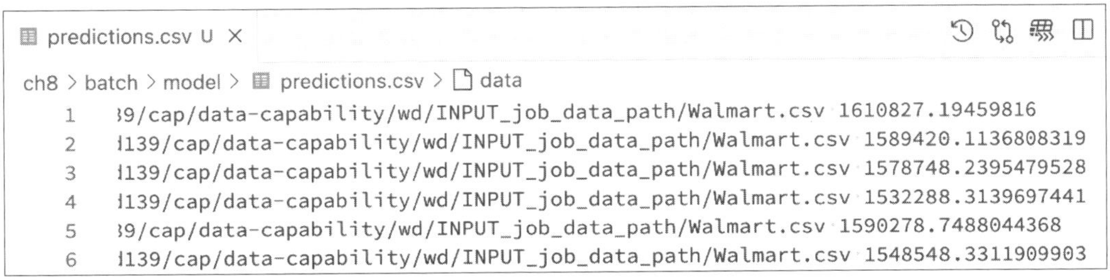

```
predictions.csv U ✕                                     ⟳ ⅋ ⊞ ⊟

ch8 > batch > model > ▦ predictions.csv > 🗋 data
   1    39/cap/data-capability/wd/INPUT_job_data_path/Walmart.csv 1610827.19459816
   2    1139/cap/data-capability/wd/INPUT_job_data_path/Walmart.csv 1589420.1136808319
   3    1139/cap/data-capability/wd/INPUT_job_data_path/Walmart.csv 1578748.2395479528
   4    1139/cap/data-capability/wd/INPUT_job_data_path/Walmart.csv 1532288.3139697441
   5    39/cap/data-capability/wd/INPUT_job_data_path/Walmart.csv 1590278.7488044368
   6    1139/cap/data-capability/wd/INPUT_job_data_path/Walmart.csv 1548548.3311909903
```

　以上で、モデルデプロイの構築ハンズオンは終了です。次節では、パイプラインコンポーネントデプロイを用いてパイプラインをデプロイする方法について解説します。

8.6 パイプラインコンポーネントデプロイの構築ハンズオン

　本節では第7章で構築したモデル学習のパイプラインをバッチエンドポイントにデプロイします。パイプラインコンポーネントデプロイの機能を利用します。基本的な流れは次のとおりです。

1. エンドポイントの作成
   YAMLファイルとCLIを用いてバッチエンドポイントを作成する
2. パイプラインジョブのデプロイ
   既存のジョブからパイプラインをデプロイする
3. パイプラインの実行
   構築したバッチエンドポイントでパイプラインを実行する

　なお、本節で用いるサンプルコードは本書GitHubリポジトリに格納されています。GitHubからコードを取得しましょう。コンピューティングインスタンスで作業する場合は、次のコマンドを実行します。

```
$ cd Users/<username>/
$ git clone https://github.com/shohei1029/book-azureml-sample
$ cd techbookfest16-azureml-code/ch8/batch/pipeline
```

8.6.1　エンドポイントの作成

　バッチエンドポイントを作成します。まず、バッチエンドポイントを定義したYAMLファイルを作成します(**リスト8.13**)。

第**8**章 モデルのデプロイ

リスト8.13 エンドポイント定義(create-pipeline-batch-endpoint.yaml)

```
$schema: https://azuremlschemas.azureedge.net/latest/managedOnlineEndpoint.schema.json
description: endpoint for model batch-deployment
auth_mode: aad_token
```

次にCLIを用いてバッチエンドポイントを作成します。

```
$ az ml batch-endpoint create --name walmart-pipeline-batch-endpoint --file create-p
ipeline-batch-endpoint.yaml
```

8.6.2 ≡ パイプラインジョブのデプロイ

既存のジョブからパイプラインをデプロイします。第7章で実行したパイプラインジョブのジョブ名(実行ID)を利用し、YAMLファイルを作成します(**リスト8.14**)。

リスト8.14 パイプラインジョブのデプロイ(create-pipeline-batch-deploy-from-job.yaml)

```
$schema: https://azuremlschemas.azureedge.net/latest/pipelineComponentBatchDeploymen
t.schema.json
name: pipeline-deploy
endpoint_name: walmart-pipeline-batch-endpoint
type: pipeline
job_definition: azureml:<ジョブ名(実行ID)>
settings:
    continue_on_step_failure: false
    default_compute: cpu-clusters
}
```

次にCLIを用いてデプロイを作成します。

```
$ az ml batch-deployment create --endpoint walmart-pipeline-batch-endpoint --file cr
eate-pipeline-batch-deploy-from-job.yaml --set-default
```

図8.12のようにAzure Machine Learningスタジオでパイプラインコンポーネントデプロイが作成されたことを確認できます。

図8.12　パイプラインコンポーネントデプロイの画面

8.6.3 パイプラインの実行

　構築したパイプラインコンポーネントデプロイでパイプラインを実行します。8.4.2項で紹介したように、呼び出し元に必要なアクセス許可が与えられていることを前提とします。

　まず、パイプラインの入力に用いる情報として、学習データとテストデータの分割比率のパラメーターをYAMLファイルに記載します（**リスト8.15**）。

リスト8.15　入力データ（inputs-pipeline.yaml）

```
inputs:
  walmart_data:
    type: uri_file
    path: azureml:Walmart@latest
  test_split_ratio: 0.25
```

　ここではCLIとREST APIの2通りの方法で推論を実行する方法を紹介します。Python SDKを利用する方法は割愛します。

第**8**章　モデルのデプロイ

　まずCLIを用いて実行するコマンドは次のとおりです。バッチエンドポイントの名前と入力情報が記載されたファイルを指定します。

```
$ az ml batch-endpoint invoke -n walmart-pipeline-batch-endpoint --f inputs-pipeline.yaml
```

　次にREST APIを利用して推論を実行します。まず、Microsoft Entraのトークンを取得します。

```
$ SCORING_TOKEN=$(az account get-access-token --resource https://ml.azure.com --query "accessToken" --output tsv)
```

　続いてバッチエンドポイントのURIを取得します。

```
$ SCORING_URI=$(az ml batch-endpoint show -n walmart-pipeline-batch-endpoint --query scoring_uri --output tsv)
```

　入力で用いるデータアセットのパスを取得します。

```
$ DATAASSET_PATH=$(az ml data show --name Walmart --label latest --query path --output tsv)
```

　REST APIを実行します。

```
$ curl --location --request POST $SCORING_URI \
--header "Authorization: Bearer $SCORING_TOKEN" \
--header "Content-Type: application/json" \
--data-raw "{
    \"properties\": {
        \"InputData\": {
            \"walmart_data\": {
                \"JobInputType\": \"UriFile\",
                \"Uri\": \"$DATAASSET_PATH\"
            },
            \"test_split_ratio\":{
                \"JobInputType\": \"Literal\",
                \"Value\": \"0.25\"
            }
        },
    }
}"
```

　これらの処理はジョブとして実行され、Azure Machine Learningスタジオで実行状況を確認できます（**図8.13**）。

200

図8.13 パイプラインコンポーネントデプロイのジョブ実行

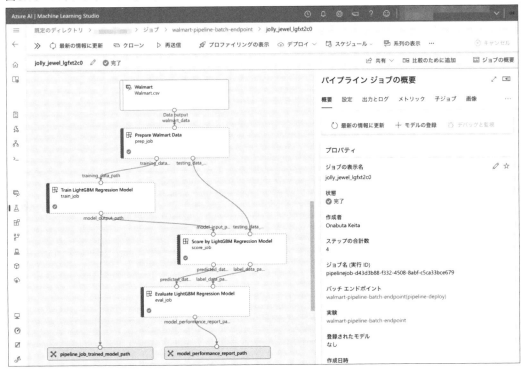

以上で、パイプラインコンポーネントの構築ハンズオンは終了です。

8.7 まとめ

本章ではAzure Machine Learningを使って、機械学習モデルや機械学習パイプラインをエンドポイントにデプロイして推論環境を構築する方法を学びました。次章ではMLOpsについて学びます。MLOpsを実現するためには、機械学習パイプラインによる自動化は必須の要素です。ぜひ次章もご覧ください。

第9章 MLOpsの概要と実践

前章では構築した機械学習モデルや機械学習パイプラインをAzure Machine Learningの推論環境にデプロイする方法について紹介しました。しかし、プロジェクトはそこで終わりではありません。

機械学習モデルは、デプロイ時にもっとも予測精度が高い状態であり、そこから時間の経過とともに予測精度は低下します。なぜなら、世界は変わり続けており、多くの場合学習時のデータとデプロイ後に推論するデータでは性質が変わってきてしまうためです。

データの性質の変化により予測精度が劣化してしまった場合、誤った意思決定やアクションを行うことになってしまうため、当初想定していたビジネス効果が得られなくなってしまいます。そのため、開発したモデルをデプロイしたら終わりではなく、デプロイ後も予測精度の劣化を検知し、再学習してデプロイしなおすライフサイクルの管理が必要になります。

本章では、機械学習のライフサイクルの管理を自動化するためのプラクティスであるMLOpsの概要や、MLOps実現に向けたMicrosoftの取り組みを紹介したうえで、Azure Machine LearningのMLOps機能について解説します。

9.1 MLOpsとは

MLOpsはMachine Learning Operationsの略称で、機械学習モデルの開発から運用までのライフサイクル管理を自動化するためのプラクティスを指します。機械学習版のDevOpsとも言われます（**図9.1**）。

図9.1 機械学習のライフサイクル

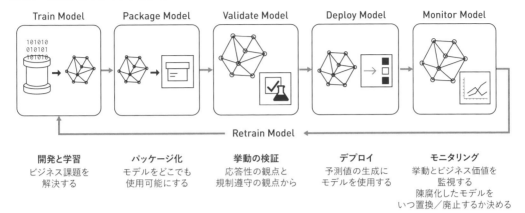

参考：https://github.com/Microsoft/MLOps

　一口に機械学習モデルのライフサイクル管理を自動化すると言っても、簡単なことではありません。**図9.2**はMLOps界隈で多用されている図になりますが、元は『Hidden technical debt in machine learning systems』[注9.1]という論文に掲載されているもので、機械学習システムを構成する要素を示しています。

図9.2 機械学習の技術的負債

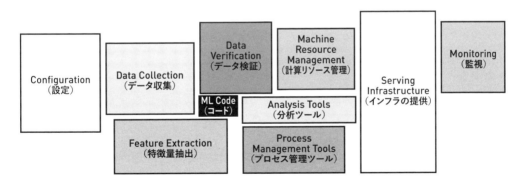

参考：https://papers.nips.cc/paper/2015/hash/86df7dcfd896fcaf2674f757a2463eba-Abstract.html

　こちらの図を見てわかるとおり、モデルを開発する「コード」（ML Code）は全体のごく一部であり、必要となる周辺要素は広大で複雑です。必要となる周辺要素が増えるにつれ、データサイエンティストだけでなく、データエンジニアやシステムエンジニアなど、さまざまなロールや部門のメンバーとのコラボレーションが必要になります。

注9.1 "Hidden Technical Debt in Machine Learning Systems"
https://papers.nips.cc/paper/2015/hash/86df7dcfd896fcaf2674f757a2463eba-Abstract.html

第9章 MLOpsの概要と実践

また、機械学習プロジェクトは3つのループ構造で進められることが多く、繰り返しが伴うため、定常処理の自動化やアセットの再利用が重要になります（図9.3）。

図9.3 ビジネスにおける機械学習プロジェクトの主要なフェーズ（ループ）（再掲）

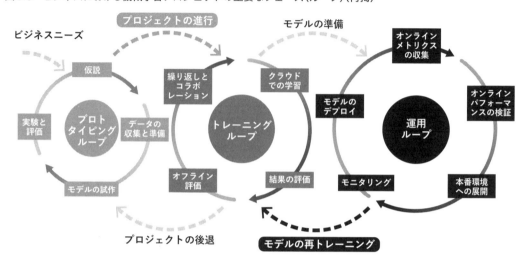

- プロトタイピングループ
  機械学習の初期段階として、モデルの試作や小規模なデータセットを使った仮説検証を実施
- トレーニングループ
  プロトタイピングで構築したモデルをクラウド環境に移行し、大規模データセットを使用したトレーニングやハイパーパラメータチューニングを実施
- 運用ループ
  トレーニングで完成したモデルを本番環境にデプロイし、ビジネス価値を提供

このようなことから、MLOpsの実現にはプラットフォーム（＝ツール）だけでなく、人材、プロセスの整備が必要になります。

- 人材
  - チームで共同で開発を進め、他人が引き継ぐことを前提とした品質確保を継続的に行う体制構築と文化醸成
  - スキルを無駄なくビジネス価値へと転換するために必要な体制・技術への金銭的／人的投資
- プロセス
  - 学習やデプロイプロセスなど、機械学習の一連のプロセスに含まれる定型的処理の自動化
  - アセットの集中管理と共有による作業効率の向上

- 再現性確保
- プラットフォーム
  - アセットを集中管理し、共有するためのハブ
  - 運用中のパイプライン、インフラ、製品を監視し、期待どおりの動作をしていないことを検知することが可能な仕組み
  - 必要に応じて可及的速やか、かつ安全に本番への機能投入を可能とするシステム

9.2 MLOps実現に向けたMicrosoftの取り組み

　Azure Machine Learningには機械学習モデルのライフサイクル管理を自動化するMLOpsの機能が提供されています。しかし、9.1節で記載したとおり、プラットフォームを導入しただけではMLOpsを実現することはできません。なぜなら、機械学習モデルのライフサイクル全体を管理するためには、データサイエンティスト、データエンジニア、エンジニアリングチーム、ビジネスチームなど、さまざまなロールや部門のメンバーが関わるため、それらのメンバー間のコミュニケーションやプロセスの整備が必要になるからです。異なる部門やチーム間のコミュニケーション、プロセスの整備は、一朝一夕で実現できるものではありません。組織全体でMLOpsを実現するための継続的な改善が必要になります。

　Microsoftでは、組織がMLOpsを実現するための継続的な改善を行えるようにするため、人材、プロセスとプラットフォームの観点で、組織におけるMLOpsの成熟度を定性的に評価し、改善の方向性を見つけるのに役立つ「MLOps成熟度モデル」を提供しています。MLOps成熟度モデルは、0～4の5段階で評価され、それぞれの段階に表9.1のような特徴があります。

第**9**章　MLOps の概要と実践

表9.1　MLOps 成熟度モデル

Level	概要	技術	文化
Level 0： No MLOps	・機械学習モデルのライフサイクル全体を管理することは困難 ・チームは別々で、リリースは困難 ・ほとんどのシステムは"ブラックボックス"として存在し、デプロイ時およびデプロイ後のフィードバックはほとんどなし	・手動によるビルドとデプロイ ・モデルおよびアプリケーションの手動によるテスト ・モデルのパフォーマンスの一元的追跡なし ・モデル学習は手動	・まず動くものを作り上げ、スモールスタートでプロジェクトを推進する
Level 1： DevOps no MLOps	・Level 0 よりもリリースの苦労は少ないが、新しいモデルごとにデータチームに依存 ・運用段階でのモデルのパフォーマンスに関するフィードバックは依然として限られる ・結果の追跡および再現が困難	・自動ビルド ・アプリケーションコードの自動テスト	・チーム内でのコード共有とレビューを行う ・パイプラインなどの自動化技術を活用して、低摩擦に継続的に本番投入する ・テストなどによりコード品質に配慮する
Level 2： Automated Training	・トレーニング環境は完全に管理され、追跡可能 ・モデルの再現が容易 ・リリースは手動であるが、摩擦は少ない	・自動化されたモデルの学習 ・モデル学習のパフォーマンスを一元的に追跡 ・モデル管理	・機械学習固有の性質に配慮した自動化を行う ・機械学習実験の再現性確保に注意を払う
Level 3： Automated Model Deployment	・リリースは低摩擦で自動 ・デプロイから元のデータまで完全に追跡可能 ・環境全体（学習＞テスト＞運用）を管理	・デプロイするモデルのパフォーマンスに関するA/Bテストを統合 ・すべてのコードのテストを自動化 ・モデルの学習性能を一元化	・機械学習モデルの品質に配慮する ・投入先ソフトウェア開発チームと連携した継続的モデルデプロイとその自動化を推進する
Level 4： Full MLOps Automated Retraining	・システムを完全自動化し、監視を容易化 ・運用システムは、改善方法に関する情報を提供。場合によっては、新しいモデルで自動的に改善 ・ゼロダウンタイムシステムに近づく	・モデル学習とテストを自動化 ・デプロイされたモデルからの詳細で一元化されたメトリック	・機械学習モデルの経時的な劣化を前提とした監視体制を整備する ・手動で実行する必要がない部分について自動化を進め、「最大効率で機械学習モデルを運用できる体制」を目指す

※参考：https://learn.microsoft.com/ja-jp/azure/architecture/ai-ml/guide/mlops-maturity-model

　さらに、Microsoft が公開している Azure のアーキテクチャセンターでは、MLOps を実現するためのリファレンスアーキテクチャ[注9.2]も公開されています。リファレンスアーキテクチャは、構造化データを扱う古典的機械学習、画像を扱う Computer Vision、テキストを扱う自然言語処理の3つのワークロードに対応しており、それぞれのワークロードをデプロイしてプロセス整備を強力に支援するサンプルコード[注9.3]が提供されています。

....

注9.2　「機械学習の操作」-「Architecture」
　　　　https://learn.microsoft.com/ja-jp/azure/architecture/ai-ml/guide/machine-learning-operations-v2#architecture
注9.3　"Azure/mlops-v2"-"Getting Started"
　　　　https://github.com/Azure/mlops-v2/blob/main/documentation/deployguides/README.md

そして、Microsoft Japanの有志メンバーにより公開されている、ステップバイステップでMLOps成熟度レベルを高めるために利用すべきサービスや機能を整理したドキュメント[注9.4]も公開されています（図9.4）。

figure 9.4 Step-by-Step MLOps

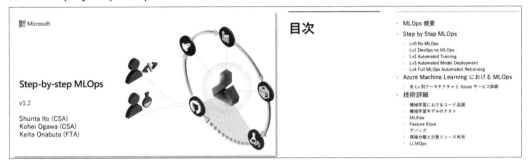

また、実際にAzure Machine LearningでMLOpsを実現するための取り組みを進めている企業の事例[注9.5]も公開されています。

みなさんの組織でもMLOpsを実現するための取り組みを進める際には、これまでに紹介したドキュメントやサンプルコードを参考にしてみてはいかがでしょうか。

9.3 Azure Machine LearningのMLOps機能

これまでの章で、機械学習ライフサイクルにおけるモデルの開発からデプロイまでのAzure Machine LearningのMLOps機能[注9.6]について取り扱ってきました。本章では、これまでの章で取り扱いのなかった次のMLOps機能について紹介します。

- レジストリ
- モデル監視
- 継続的インテグレーション／デリバリー

9.3.1 レジストリとは

これまでの章では、1つのAzure Machine Learningワークスペースで機械学習モデルを開発、

注9.4 「Step-by-step MLOps v1.2」https://speakerdeck.com/shisyu_gaku/step-by-step-mlops-v1-dot-2
注9.5 「サバの陸上養殖にエンジニアリングとAIで挑む日揮、マイクロソフトの支援プログラム『MLOps Lab』で成功に向け三つの大きな成果を得る」https://customers.microsoft.com/ja-jp/story/1652751903517176752-jgc-professional-services-azure-jp-japan?sccid=tw_org_20230712&ocid=AID3049143_TWITTER_oo_spl100004353676547
注9.6 「Azure Machine Learningを使用したMLOpsモデル管理」https://learn.microsoft.com/ja-jp/azure/machine-learning/concept-model-management-and-deployment?view=azureml-api-2

運用する前提で話を進めてきました。しかし、実際の業務では次の観点から複数のAzure Machine Learningワークスペースを利用することが多くあります。

- 本番環境はアクセスの制御、ネットワークアーキテクチャ、データ公開などの点で開発環境から分離したい
- 開発環境と本番環境のサブスクリプションを分けて異なる部門への課金請求やコスト管理を行いたい

このような理由から複数のAzure Machine Learningワークスペースを利用した場合、ワークスペース間で開発したモデルやパイプラインを共有したいというニーズが生まれます。Azure Machine Learningではこのようなニーズに対応するためレジストリという機能を提供しています。

レジストリは、ワークスペース間でモデル、コンポーネント、環境とデータアセット（プレビュー）を共有するためのHubの役割を担います。次の例は、実験、開発、テストと本番環境のワークペース間でモデルを共有した場合の一般的なシナリオです（図9.5）。

図9.5　Azure Machine Learningレジストリの利用例

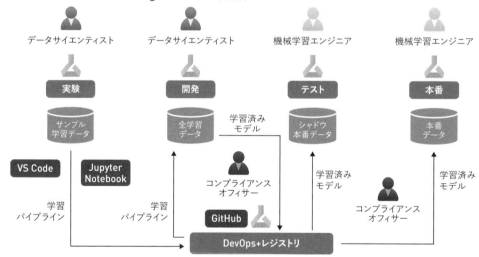

1. 実験用のワークスペースで少量のサンプルデータを使用し、Jupyter NotebookやVS Codeを使用して学習パイプラインを作成、コンポーネントをレジストリへ登録
2. 開発用のワークスペースでレジストリに登録した学習パイプラインのコンポーネントを使用し、すべての学習データを使用して学習したモデルを開発
3. 本番環境で稼働しているモデルより高い精度となった場合は、コンプライアンスオフィサーが次のようなリスク評価を行ったうえでレジストリへ登録

- 規制や内部ポリシーに準拠しているか
- モデルの活用が倫理的に問題ないか
- モデルにバイアスが含まれていないか
4. テスト用のワークスペースでレジストリに登録したモデルを使用し、本番環境と同じデータで推論させて予測精度を検証
5. 本番環境で稼働しているモデルより高い精度となった場合は、コンプライアンスオフィサーが前述したリスク評価を最終確認したうえで、本番環境で稼働するモデルを更新

9.3.2 レジストリの構築ハンズオン

それでは、前項で挙げた一般的なシナリオの1.、2.の部分を次のステップで実施してみましょう。

- レジストリ作成
- 環境とレジストリへ共有
- コンポーネントとレジストリへ共有
- レジストリへ共有したアセットで学習パイプライン実行

◯ 前提
- 第5章全体のハンズオンを実施していること(まだの方は実施してください)
- サブスクリプションまたは対象のリソースグループに、所有者または共同作成者の権限が付与されていること

◯ 事前準備
1. 左側にある[コンピューティング]から対象のコンピューティングインスタンスを選び、[開始]を選択(図9.6)。

図9.6 コンピューティングインスタンスを起動

2. ［VS Code(Web)］を選択する（図9.7）

図9.7　Web用VS Codeを起動

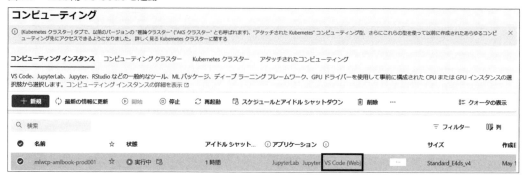

3. メニューの［ターミナル］-［新しいターミナル］を選択（図9.8）

図9.8　ターミナル起動

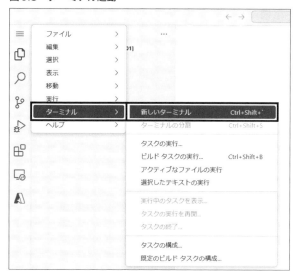

4. Azure Machine Learning CLI（以下CLI）をアップデートする。ターミナル上で次のコマンドを実行する

```
$ az extension add -n ml
```

○ レジストリ作成

1. az loginで認証する。ターミナル上で次のコマンドを実行する

9.3　Azure Machine LearningのMLOps機能

```
$ az login --identity
```

2.　レジストリを作成する。ターミナル上で次のコマンドを実行する

```
$ cd Users/<username>/book-azureml-sample/ch9/
$ az ml registry create --file registry/create-registry.yml
```

registry/create-registry.ymlの内容は**リスト9.1**のとおりです。

リスト9.1　registry/create-registry.yml

```
name: aml-book-ch9-registry
tags:
  description: 組織内でのアセット共有用のレジストリ
location: japaneast
replication_locations:
  - location: japaneast
    storage_config:
      storage_account_hns: False
      storage_account_type: Standard_LRS
```

storage_account_hnsにTrueを設定すれば、アセットを保存するストレージとしてAzure Data Lake Storage Gen2を選択できますが、今回は大規模データの分析やアクセス制御は不要ため、Azure Blob Storageのアカウントを使用するTrueに設定します。storage_account_typeには最適なストレージアカウントSKU[注9.7]を指定できます。

なお、複数のストレージを指定[注9.8]すれば複数のリージョン間でアセットをレプリケートすることもできます。

○ 環境をレジストリへ共有

1.　環境をレジストリへ共有する。ターミナル上で次のコマンドを実行する

```
$ az ml environment create --file registry/share-env.yml --registry-name aml-book-ch
9-registry
```

registry/share-env.ymlの内容は**リスト9.2**のとおりです。第5章で使用したconda.ymlを指定して作成した環境をレジストリへ共有します。

リスト9.2　registry/share-env.yml

```
$schema: https://azuremlschemas.azureedge.net/latest/environment.schema.json
name: walmart-store-sales-env-share-registry
```

注9.7　「SKUの種類」https://learn.microsoft.com/ja-jp/rest/api/storagerp/srp_sku_types
注9.8　「ストレージアカウントの種類とSKUを指定する（省略可能）」https://learn.microsoft.com/ja-jp/azure/machine-learning/how-to-manage-registries?view=azureml-api-2&tabs=cli#specify-storage-account-type-and-sku-optional

第**9**章　MLOpsの概要と実践

```
version: 1
image: mcr.microsoft.com/azureml/openmpi4.1.0-ubuntu20.04:latest
conda_file: ../../ch5/env/conda.yml
```

◯コンポーネントをレジストリへ共有

1. コンポーネントをレジストリへ共有する。ターミナル上で次のコマンドを実行する

```
$ az ml component create --file registry/share-component.yml --registry-name aml-boo
k-ch9-registry
```

registry/share-component.ymlの内容は**リスト9.3**のとおりです。

リスト9.3　registry/share-component.yml

```
$schema: https://azuremlschemas.azureedge.net/latest/commandComponent.schema.json
type: command

name: walmart_store_sales_train_job
display_name: walmart_store_sales_train

code: ../../ch5/src
command: >-
  python main.py --num_leaves ${{inputs.num_leaves}} --learning_rate ${{inputs.learn
ing_rate}} --registered_model_name ${{inputs.registered_model_name}} --train_data_pa
th ${{inputs.train_data_path}} --valid_data_path ${{inputs.valid_data_path}}

inputs:
  num_leaves:
    type: number
    default: 31
  learning_rate:
    type: number
    default: 0.05
  registered_model_name:
    type: string
  train_data_path:
    type: uri_file
  valid_data_path:
    type: uri_file

environment: azureml://registries/aml-book-ch9-registry/environments/walmart-store-s
ales-env-share-registry/versions/1
```

commandには、第5章で使用したsrc/main.pyを指定し、environmentにはレジストリに登録した環境を指定して作成したコンポーネントをレジストリへ共有します。

● レジストリへ共有したアセットで学習パイプライン実行

1. レジストリへ共有した環境とコンポーネントを使用して学習パイプラインを実行する。ターミナル上で次のコマンドを実行する

```
$ az ml job create --file registry/train-pipeline.yml
```

registry/train-pipeline.ymlの内容は**リスト9.4**のとおりです。`default_compute`はサーバーレスコンピューティングを指定し、`train_job`ではレジストリに登録したコンポーネントを指定して学習パイプラインを実行します。

リスト9.4　registry/train-pipeline.yml

```
$schema: https://azuremlschemas.azureedge.net/latest/pipelineJob.schema.json
type: pipeline
display_name: walmart-store-sales-train-pipeline
experiment_name: walmart-store-sales-train-pipeline

settings:
  default_compute: azureml:serverless

jobs:
  train_job:
    type: command
    component: azureml://registries/aml-book-ch9-registry/components/walmart_store_s
ales_train_job/versions/1
    inputs:
      num_leaves: 31
      learning_rate: 0.05
      registered_model_name: "Walmart_store_sales_model"
      train_data_path:
        type: uri_file
        path: azureml:Walmart_store_sales_train@latest
      valid_data_path:
        type: uri_file
        path: azureml:Walmart_store_sales_valid@latest
```

その後、Azure Machine Learningスタジオで以下のように操作します。

2. ［ジョブ］を選択し、最新のジョブの［walmart-store-sales-train-pipeline］を選択（**図9.9**）

第9章 MLOpsの概要と実践

図9.9 最新のパイプライン実行結果を選択

3. walmart-store-sales-train-pipelineが完了していることを確認する（図9.10）

図9.10 パイプラインの実行結果を確認

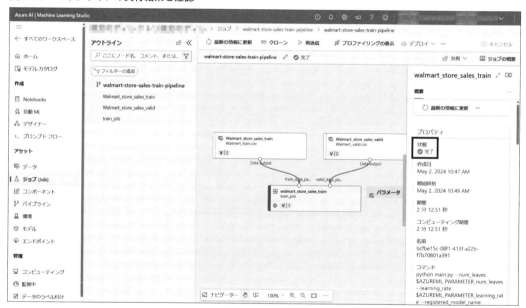

9.3.3 モデル監視

　モデル監視は、機械学習のエンドツーエンドのライフサイクルにおける最後のステップであり、後回しにされたり、デプロイするのに満足しておざなりにされたりしがちなステップでもあります。しかし、モデル監視はモデルの予測精度が劣化していないか、モデルが予測するデータの性質が変わっていないかを検知し、必要に応じて再学習を行うために重要なステップです。

精度劣化した状態でモデルを運用し続けると、誤った意思決定やアクションを行うことになってしまうため、ビジネス効果が得られなくなってしまいます。運用フェーズに入ってから知らない間にモデルの予測精度が劣化してしまったという事態を避けるためにも、モデル監視は必ず実施するようにしましょう。

○ **モデル監視手法**

モデルの予測精度の劣化を検知する方法として、もっとも効果的なのは運用フェーズに入ってからの予測精度を算出し、学習時の予測精度と比較して精度劣化していないかを確認する方法です。

この方法が精度劣化を検知するためにもっとも確実な方法ではありますが、実世界では予測精度を算出するために必要なグランドトゥルース（正解データ）が即座に取得できない場合が多くあります。たとえば、金融機関で利用者が貸し倒れするかどうかを予測するモデルを運用している場合、実際に利用者が貸し倒れるまでの期間が数年に及ぶこともあり、その場合予測精度を算出するためには数年間のデータが入手できるのを待つ必要がありますが、その間にモデルの予測精度が劣化してしまっている可能性があります。

このような場合に対処するためには、予測制度とは別の指標で精度劣化していないか検知する仕組みが必要になり、よく利用される手法としてドリフト検知があります。ドリフトには一般的に「漂流する、ただよう」といった意味がありますが、機械学習においては「データのズレ」のことを指します（**図9.11**）。

図9.11　「データのズレ」のイメージ

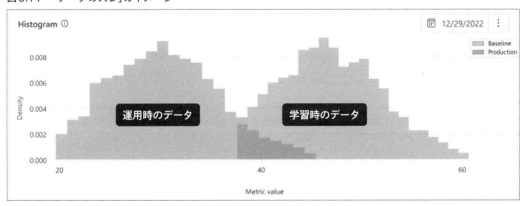

ドリフトは、学習時と運用時のデータの性質のズレを指すことが多く、種類としては次があります。

第**9**章　MLOpsの概要と実践

・コンセプトドリフト

　予測すべき対象の概念が変化し、学習データとの関係性がズレることを指します。わかりやすい例として、スパムメールを判定するモデルの開発があります。一昔前はスパムメールの質が低く、文章がおかしかったり怪しいURL名が記載されていたりしたものをスパムと判定していました。しかし、昨今のスパムメールは文章の品質が高く、人間でも判断しづらいものについてもスパムメールと判定して正解ラベルを付ける必要があります。このように、スパムと判定すべき基準が時代の流れによって変化し、以前学習していたデータとの関係性にズレが生じてしまうことをコンセプトドリフトと言います。

・データドリフト

　データドリフトは、2つの期間のモデルの入力データ（特徴量）の性質や分布がズレていることを指します。学習時と運用時のモデルの入力データ（特徴量）のズレを見ることが多いですが、直近の運用データと過去の運用データの特徴量のズレを比較して見ることもあります。

・予測ドリフト

　予測ドリフトは、2つの期間のモデルの出力データ（推論結果）の性質や分布がズレていることを指します。学習時の検証／テストデータでモデル出力した推論結果と、運用時にモデル出力した推論結果のズレを見ることが多いですが、直近の運用データと過去の運用データの推論結果のズレを比較して見ることもあります。

・特徴量属性ドリフト

　特徴量属性ドリフトは、2つの期間の特徴量の重要度の値や順位がズレていることを指します。Azure Machine Learningスタジオ上では、「機能従属ドリフト」と翻訳されています。

○ Azure Machine Learningでのモデル監視

　Azure Machine Learningのモデル監視は、生成AIアプリケーションの安全性と品質の監視（プレビュー）にも対応していますが、従来の機械学習モデルの監視では、**表9.2**の監視のシグナルとメトリックに対応しています。

9.3 Azure Machine LearningのMLOps機能

表9.2　監視のシグナルとメトリック

監視シグナル	説明	メトリック	モデルタスク（サポートされているデータ形式）	ターゲットデータセット	ベースラインデータセット
データドリフト	学習データと推論データの特徴量ごとの分布の変化を追跡	Jensen-Shannon Distance / Population Stability Index / Normalized Wasserstein Distance / Two-Sample Kolmogorov-Smirnov Test / Pearson's Chi-Squared Test	分類（表形式）、連続値（表形式）	運用データ - モデル入力	学習データまたは最近の運用データ
予測ドリフト	検証データと推論データの予測値の分布の変化を追跡	Jensen-Shannon Distance / Population Stability Index / Normalized Wasserstein Distance / Chebyshev Distance / Two-Sample Kolmogorov-Smirnov Test / Pearson's Chi-Squared Test	分類（表形式）、連続値（表形式）	運用データ - モデル出力	検証データまたは最近の運用データ
データ品質	学習データと推論データのモデルの入力のデータ整合性を追跡	null値の比率、データ型エラーの比率、範囲外の比率	分類（表形式）、連続値（表形式）	運用データ - モデル入力	学習データまたは最近の運用データ
特徴量属性ドリフト（プレビュー）	学習データと推論データの特徴量の重要度または寄与度を追跡	Normalized Discounted Cumulative Gain	分類（表形式）、連続値（表形式）	運用データ - モデル入力	学習データ
モデルのパフォーマンス（連続値）※プレビュー	推論データの予測結果とグランドトゥルースを比較して予測精度を算出	Accuracy / Precision / Recall	分類（表形式）	運用データ - モデル出力	グランドトゥルース
モデルのパフォーマンス（回帰）※プレビュー	推論データの予測結果とグランドトゥルースを比較して予測精度を算出	Mean Absolute Error(MAE) / Mean Squared Error(MSE) / Root Mean Squared Error(RMSE)	連続値（表形式）	運用データ - モデル出力	グランドトゥルース

　各モデルとユースケースは固有のもののため、すべてのモデル監視に当てはまるベストプラクティスはありません。しかし、最小限考慮すべき推奨事項についてドキュメント[注9.9]に記載があります。モデル監視の経験がない方は、この推奨事項を出発点にご検討してみてはいかがでしょうか（**表9.3**）。

....

注9.9　「Azure Machine Learning モデルモニタリング」https://learn.microsoft.com/ja-jp/azure/machine-learning/concept-model-monitoring?view=azureml-api-2#recommended-best-practices-for-model-monitoring

第9章　MLOpsの概要と実践

表9.3　モデル監視における推奨事項

概要	説明
モデルを運用環境にデプロイ後、即モデル監視を開始する	運用モデルの監視を開始するのが早いほど、問題を特定して解決できるようになる
モデルに精通しているデータサイエンティストと協力して設定を行う	データサイエンティストは、モデルとそのユースケースに関する分析情報を持っている。これらは、使用する最適な監視シグナル、メトリック、およびアラート閾値を検討するのに必要な情報であり、それによってアラートの疲労を軽減する必要がある
監視設定に複数の監視シグナルを含める	データドリフトと特徴量属性ドリフトなど、複数の監視シグナルを使用すると、モデルの精度劣化の原因特定を迅速に行える
学習データをベースラインデータセットとして使用する	意味のある比較を行うには、学習データをデータドリフトとデータ品質の比較ベースラインとして使用することを推奨する。予測ドリフトについては、検証データを比較ベースラインとして使用することを推奨する
運用データが時間の経過とともにどのように変化するかに基づいて、監視頻度を指定する	大量の日次トラフィックがあり、日次のデータ蓄積で監視するのに十分である場合は、日次でモデル監視するように構成できる。それ以外の場合は、時間の経過に伴う運用データの増加に基づいて、週次または月次の監視頻度を検討する
上位N個の重要な特徴量または特徴量のサブセットを監視	データドリフトまたはデータ品質を監視時、既定では上位10個の重要な特徴量を対象とする。多数の特徴量を持つモデルの場合、メトリックの計算コストや不要な特徴量によるノイズを削減するため、特徴量のサブセットを監視することを検討する
グランドトゥルースを取得できる場合は、モデルのパフォーマンス監視を実施	グランドトゥルースを取得できる場合は、モデルのパフォーマンスシグナルを使用して、学習時と運用時のモデルのパフォーマンス（予測精度）を比較することを推奨する

9.3.4　Ξ　モデル監視ジョブの構築ハンズオン

Azure Machine Learningでモデル監視を行うためには、次のステップで実施します。

- 監視用の学習データの準備
- 監視データの収集
- 監視ジョブの作成と実行

○ 前提
- 第5章全体のハンズオンを実施していること（まだの方は実施してください）
- サブスクリプションまたは対象のリソースグループに、所有者または共同作成者の権限が付与されていること

○ 事前準備
レジストリ構築の際と同様に進めます。

1. 左側にある［コンピューティング］から対象のコンピューティングインスタンスを選び、［開始］

9.3　Azure Machine LearningのMLOps機能

を選択

2.　［VS Code(Web)］を選択

3.　メニューの［ターミナル］-［新しいターミナル］を選択

○ 監視用の学習データの準備

モデルを監視するためには、本番運用後の監視データだけでなく、比較対象となるベースライ

COLUMN

ドリフトメトリクスの詳細

　データドリフトや予測ドリフト、特徴量属性ドリフトのメトリクスには見慣れないものが多く、判断基準はどうなるのか気になる方もいらっしゃると思いますので、ご参考までに表形式でまとめてみました（表9.A）。

表9.A　ドリフトメトリクスの詳細

指標	概要	値の範囲	変数タイプ	判断基準
Jensen-Shannon Distance (JSD)	2つの確率分布の類似度を測定	0〜1	数値、カテゴリ	値が大きいほど、分布間の違いが大きい
Population Stability Index (PSI)	2つの母集団の差異を測定	0〜∞	数値、カテゴリ	PSI < 0.1：分布は非常に安定 0.1 ≤ PSI < 0.2：若干の変化がある PSI ≥ 0.2：分布には大きな変化がある
Normalized Wasserstein Distance	2つの確率分布間の距離を測定	0〜∞	数値	値が大きいほど、2つの分布は異なる
Chebyshev Distance	多次元空間における2つの点間の距離を測定	0〜∞	数値	値が大きいほど、特徴間の違いが大きい
Two-Sample Kolmogorov-Smirnov Test (KS Test)	2つのサンプルが同じ分布から来るかどうかを判断するための統計的テスト	p値(0〜1)	数値	p値が0.05以下の場合、2つのサンプルは異なる分布から来ていると判断される
Pearson's Chi-Squared Test	観測されたデータと期待されるデータを比較して、それらの間に有意な差異があるかどうかを判断する統計的テスト	p値(0〜1)	カテゴリ	p値が0.05以下の場合、2つのカテゴリ変数は関連していると判断される
Normalized Discounted Cumulative Gain (NDCG)	特徴量の重要度のランキングが時間経過とともにどの程度変化したかを評価	0〜1	数値、カテゴリ	値が大きければ大きいほど、特徴量の重要度のランキングが理想的である（つまり、重要度のドリフトが少ない）

第9章 MLOpsの概要と実践

ンの学習データも必要になります。第5章では学習データをURL_FILE形式でアセット登録しましたが、監視用の学習データはMLTable形式[注9.10]である必要があります。MLTable形式のデータアセットを作成するためには、次の手順で実施します。

1. az loginで認証する。ターミナル上で次のコマンドを実行する

```
$ az login --identity
```

2. MLTable形式でデータアセットとして登録する。ターミナル上で次のコマンドを実行する

```
$ cd Users/<user_name>/book-azureml-sample/ch9/
$ az ml data create --path ./monitoring/data/train --name Walmart_store_sales_train_
mltable --version 1 --type mltable
```

○ 監視データの収集

監視データは、Azure Machine Learningのデータコレクター[注9.11]という機能で自動収集できます。ただし、執筆時点ではオンライン（またはリアルタイム）のAzure Machine Learningエンドポイント（マネージドまたはKubernetes）のみの対応となります。データコレクターで収集できないバッチエンドポイントにデプロイされたモデルや、Azure Machine Learningの外部にデプロイされたモデルの場合は、URI_FOLDER形式で登録したデータをカスタム前処理コンポーネント[注9.12]を使用して監視データに変換する処理を監視ジョブに追加する必要があります。

それでは、今回は監視データを手軽に自動収集できるオンラインエンドポイントを作成して実施します。

1. 左のメニューの［モデル］を選択し、デプロイ対象のモデルを選択する
2. ［デプロイ］から［リアルタイムエンドポイント］を選択する（図9.12）

注9.10 「データ資産を作成する：テーブルタイプ」https://learn.microsoft.com/ja-jp/azure/machine-learning/how-to-create-data-as sets?view=azureml-api-2#create-a-data-asset-table-type

注9.11 「運用環境のモデルからのデータ収集」
https://learn.microsoft.com/ja-jp/azure/machine-learning/concept-data-collection?view=azureml-api-2

注9.12 「運用データをAzure Machine Learningに取り込んでモデル監視を設定する」https://learn.microsoft.com/ja-jp/azure/machin e-learning/how-to-monitor-model-performance?view=azureml-api-2#set-up-model-monitoring-by-bringing-in-your-pr oduction-data-to-azure-machine-learning

9.3 Azure Machine LearningのMLOps機能

図9.12　デプロイ対象モデル選択

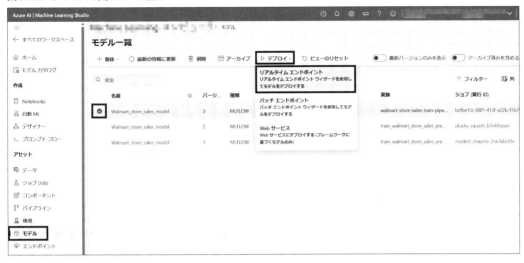

3. ［インスタンス数］を「1」に、［推論データ収集］を「有効」にし、［デプロイ］を選択する（図9.13）

図9.13　デプロイ設定

4. デプロイのプロビジョニング状態が成功になるまで10〜15分ほど待つ（図9.14）

図9.14 デプロイ完了

5. オンラインエンドポイントで推論する。Web用のVS Codeのターミナル上で次のコマンドを実行する

```
$ az ml online-endpoint invoke --name <endpoint name> --request-file monitoring/Walmart_test.json
```

6. [データ] を選択すると、データコレクターで収集したデータがアセットとして登録されている（図9.15）。それぞれ <endpoint name>-<deploy name>-model_inputs、<endpoint name>-<deploy name>-model_outputs の命名規則で作成されており、inputsがモデルへ入力したデータ（特徴量）、outputsがモデルが出力したデータ（推論結果）として出力されている

図9.15 監視データのアセット確認

9.3 Azure Machine LearningのMLOps機能

7. 自動収集された監査データアセットの[探索]を選択すると、出力されたデータの内容を確認できる(図9.16)

図9.16 監視データを探索

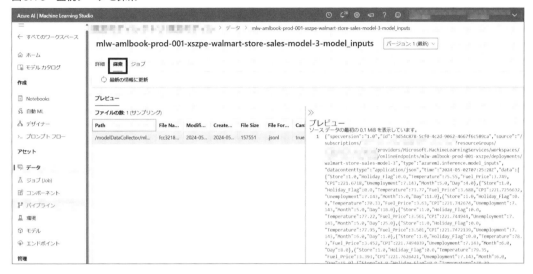

◯ 監視ジョブの作成と実行

1. 左のメニューの[監視中]から[追加]を選択する(図9.17)

図9.17 監視ジョブ追加

2. 基本設定の［モデルの選択］から対象のモデルを選び、［選択］ボタンを選択する（図9.18）

図9.18　モデルの選択

3. ［データ収集が有効になっているデプロイの選択］を選択し、対象のデプロイを選ぶ（図9.19）

図9.19　データ収集が有効になっているデプロイの選択

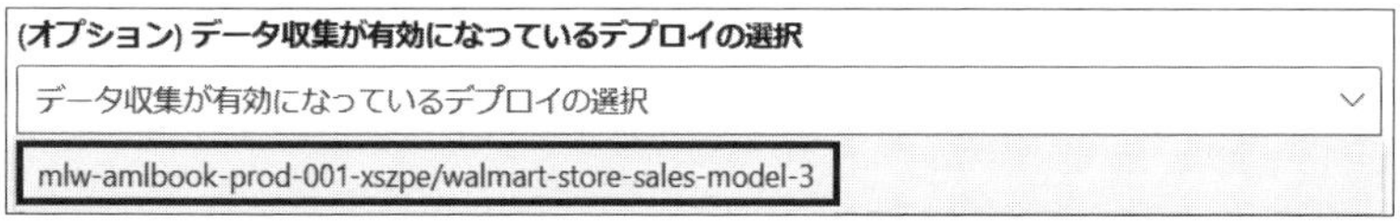

4. ［トレーニングデータの選択］から［データの検索］を選択し、MLTable形式のトレーニングデータを選び、［選択］ボタンを選択する（図9.20）

図9.20　トレーニングデータの選択

5. ［基本設定］では、モデルタスクの種類を［回帰］に変更する。タイムゾーンには日本時間の［UTC+09:00 Osaka, Sapporo, Tokyo］、繰り返し間隔には［1日］、実行時間には任意の時間を指定し、［次へ］ボタンを選択する（図9.21）

9.3　Azure Machine LearningのMLOps機能

図9.21　基本設定

6. ［詳細設定］の［データアセットの構成］では［次へ］を選択する（図9.22）

図9.22　詳細設定

7. ［詳細設定］の［シグナルの監視を選択する］では、予測ドリフトと機能帰属ドリフトを［削除］する（図9.23）。その後、［次へ］を選択する

図9.23　予測ドリフトと機能従属ドリフトを削除

8. ［通知］では、［次へ］を選択する（図9.24）

図9.24　通知設定

9.3 Azure Machine LearningのMLOps機能

9. 「監視の詳細の確認」では［作成］を選択する（図9.25）

図9.25 create-monitring-define［監視ジョブ作成］

10. 監視ジョブを実行する時間になるとスケジュール実行されるため、完了するまで30分ほど待つ（図9.26）

図9.26 監視ジョブ実行

監視ジョブ実行結果の確認

1. 対象のモニターを選択する（図9.27）

図9.27　モニター選択

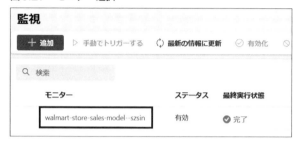

モニター概要ページ（図9.28）には、対応するモデル、エンドポイント、デプロイと構成したシグナルに関する詳細が表示されます。シグナルを見てみると、[データドリフト]では4つの特徴量が失敗し、[データ品質]では20個中3個が失敗しています。メトリック値があらかじめ指定した閾値を超えていた場合に失敗として判定されます。それでは、データドリフトの詳細を見てみましょう。

図9.28　モニター概要ページ

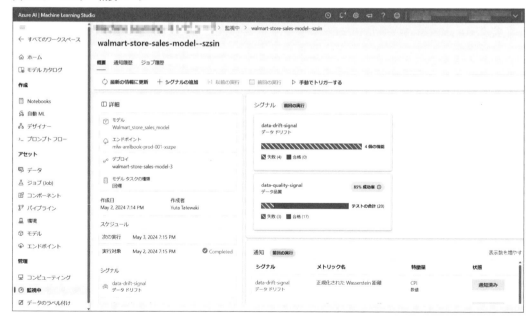

2. [data-drift-signal]を選択する（図9.29）

9.3 Azure Machine LearningのMLOps機能

図9.29 データドリフト選択

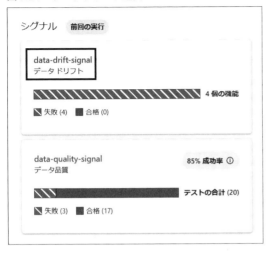

詳細ページの上段部分（[特徴データの誤差]）は、各特徴量のメトリック値が時系列でプロットされます。下段部分（[機能の内訳]）では、表形式で特徴量のメトリック値、閾値やステータスが表示されています（図9.30）。

図9.30 データドリフト詳細

3. 機能の内訳から [Fuel_Price] を選択すると、参照（学習）データと運用データの分布がヒストグラムで表示され、データの分布が異なることが確認できる（図9.31）

図9.31　ヒストグラム確認

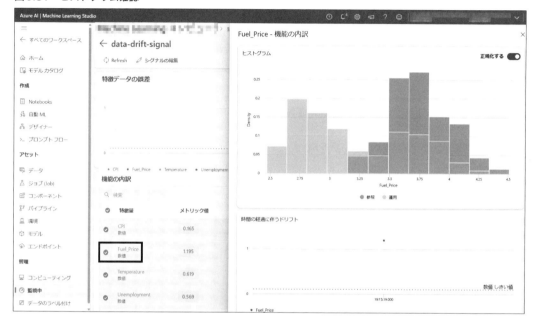

9.3.5　機械学習における継続的インテグレーション／デリバリー

　継続的インテグレーション／デリバリー（CI/CD）は、ソフトウェア開発のプラクティスであり、開発者がコードの変更を自動的にビルド、テスト、デプロイするためのプロセスを指します。CI/CDでは、開発者がコードの変更をリポジトリにプッシュすると、自動的にビルド、テスト、デプロイが行われるため、開発者はコードの変更に集中できます。

　Azure Machine Learningにおいても、ノートブックで実装した学習コードを変更すると自動的に学習パイプラインを走らせたり、モデルのデプロイを行ったりしたいというニーズが出てきます。Azure Machine Learningでは、GitHub[注9.13]やAzure DevOps[注9.14]との連携を行うことでエンドツーエンドの機械学習ライフサイクルの自動化を実現できます（図9.32）。

注9.13　「Azure Machine LearningでAzure Pipelinesを使用する」https://learn.microsoft.com/ja-jp/azure/machine-learning/how-to-devops-machine-learning?view=azureml-api-2&tabs=arm

注9.14　「Azure Machine LearningでGitHub Actionsを使用する」https://learn.microsoft.com/ja-jp/azure/machine-learning/how-to-github-actions-machine-learning?view=azureml-api-2&tabs=userlevel

図9.32 Azure Machine LearningとGitHub/Azure DevOpsとの連携

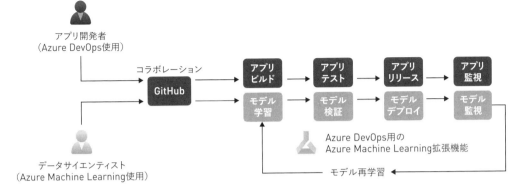

9.3.6 継続的インテグレーション／デリバリーの構築ハンズオン

GitHub Actionsと連携して学習パイプラインを実行するためには、次のステップを実施します。

- サンプルコードのGitHubリポジトリをフォーク
- Azureで認証するための資格情報を作成
- GitHubに資格情報を登録
- GitHub Actionsから学習パイプラインを実行

前提

- 第5章全体と9.3.1項のハンズオンを実施していること（まだの方は実施してください）
- サブスクリプションまたは対象のリソースグループに、所有者または共同作成者の権限が付与されていること
- GitHubアカウントを持っていること（無償アカウントでもGitHub Actionsを利用可能です）

サンプルコードのGitHubリポジトリをフォーク

GitHub Actionsから学習パイプラインを実行するためのサンプルコードを自身のGitHubリポジトリにフォークします。

1. ブラウザを起動し、サンプルコードのURL（https://github.com/shohei1029/book-azureml-sample）にアクセスする
2. [Fork]を選択する（図9.33）

図9.33 サンプルコードをフォーク

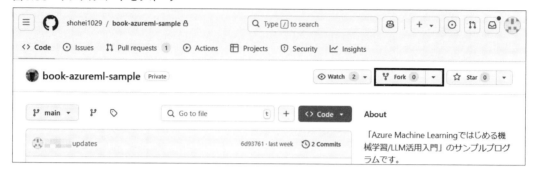

3. 任意のリポジトリ名を指定し、[Create fork]を選択する（図9.34）

図9.34 フォーク作成

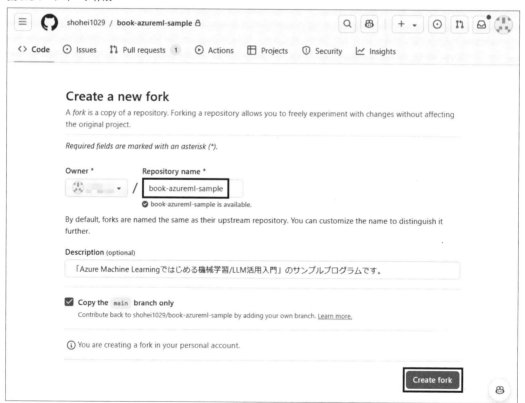

○ Azureで認証するための資格情報を作成

GitHub ActionsからAzureに認証するための資格情報をAzure Cloud Shellで作成します。認証方式にはサービスプリンシパルとOpenID Connectの2つがあります。今回はより強固な認

証方式であるOpenID Connectを使用しますが、サービスプリンシパルより手順が複雑で控える情報も多いためご注意ください。

1. ブラウザからMicrosoft Azure portal（https://portal.azure.com）にアクセスし、ログインする
2. Microsoft Azure portalの右上にある [Cloud Shell] を選択する（図9.35）

図9.35　Azure Cloud Shellを起動

3. [Bash] を選択する（図9.36）

図9.36　Bashを選択

4. [ストレージアカウントは不要です] を選び、[適用] を選択する（図9.37）

図9.37　作業の開始

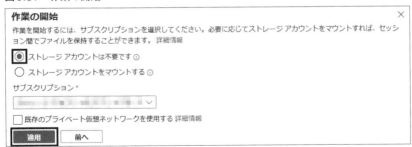

5. Entra IDに任意のアプリケーションを登録する。Azure Cloud Shell上で次のコマンドを実行

第**9**章 MLOpsの概要と実践

する。<application name>には任意の名前を指定

```
$ az ad app create --display-name <application name>
```

実行後に表示されるappId（以降、アプリケーションID）は控えておく

6. サービスプリンシパルを作成する。Azure Cloud Shell上で次のコマンドを実行する。<app id>には先ほど控えたアプリケーションIDを指定する

```
$ az ad sp create --id <app id>
```

実行後に表示されるappOwnerOrganizationId（以降、テナントID）、id（以降、サービスプリンシパルID）は控えておく

7. サービスプリンシパルにロールを割り当てる。Azure Cloud Shell上で次のコマンドを実行する。<assigneeObject id>には先ほど控えておいたサービスプリンシパルIDを指定し、<subscription id>と<resource group name>は5.2.1項を参照して指定する

```
$ az role assignment create --role contributor --subscription <subscription id> \
--assignee-object-id  <assigneeObject id> --assignee-principal-type ServicePrincipal \
--scope /subscriptions/<subscription id>/resourceGroups/<resource group name>
```

5.2.1項で参照したサブスクリプションID、リソースグループ名とAzure Machine Learningワークスペース名は控えておく

8. フェデレーションID資格情報を作成するためのcredential.jsonを作成する。Azure Cloud Shell上で次のコマンドを実行する。<credential name>には任意の名前を指定し、<github username>と<repository name>は自身のGitHubのユーザー名と先ほどフォーク時に指定したリポジトリ名を指定する

```
$ cat > ./credential.json << EOF
{
    "name": "<credential name>",
    "issuer": "https://token.actions.githubusercontent.com",
    "subject": "repo:<github username>/<repository name>:ref:refs/heads/main",
    "description": "Testing",
    "audiences": [
        "api://AzureADTokenExchange"
    ]
}
EOF
```

9. 登録したアプリケーションに対して、フェデレーションID資格情報を作成する。Azure

9.3 Azure Machine LearningのMLOps機能

Cloud Shell上で次のコマンドを実行する。<app id>には先ほど控えたアプリケーションIDを指定する

```
$ az ad app federated-credential create --id <app id> --parameters credential.json
```

○ GitHubに資格情報を登録

先ほどフォークしたGitHubリポジトリにAzureで認証するための資格情報を登録します。

1. ブラウザを起動し、先ほどフォークしたGitHubリポジトリにアクセスする
2. [Settings]を選択し、[Actions]を選択、[New repository secret]を選択する（図9.38）

図9.38　新しいシークレットの作成

3. NameとSecretの値を入力し、[Add secret]を選択する（図9.39）。これを表9.4の記載分、繰り返す

235

第 9 章　MLOps の概要と実践

図9.39　シークレットの設定例

Actions secrets / New secret

Name *

AZURE_CLIENT_ID

Secret *

afcbb78f-

[Add secret]

表9.4　各シークレットの設定値

Name	Secret
AZURE_TENANT_ID	先ほど控えたテナント ID
AZURE_CLIENT_ID	先ほど控えたアプリケーション ID
AZURE_SUBSCRIPTION_ID	先ほど控えたサブスクリプション ID
AZURE_RESOURCE_GROUP_NAME	先ほど控えたリソースグループ名
AZURE_ML_WORKSPACE_NAME	先ほど控えた Azure Machine Learning ワークスペース名

登録後は**図9.40**のような画面になります。

図9.40　各シークレット登録後のイメージ

Secrets	Variables

Repository secrets　　　　　　　　　　　　　　　　[New repository secret]

Name ≡↑	Last updated		
🔒 AZURE_CLIENT_ID	1 hour ago	✏️	🗑️
🔒 AZURE_ML_WORKSPACE_NAME	now	✏️	🗑️
🔒 AZURE_RESOURCE_GROUP_NAME	now	✏️	🗑️
🔒 AZURE_SUBSCRIPTION_ID	36 minutes ago	✏️	🗑️
🔒 AZURE_TENANT_ID	35 minutes ago	✏️	🗑️

9.3 Azure Machine LearningのMLOps機能

◎ GitHub Actionsから学習パイプラインを実行

GitHubにAzureの資格情報を登録したので、GitHub Actionsから学習パイプラインを実行します。GitHub Actionsは、.github/workflows配下に学習パイプライン用のyamlファイルを作成して実行します。

onの値を持つワークフローは、ワークフローのリポジトリ内の任意のブランチにプッシュが行われるときに実行されます。**リスト9.5**の定義では、mainブランチのch9配下のソースコードがcommitされたときに実行されるトリガー設定にしています。

リスト9.5　.github/workflows/continuous-training.yml

```
name: Run Train jobs
on:
  push:
    branches:
      - 'main'
    paths:
      - ch9/**

permissions:
      id-token: write
      contents: read

jobs:
  job-deploy:
    runs-on: ubuntu-latest
    steps:
    - name: Checkout
      uses: actions/checkout@v3
    - name: az CLI login
      uses: azure/login@v1
      with:
        client-id: ${{ secrets.AZURE_CLIENT_ID }}
        tenant-id: ${{ secrets.AZURE_TENANT_ID }}
        subscription-id: ${{ secrets.AZURE_SUBSCRIPTION_ID }}
    - name: Install ML extension for az command
      run: az extension add -n ml -y
    - name: Create ML Job
      run: az ml job create -f ./ch9/registry/train-pipeline.yml -g ${{ secrets.AZUR
E_RESOURCE_GROUP_NAME }} -w ${{ secrets.AZURE_ML_WORKSPACE_NAME }}
```

jobsの中に実行するジョブを定義しており、ubuntuのマシン上でAzure CLIでログインし、Azure Machine Learningの拡張機能をインストール後、学習パイプラインを実行する内容にしています。

ch9内の任意のファイルを更新してcommitしてください。そうすると、GitHub Actionsが実

237

第9章 MLOpsの概要と実践

行され、学習パイプラインが実行されます (図9.41)。

図9.41　GitHub Actions実行後のイメージ

9.4　まとめ

　本章では、機械学習のライフサイクルの管理を自動化するためのプラクティスであるMLOpsの概要や、MicrosoftがMLOpsを実現するための取り組みを紹介したうえで、Azure Machine LearningのMLOps機能について解説しました。

　Azure Machine LearningのMLOps機能を活用すればプラットフォームとして機械学習のライフサイクル管理の自動化を実現できますが、実運用ではライフサイクルに関わるさまざまなロールや部門のメンバーとのコラボレーションやプロセスの整備も必要になります。そのため、Microsoftで提供している「MLOps成熟度モデル」も併用しながら、組織が人材、プロセスとプラットフォームの観点でどの段階にいて、どう改善していけば良いのかを見極めながら、継続的な改善を実現できる体制構築や文化の醸成を目指すことが重要です。

第 **3** 部

大規模言語モデルの
活用

||||||||||||||||||||||||||||||||

- ◎ 第 10 章　大規模言語モデルの概要
- ◎ 第 11 章　基盤モデルとモデルカタログ
- ◎ 第 12 章　プロンプトフローの活用
- ◎ 第 13 章　LLMOps への招待

- LLM（大規模言語モデル）の概要と、従来の機械学習との違いを
  解説
- モデルカタログ機能を活用して公開済みモデルの探索、デプロイ、
  ファインチューニングを体験
- AI・LLM アプリケーション開発に必要なプロンプトフロー機能を
  活用し、ワークフローを構築
- MLOps の進化形である LLMOps の概念を紹介

第**10**章 大規模言語モデルの概要

第**10**章 大規模言語モデルの概要

Azure Machine Learningは独自のデータを収集してモデルを構築するためのプラットフォームに加え、多種多様のデータをもとに構築された大規模言語モデル (LLM) などの基盤モデルを活用するための機能も搭載されています。本章では、LLMの基本的な概念について解説し、次章以降でAzure Machine LearningでのLLM活用に進む前の足固めを行います。

10.1 大規模言語モデルとは

大規模言語モデル (LLM) は、膨大なテキストデータをもとに学習し、人間のように自然な文章を生成するモデルです。これまでの自然言語処理の限界を超え、より精度高く、文脈を考慮したテキスト生成が可能です。代表的なモデルには、GPT (Generative Pretrained Transformer) がありますが、LLMの背後にはいくつか独自の技術的特徴があります。

10.1.1 LLMのテキスト生成の仕組み

LLMがテキストを生成する際、Transformerアーキテクチャがその中心的役割を果たしています。このアーキテクチャでは、自己回帰的な方法でテキストを生成します。具体的には、あるトークン (文字や単語、フレーズ) に基づいて、次に続くトークンを逐次予測していく形で文章を生成します (**図10.1**)。

図10.1 LLMがテキスト生成を行うイメージ

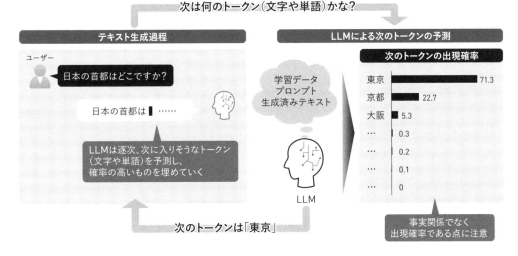

　たとえば、「日本の首都は」という入力が与えられた場合、モデルは次に続く単語として「東京」「京都」「大阪」などの可能性を考慮し、最も確からしい選択をします。こうした予測は、モデルが学習した膨大なテキストデータから得たパターンに基づいて行われるため、文脈に応じた自然な文章が生成されます。

10.1.2　LLMの「文脈理解」能力

　LLMが生成するテキストが人間らしく見える理由の1つは、文脈を理解する能力です。Transformerアーキテクチャでは、注意機構（Attention Mechanism）という仕組みが使われ、文中の単語同士の関連性を理解しています。これにより、長い文章や複雑な構造の中でも、文脈を正しくとらえて適切なトークンを生成できます。

　従来のモデルでは、文脈が長くなるほど、その文脈を維持することが困難でしたが、LLMは非常に長い文脈も保持しつつ、文脈に沿った自然な応答を生成することが可能です。

10.1.3　LLMの特徴

　LLMの主な特徴は、次のような点に集約されます。

◯ 多様なタスクに対応可能

　LLMは大規模なテキストデータをもとにした事前学習によって獲得された広範な言語知識と、ファインチューニングによって獲得されたさまざまタスクへの対応能力を持っています。これによってLLMは少数のタスクに縛られることなく、文章生成、質問応答、翻訳、要約など多様なタスクに対応できます。

第**10**章 大規模言語モデルの概要

○ スケーラビリティ

LLMはモデルのパラメーター数が増えるほど、その性能も向上します。大規模なモデルであるほど複雑なタスクを解決する能力が高まり、とくに数百億から数千億規模のパラメーターを持つモデルは非常に精度の高い生成が可能です。

○ 文脈内学習によるZero-shotおよびFew-shot学習

LLMはプロンプト内に与えられた「文脈」（例や指示）をもとに、新しいタスクを即座に理解して応答を生成する能力、つまり「文脈内学習（In-context Learning）」を持っています。この仕組みによって、次のような学習が可能になります。

- Zero-shot学習

  タスクに関する具体的な例を与えず、指示のみでタスクに対応する形式

  例：「この文を英語に翻訳してください。」

- Few-shot学習

  プロンプト内に少数の例を提示し、その文脈をもとにタスクを実行する形式

  例：「この文を英語に翻訳してください。」のあとに正解を含めた例文を2〜3個与える

とくに、OpenAIのGPTシリーズは、その性能向上とともにモデルの応用範囲が広がっています。GPT-3やGPT-4（その後継モデル含む）は簡単なプロンプトから非常に高度な文章生成や専門的な質問応答に対応できるほどの汎用性を持っています。このように、LLMは従来の機械学習モデルとは一線を画す汎用的な特徴を備えています。

10.1.4 ⋮ LLMの構築プロセス

LLMの学習プロセスは、大きく分けて事前学習、指示チューニング、人間のフィードバックによる強化学習（RLHF）の3つのステップから構成されます（**図10.2**）。事前学習に対し、指示チューニングとRLHFのステップをファインチューニングと表記することもあります[注10.1]。

注10.1 本来は指示チューニングとRLHFはともにファインチューニングに含まれる概念ですが、RLHFと区別して指示チューニングのステップをファインチューニングと記載している場合もあるため注意してください。

図10.2　LLMの学習プロセス

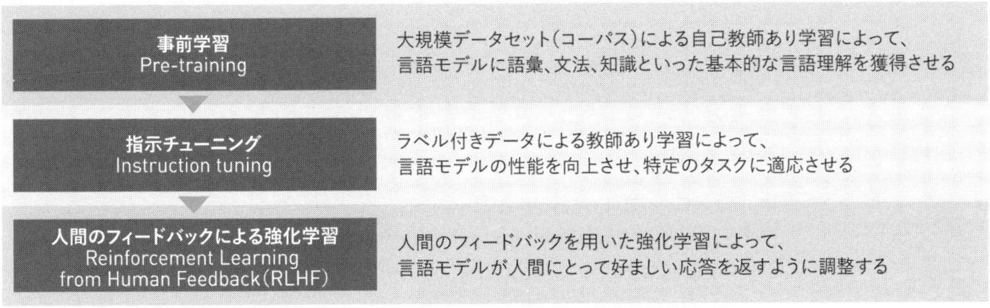

事前学習 Pre-training	大規模データセット（コーパス）による自己教師あり学習によって、言語モデルに語彙、文法、知識といった基本的な言語理解を獲得させる
指示チューニング Instruction tuning	ラベル付きデータによる教師あり学習によって、言語モデルの性能を向上させ、特定のタスクに適応させる
人間のフィードバックによる強化学習 Reinforcement Learning from Human Feedback（RLHF）	人間のフィードバックを用いた強化学習によって、言語モデルが人間にとって好ましい応答を返すように調整する

COLUMN

ユーザー独自のデータセットを使ったファインチューニング

　本文ではLLMを構築するステップ中でのファインチューニングを解説していますが、構築されたLLMをもとに、入出力形式を調整するためにユーザー独自のデータセットでさらにファインチューニングをする場合もあります。文脈によってファインチューニングが指している意味が変わることがあるので注意しましょう。

● 事前学習

　事前学習は、LLMの基盤を構築するための最初のステップです。このプロセスでは、膨大な量のテキストデータを使用してモデルを学習させます。事前学習の目的は、言語の基本的な構造やパターンをモデルに学習させることです。

- データセット
  事前学習には、インターネット上の公開データを中心にした大規模なテキストデータが使用される。代表例としては、書籍、記事、Webサイトなどの一般的な文章データ、ソーシャルメディアやカスタマーサービスのやりとり、フォーラムの会話などの会話データ、医療、金融、法律などの特定の分野に特化した専門分野のデータセット、GitHubなどのコードリポジトリで公開されているプログラミングコードのデータがある

- 学習方法
  基本的にはTransformerをベースにしたモデル構造を用いて、自己教師あり学習（Self-supervised learning）を行う。具体的には、次の単語を予測するタスクや、マスクされた単語を予測するタスクを通じてモデルを訓練する

　事前学習によって、モデルは言語の基本的な知識を獲得し、さまざまなタスクに対応できる基

第**10**章　大規模言語モデルの概要

盤が形成されます。

◯ 指示チューニング

　指示チューニング (Instruction tuning、Supervised fine-tuning とも呼ばれる) は、事前学習済みのLLMを特定のタスクに適応させるためのプロセスです。

- **目的**
  指示チューニングの主な目的は、特定のタスクに対するモデルの性能を向上させること。たとえば、カスタマーサポートのチャットボットを構築する場合、特定の業界や企業のFAQデータを使ってモデルを指示チューニングすることで、より適切な応答を生成できるようになる
- **データセット**
  指示チューニングには、特定のタスクに関連するラベル付きデータセットが使用される。たとえば、質問応答タスクの場合は、質問とその回答のペアが含まれるデータセットが必要。翻訳タスクの場合は、対応する言語の文ペアが含まれるデータセットが使用される
- **学習方法**
  指示チューニングは、事前学習済みモデルのパラメーターを微調整することで行われる。具体的には、タスクに関連するデータセットを用いてモデルを再学習し、モデルの出力がタスクに適したものになるように調整する

◯ 人間のフィードバックによる強化学習

　RLHF (Reinforcement Learning from Human Feedback、人間のフィードバックによる強化学習) は、指示チューニング済みのLLMをさらに改善するためのプロセスです。アライメントとも呼ばれます。

- **目的**
  RLHFの主な目的は、モデルが人間にとって好ましい応答 (出力が真実で、安全で、有益など) を返すように調整すること。これにより、モデルの応答がより自然で有用なものになる
- **データセット**
  RLHFには、人間のフィードバックが含まれるデータセットが使用される。たとえば、ユーザーがモデルの応答に対して評価を行ったデータが含まれる
- **学習方法**
  RLHFは、強化学習の手法を用いてモデルを調整する。具体的には、人間のフィードバックを報酬として使用し、モデルが高い報酬を得られるようにパラメーターを更新する

　RLHFによって、LLMは人間にとってより好ましい応答を生成することができ、実用的なアプ

244

リケーションにおいて高い性能を発揮します。

10.2 これまでの機械学習との違い

　従来の機械学習とLLM活用では、モデルの設計思想と活用方法が大きく異なります。従来の機械学習では、画像認識や音声認識といった特定のタスクごとに専用のモデルを設計し、そのタスクに特化したデータで学習させる必要がありました。一方、LLMは膨大な量のテキストデータで事前学習を行い、その結果として自然言語による指示だけで、プログラミング、翻訳、要約、質問応答など、さまざまなタスクに対応できる汎用的な能力を獲得します。このアプローチの違いにより、LLMは従来のMLと比べて、新しいタスクへの適用がより容易になっています。

　この節では、LLMがどのように従来の機械学習とは異なる概念であるかを解説し、最後にその背後にある「基盤モデル (Foundation Models)」という概念を紹介します。

10.2.1　タスクごとのモデル設計 vs. 汎用的なモデルの利用

　従来の機械学習では、各タスクに対して個別にモデルを設計し、学習させる必要がありました。たとえば、スパムメールを分類するモデルと、顧客の離脱予測を行うモデルは、それぞれ異なるアルゴリズムやデータセットを使用して訓練されます。

　一方で、LLMは事前に広範なデータを使って汎用的な知識を学習し、その後はファインチューニングやプロンプトエンジニアリング (後述) を通じてさまざまなタスクに適応できるようになります。この汎用性は、従来の機械学習に比べて大きなメリットであり、タスクごとにモデルを一から作成する必要がありません。LLMは一度学習された知識を使って、翻訳や要約、感情分析といった異なるタスクに柔軟に対応できます (図10.3)。

第10章 大規模言語モデルの概要

図10.3 従来の機械学習とLLM・基盤モデルの違い

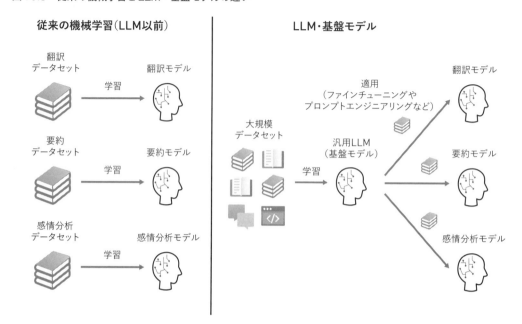

10.2.2 基盤モデル

　ここで登場するのが、「基盤モデル（Foundation Models）」という概念です。基盤モデルとは、LLMのように大規模なデータで事前学習され、さまざまなタスクに対応できる汎用的なモデルを指します。従来の機械学習は、個々のタスクに特化したモデルを作る必要がありましたが、基盤モデルにはその必要がありません。単一のモデルでありながら、翻訳、文章生成、質問応答、さらには画像認識など、非常に多様なタスクをこなすことができます。

　LLMは、基盤モデルの典型例として、特定のタスクに縛られることなく、多くのタスクに応用可能です。このように、LLMの強みは基盤モデルとしての性質にあり、従来の機械学習モデルとは異なるアプローチで、幅広いシナリオでの利用を実現しています。

　基盤モデルの詳細や、Azure Machine Learningのモデルカタログ機能を使った基盤モデルの活用については第11章で解説します。

10.2.3 推論フェーズの重要性

　LLMや基盤モデルの登場により、機械学習は学習フェーズ中心から推論フェーズ中心へと大きくシフトしています（図10.4）。

図10.4 機械学習は推論フェーズ中心へシフト

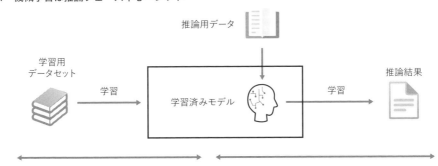

　これは、モデルの学習が完了したあとの推論フェーズにおける性能向上に重点が置かれるようになったことを意味します。学習フェーズでは、大量のデータを用いてモデルのパラメーターを調整しますが、推論フェーズでは、学習済みのモデルを用いて、新しいデータに対する予測や分類を行います。

　従来の機械学習モデルでは、各タスクごとに異なるモデルを訓練する必要があります。訓練においてはデータの規模に応じてモデルサイズや計算量が増加しますが、その規模は一般に限られています。ただ、タスクの数が増えるごとに訓練やデプロイのコストは増大し、運用面でも複数のモデルを管理するという手間がかかりました。

　一方、LLMは基盤モデルの一形態として、非常に大規模なパラメーター数を持ち、大量の計算リソースを必要とします。とくに、訓練には膨大な時間と計算能力が求められるため、初期のコストは高くなりがちです。しかし、基盤モデルの利点は、一度事前学習されたモデルを汎用的に再利用できることにあります。このため、長期的な視点で見ると、タスクごとに新たなモデルを作成する必要がない分、全体的なコストは抑えられることが多いです。

　さらに、クラウド環境では計算リソースを柔軟にスケールアップ／スケールダウンすることができるため、LLMの高い計算負荷も必要に応じて管理可能です。とくにAzure Machine Learningなどのプラットフォームでは、基盤モデルを効率的に利用できるインフラが整備されており、大規模なモデルでも実運用でのコスト効率を最大限に引き出すことが可能です。

　推論フェーズでモデル出力の性能を向上させるために、さまざまな技術が用いられています。たとえば、ファインチューニングやプロンプトエンジニアリングなどです。ファインチューニングは、学習済みのモデルを特定のタスクに合わせて微調整することです。プロンプトエンジニアリングは、モデルに適切な指示を与えることで、より良い推論結果を得るための技術です。

第10章 大規模言語モデルの概要

10.2.4 ⋮ プロンプトによるタスク指示

LLMを利用する際には、まずモデルに与える入力テキスト（プロンプト）を設計し、モデルに適切な指示を与えることで、期待される出力を得ます。たとえば、「次の文章を日本語に翻訳してください」といったプロンプトを用いることで、LLMはそのタスクを理解し、期待される出力を生成します。LLMの強みは、このプロンプトによって多様なタスクを簡単に切り替えられる点にあります。

プロンプトを変えることで、同じモデルを文章の翻訳、要約、質問応答、コード生成など、さまざまなタスクで利用できます。そして、このプロンプトを工夫することでLLMの出力精度向上を行う手法をプロンプトエンジニアリングと呼びます。

プロンプトエンジニアリングは、LLMや他の基盤モデルを効率的に利用するための重要なテクニックです。プロンプトによって、モデルがタスクを正確に理解し、期待される出力を生成できるかどうかが決まります。適切なプロンプトを設計することで、モデルの応答の精度や適切性が大幅に向上しますが、逆にあいまいなプロンプトや不適切なプロンプトを与えると、期待外れの結果を得ることもあります。

具体的なプロンプト設計では、タスクに応じてどのような文脈や指示を含めるかがポイントです。たとえば、「文章を要約して」と単に指示するのではなく、「重要なポイントに焦点を当て、300文字以内で要約してください」といった形で具体的に指示を与えることで、より精度の高い応答が得られます。さらに、プロンプトの文言を微調整することで、より詳細な要約や、特定の情報に焦点を当てた結果を得ることが可能です。

OpenAIの公式ドキュメント[注10.2]ではLLMからより良い出力を得るためのプロンプトエンジニアリングの戦略として次の6点を挙げています。

- 明確な指示を書く
- 参考文献を提供する
- 複雑なタスクをより単純なサブタスクに分割する
- モデルに「考える」時間を与える
- 外部ツールを利用する
- 変更を体系的にテストする

他にも、Microsoftの公式ドキュメント[注10.3]や、生成AIの研究コミュニティであるDAIR.AIか

注10.2 "Prompt engineering - OpenAI API" https://platform.openai.com/docs/guides/prompt-engineering
注10.3 「プロンプト エンジニアリングの概要」https://learn.microsoft.com/ja-jp/azure/ai-services/openai/concepts/prompt-engineering

らプロンプトエンジニアリングのガイド[注10.4]が公開されています。実際にLLMを利用していく際には参考にすると良いでしょう。

基盤モデルの汎用性を活かすためには、このようにプロンプトを柔軟に設計し、さまざまなタスクに適応させることが非常に効果的です。プロンプトしだいで、モデルの出力が劇的に変化するため、プロンプトエンジニアリングはモデルの性能を最大化するための重要な要素となります。

10.3 RAGワークフローの概要

LLMを外部知識と組み合わせて利用する代表的な手法として、RAG（検索拡張生成）があります。RAGは、LLMに学習されていない外部知識をナレッジベースから検索・取得し、その情報をもとに回答生成を行う手法です。図10.5にRAGワークフローの基本的な流れを示します。

図10.5 ナレッジベース上の外部知識をもとに回答生成を行うRAGワークフローの例

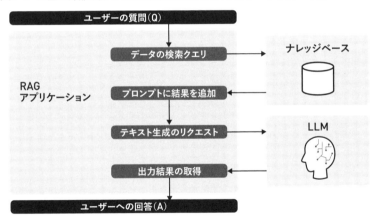

RAGワークフローの各ステップを見ていきましょう。

1. ユーザーの質問（Q）
   ユーザーがRAGアプリのUIから自然言語で質問を投げかける
2. データの検索クエリ
   入力された自然言語をもとに検索クエリーを作成する
3. ナレッジベース（情報検索）
   検索クエリーを利用して社内文章・データベースやWeb検索などのナレッジベースから関連する情報を検索・取得する

注10.4 "Prompt Engineering Guide" https://platform.openai.com/docs/guides/prompt-engineering

第**10**章　大規模言語モデルの概要

4. プロンプトに結果を追加

　　検索結果をユーザーの入力とともにLLMが利用するプロンプトに追加し、より正確で文脈に合った回答を生成するための入力情報とする

5. テキスト生成のリクエスト

　　このプロンプトをもとに、LLMに対して回答の生成をリクエストする

6. 出力結果の取得

　　LLMが出力した回答を受け取り、それをユーザーに提供する

7. ユーザーへの回答（A）

　　最終的に生成された回答がユーザーに返される

　RAGワークフローは、LLMと外部ツールを組み合わせて構成されるAIワークフロー（またはLLMワークフロー）の一例です。他にも次のようなワークフローのパターンがあります。

- LLMによるコード生成と実行環境の連携
- 画像認識とLLMを組み合わせたマルチモーダル処理
- 複数のLLMを連携させた多段階推論
- 外部APIと連携した情報収集・処理
- ユーザーとの対話的なフィードバックループ

　こういったAIワークフローは、Azure Machine Learningのプロンプトフローを使って効率的に構築・運用できます。プロンプトフロー機能を使ったRAGワークフローの構築については第12章で解説します。

COLUMN

RAGとファインチューニングの使い分け

　LLMに独自のデータを与えて回答を生成させたいという場合、RAGとファインチューニングの2つのアプローチがあることを耳にするかもしれません。ただ、これらは異なる特徴を持っているため、それぞれの特徴や考慮点を正しく理解し、用途に応じて使い分けることが重要です。

　ファインチューニングとは、ユーザーが用意した学習データを使ってモデルのパラメーターの一部を微調整し、モデルの挙動を変化させることです。これにより、モデルを特定のタスク（分類、要約、数値評価など）に特化させたり、特定の出力形式やトーンで応答させたりできます。

　ファインチューニングが利用できるケースとして、特定の口調でモデルに出力をさせるためのカスタマーサポートのチャットボット、ゲーム内キャラクターのセリフ生成、特定のキャラや有名人の口調をコピーするケースが考えられます。また、特定の文章形式でモデルに出力をさせられ

るため、契約書の自動生成、業務報告書やレポートの定型フォーマット、FAQの定型応答などのケースも考えられるかもしれません。

　一方、RAGはQ＆Aタスクに特化した手法で、情報検索のフェーズと回答生成のフェーズに分割されます。RAGのメリットとしては、引用元の情報を維持できる点や、Q&Aタスクにおいて、事実とは異なる情報を生成してしまう「ハルシネーション」が発生した場合に検索フェーズが原因なのか回答生成フェーズが原因なのかを切り分けることが可能な点が挙げられます。しかし、検索された情報の入力や回答形式の指示が必要なため、モデルへの入力が比較的大きくなることや、検索フェーズで時間がかかることがデメリットです。

　ファインチューニングのメリットとしては、プロンプトへの入力なしにモデルの出力を変化させられる点が挙げられます。しかし、学習用データの用意や更新にコストがかかることや、Q＆Aタスクでハルシネーションが発生した場合に原因の推測や改善が困難であること、モデルの性能が低下する可能性があることがデメリットです。

　RAGとファインチューニングにはそれぞれ異なる特徴が存在するため、両方の組み合わせも考えられます。たとえば、両方を組み合わせたイメージとして、特定のキャラクターが外部の知識をもとに検索・応答するシナリオを考えてみましょう（図10.A）。

図10.A　RAGとファインチューニングを組み合わせたイメージ

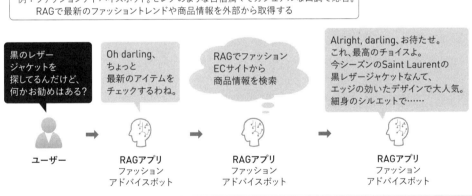

　ここではファッションアドバイスボットをイメージしています。ユーザーからの問い合わせに対してRAGで最新のファッショントレンドや商品情報を外部から取得し、ファインチューニングによってセレブのような自信満々でカジュアルな口調で応答するようになったモデルが回答を生成しています。

　Azure Machine Learningでのファインチューニングの利用方法については第11章で解説します。

10.4 LLMを活用したアプリケーション開発のライフサイクル

LLMを活用したアプリケーション開発のライフサイクルは、大きく分けて初期化、実験、評価と改善、運用の4つの段階に分かれます（図10.6）。

図10.6　LLMを活用したアプリケーション開発のライフサイクル

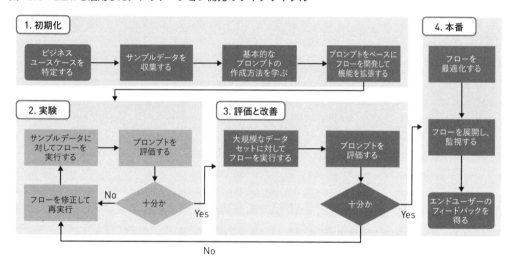

ライフサイクルの各段階について説明します。

10.4.1　初期化

初期化のフェーズでは、技術的なインパクトや実装の難易度をもとにビジネスユースケースを確定するところから始めます。ユースケースが確定したら、サンプルデータを収集し、そのユースケースが実現可能か、プロンプトを検証します。ある程度実現可能かどうかが確認できたら、そのプロンプトをベースにフローを開発します。

具体的には次のステップを踏みます。

- 目的の定義
  アプリケーションの目的を明確にし、達成したい成果を定義する
- サンプルデータの収集
  代表的なデータセットを収集し、アプリケーションの入力として使用する
- 基本プロンプトの作成
  初期のプロンプトを作成し、モデルに対する基本的な指示を設計する

- フローの設計

  プロンプトをもとにフローを設計し、アプリケーションの基本的な動作を定義する

10.4.2 ⋮ 実験

　実験のフェーズでは、サンプルデータに対してフローを実行し、プロンプトのパフォーマンスを評価します。もしもサンプルデータでのパフォーマンスが求められる基準を満たしていない場合は、フローの修正を行います。必要に応じて、フローの修正を何度か行い、結果に満足するまで継続的に実験を行います。

　具体的には次のステップを踏みます。

- フローの実行

  サンプルデータを用いてフローを実行し、期待される出力が得られるか確認する
- パフォーマンスの評価

  フローの出力を評価し、プロンプトやフローの改善点を特定する
- フローの修正

  必要に応じてプロンプトやフローを修正し、再度実行する
- 反復実験

  満足する結果が得られるまで、実験と修正を繰り返す

10.4.3 ⋮ 評価と改善

　評価と改善のフェーズでは、より大規模なデータセットに対してフローを実行し、フローのパフォーマンスを評価します。ここで満足できる結果が得られた場合は、次の段階に進みます。

　具体的には次のステップを踏みます。

- 大規模データセットでの評価

  フローを大規模なデータセットで実行し、一般化性能を評価する
- ボトルネックの特定

  パフォーマンスの低下やボトルネックを特定し、改善点を見つける
- フローの最適化

  特定した改善点をもとにフローを最適化し、再度評価する
- 反復評価

  必要に応じて評価と改善を繰り返し、フローの信頼性を高める

第10章　大規模言語モデルの概要

10.4.4 ⋮ 本番

　本番のフェーズでは、フローを最適化し、APIとしてデプロイします。デプロイ後はフローの入出力やパフォーマンスを監視し、フロー改善に役立てます。

　具体的には次のステップを踏みます。

- フローの最適化
  フローを効率的かつ効果的に動作するように最適化する
- エンドポイントへのデプロイ
  フローをエンドポイントにデプロイし、アプリケーションとして利用可能にする
- パフォーマンスの監視
  フローのパフォーマンスを監視し、使用データやユーザーフィードバックを収集する
- 継続的な改善
  収集したデータをもとにフローを継続的に改善し、アプリケーションの品質を維持する

　本番環境での運用を成功させるためには、LLMOpsの概念が重要です。LLMOpsは、LLMの開発と運用を高度化するための手法であり、継続的なデプロイメント、モニタリング、フィードバックループの確立を支援します。詳細については、第13章で解説します。

10.5 ⋮ まとめ

　本章では、LLMの基本的な概念について解説しました。LLMは多様かつ大量のデータで学習されており、タスクごとにモデルを学習させなくても、ファインチューニングやプロンプトエンジニアリングを通して幅広いタスクに利用できます。このため、これまでの機械学習と異なり、モデルの学習フェーズから推論フェーズへと重きが移ってきました。それと同時に、LLMへの入力をどう行うかのプロンプトエンジニアリングや、LLMと外部ツールを組み合わせてアプリケーションを構築するワークフローの概念も登場してきました。それらの登場に合わせ、機械学習の開発・運用を高度化するMLOpsも「LLMOps」といった形でますます高度になっています。ここからの章ではAzure Machine Learningを活用したLLM時代の機械学習について紹介していきます。

第11章 基盤モデルとモデルカタログ

高品質なテキスト生成を可能としたGPT-3の登場以来、多くの組織が独自に基盤モデルを開発し、公開モデル[注11.1]や独自のAPIサービスとして提供しています。Azure Machine Learningにはこうしたサードパーティの基盤モデルを利用しやすくするための仕組みとして、モデルカタログという機能が組み込まれています。モデルカタログを起点として、モデルを特定のタスクに特化させるファインチューニングジョブの実行や、サーバーレスAPIやマネージドオンラインエンドポイントによって基盤モデルによる推論結果を提供するためのエンドポイントの作成が可能です。本章では、第10章でも軽く触れた基盤モデルについて詳解したうえで、モデルカタログの概要について説明し、推論エンドポイントの展開とファインチューニングジョブの解説に進みます。

11.1 基盤モデルの概要

2022年に、テキスト入力に対してテキスト出力を行う大規模言語モデル (LLM) のAPIサービスが登場して以来、生成AIの応用範囲は拡大を続けています。Azureにおける生成AI提供サービスのコアはAzure OpenAI Serviceであり、OpenAI社が開発した強力なモデルを利用できます。一方でAzure Machine Learningはより汎用的な機械学習実行環境として設計されており、Azure OpenAI Serviceとは異なる方向性で生成AIを取り扱う機能が統合されており、LLMや生成AIよりも幅広い概念である基盤モデルを提供するプラットフォームの役割を意図した機能を備えています。

11.1.1 自己教師あり学習と基盤モデル

基盤モデルは、2021年にスタンフォード大学のワーキンググループによって提唱された概念[注11.2]です。基盤モデルの説明をするには、まずLLMがどのような学習を行っているかを理解する必要があります。

通常、機械学習を行うには何らかのタスクにおける入力と正解ラベルがセットになったデータセットを用意する必要があります。正解ラベルを得るには大量の人手を動員して正解ラベルを付与するといった、たいへんな手間を要するため、昨今の機械学習、とりわけ深層学習は、ある性能を達

注11.1　無償公開されているモデル。

注11.2　"On the Opportunities and Risks of Foundation Models" https://arxiv.org/abs/2108.07258

成するために必要な教師データをいかに減らすかという方向性でも発達してきました。

LLMの学習にはインターネットから取得した莫大なテキストデータが用いられています。適当なテキストを途中まで入力したとき、その次の単語が何であるかを予測させるタスクを大量に解くことによって強力なテキスト生成能力を実現しています（図11.1）。

図11.1　次単語予測による自己教師あり学習

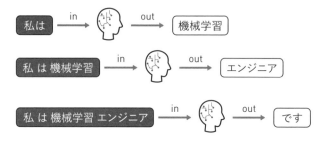

この方法であればデータの構造（単語と単語が連なった文という構造）がそのまま正解ラベルとして機能するため、コストをかけて人手で正解ラベルを付与する必要がなくなります。インターネットなどに大量に存在するテキストデータを学習データとして利用できるようになり、その結果としてLLMは極めて強力な推論性能を獲得しました。このデータ構造そのものを教師データとするアイデア、すなわち自己教師あり学習[注11.3]は強力かつ汎用的で、画像や音声などのテキスト以外の種類のデータでも頻繁に用いられるようになりました。

LLMだけでなく、テキストに加えて画像や音声なども同時に取り扱えるようになったマルチモーダルAI、テキストから画像生成や音声生成を行うモデルなど、自己教師あり学習により極めて大規模な事前学習を行ったことで高い性能を実現したモデルが次々と登場しています。これらのモデルは、1つのモデルに対して何らかのチューニングを施すことで多様なタスクに適応させることが可能です。このようなマルチタスクに対応可能な性質を持つモデルを総称して基盤モデルと呼びます。

ただし2024年11月時点で、あらゆるデータ種別の入出力に対応した「万能基盤モデル」とでも呼ぶべきモデルは存在しません。基盤モデルは発展途上であり、表11.1のように現時点では限られた入出力形式にとどまっています。解決したいタスクに合わせて適合する入出力形式を持つ基盤モデルを選び、利用することになります。

注11.3　厳密に言えば、自己教師あり学習はラベルが付与されていないデータに対して疑似ラベルを付与して行う学習全般を指します。単純にデータの構造をラベルとする手法以外にも、データに対して何らかの加工を行ったあとにその加工を取り除くような方法や、対照学習のようにデータの関係性を正解とする方法などが存在します。

11.1　基盤モデルの概要

表11.1　基盤モデル

モデル名	入力	出力	対応タスク
GPT-4o	テキスト、画像、音声	テキスト、画像、音声	テキストチャット、コード生成、音声による会話、画像生成、風景や画像の説明など
Llama 3.2	テキスト、画像	テキスト	テキストチャット、コード生成、風景や画像の説明など
CLIP	テキスト、画像	ベクトル	テキストによる画像検索、画像分類など
Stable Diffusion (+CLIP)	テキスト、画像	画像	画像精製、画風変換、画像修正など
Whisper	音声	テキスト	99ヵ国の言語の文字起こし
Segment Anything Model	画像	座標	画像セグメンテーション（切り抜き、矩形切り抜き、セマンティックセグメンテーションなど）

COLUMN

ライセンスと機械学習モデル

　モデルカタログ経由で公開されている各種モデルには、それぞれ開発元によりライセンスが設定されています。たとえば、MicrosoftのPhi-3ファミリーであればMITライセンスとなっているためほぼほぼ自由に利用できますが、Llama 3ファミリーであればMeta Llama 3 Community Licenseという、月間アクティブユーザーが7億人以下の場合に限って無償で利用できる独自の商用ライセンスが付与されています。サーバーレスAPIにせよマネージドオンラインエンドポイントにせよ、アプリケーションに組み込む場合にはどのような条件下でモデルが提供されているかをよく確認しておきましょう。

11.1.2　⋮　ファインチューニングとは

　基盤モデルはさまざまなタスクに適用できるモデルとして設計されていますが、チューニングなしに適用できるタスクはそう多くはありません。たいていの場合、解きたいタスクのデータセットを使用した何らかのチューニングが必要になります。LLMの場合はIn-context Learning（文脈内学習）[注11.4] という選択肢がありますが、In-context Learningではチューニングが不十分であったり、そもそもIn-context Learningという選択肢を選べないようなモデルの場合、ファインチューニング（微調整）が必要となります。

　ファインチューニングは事前学習済みモデルのすべてもしくは一部に対して、追加のデータセットを利用して何らかのタスクに特化させる目的で行う学習です。正解ラベル付きデータセットを用意し、推論結果と正解ラベルの差分を計算、その差分を使用してモデルを徐々に更新するとい

注11.4　Few-shot learningのようなサンプルデータの提示や詳細なプロンプト指示など、学習を伴わず入力の調整によって出力を調整する技法の総称。

うプロセスをたどります。基本的に事前学習と同様ですが、データセットが小規模である点、パラメーターの更新幅に影響する学習率としてかなり小さい値がセットされることが多い点、（必ずではないが）モデルの全体ではなく一部のみを更新対象とする場合がある点など、差異があります。

通常、ファインチューニングを行うにはまず正解ラベル付きデータセットを用意し、学習用の計算リソースを用意したうえで学習用の実装を行う必要が生じます。加えて、学習したモデルをシステムに組み込める形にデプロイする必要があります。ただこの方法は、APIを利用する場合と比べれば人的にも経済的にもコストがかかります。タスクによってはAzure Machine Learningによって正解ラベルの付与を補助したり、マネージドの計算リソースやノーコードジョブを使ったり、APIデプロイの機能を利用したりすることで手間を大きく削減できますが、ファインチューニングを行う場合はこうしたコストを検討のうえで実施する必要があります。

11.2 モデルカタログの概要

モデルカタログはAzure Machine Learning内の基盤モデルを提供する仕組みです。モデルをホストしてノートブックから利用できることはもちろん、一部モデルについてはファインチューニングや推論環境構築をAzure Machine Learning上で簡単に行うための機能が組み込まれています（図11.2）。

図11.2　モデルカタログの画面

モデルカタログは複数のコレクションから構成されており、大まかには以下3種類の性質の異なるコレクションからなります。

- Azure AIによってキュレーションされたモデル
  Azure上でシームレスに動作するようにパッケージ化されたモデル
- Azure OpenAIのモデル
  Azure OpenAI Service上で提供されているモデル
- Hugging Face Hubのモデル
  Hugging Face Hub上で提供されている多数のモデル

11.2.1 Azure AIによってキュレーションされたモデル

「Azure AIによってキュレーションされたモデル」は、Microsoftが選んだモデルのコレクションです。右上にチェックマークが付いているモデルが該当します(**図11.3**)。

図11.3　Azure AIによってキュレーションされたモデル

「Azure AIによってキュレーションされたモデル」にはさらにモデルを開発した会社ごとの細かい分類があります。2024年11月現在、OpenAI社以外に**表11.2**に挙げる20社のモデルが含まれています。

第11章 基盤モデルとモデルカタログ

表11.2 Azure AIによってキュレーションされたモデルの開発元

会社名	概要
Microsoft	Windows、OfficeなどのソフトウェアやパブリッククラウドのAzureの開発と販売を行うアメリカの企業
Meta	Facebook、Instagram、WhatsAppなどのSNSの運営を行うアメリカの企業、機械学習を含む研究開発への支出は世界3位
Mistral AI	モデルカタログ上は「Mistral」表記。Meta、Googleなどの元社員によって設立された、LLMの開発を行うフランスのスタートアップ企業
NVIDIA	半導体、とくにGPUの設計開発を行うアメリカの企業、データセンターGPU市場においては9割のシェア
AI21 Labs	自然言語処理システムの開発を行うイスラエルのスタートアップ企業
Deci AI	深層学習モデルの開発を行うイスラエルのスタートアップ企業、NVIDIA傘下
Nixtla	時系列データに特化したアメリカのスタートアップ企業
Inceptional AI	モデルカタログ上は「JAIS」表記。最先端のAI開発を行うアラブ首長国連邦の企業、AI開発を行う企業グループであるG42傘下
Cohere	LLMおよび関連する機械学習モデルの開発を行うカナダのスタートアップ企業
Databricks	Apache Sparkの主要開発者らによって設立された、データ分析プラットフォーム「Databricks」の開発と販売を行うアメリカのスタートアップ企業
Snowflake	元Oracleのデータアーキテクトらによって設立された、データ分析プラットフォーム「Snowflake」の開発と販売を行うアメリカのスタートアップ企業
Saudi Data and AI Authority	モデルカタログ上は「SDAIA」表記。AIの研究開発を行うサウジアラビアの政府機関
Paige AI	デジタル病理診断システムを開発するアメリカのスタートアップ企業
Bria	信頼できるライセンスコンテンツのみを利用した画像生成AIの開発を行うイスラエルのスタートアップ企業
NTT DATA	データ通信やシステムインテグレーション (SI) を行う日本の企業、日本国内SI事業で売上高首位
Saifr	金融機関向けのマーケティングをサポートするシステムを開発するアメリカの企業、金融サービス大手Fidelity傘下
Rockwell Automation	モデルカタログ上は「Rockwell」表記。産業オートメーションを実現するシステムを開発するアメリカの企業
Bayer	化学工業および製薬事業を行うドイツの企業。19世紀末にアスピリンの製造法を確立
Cerence	自動車向けAIアシスタント開発を行うアメリカの企業。後にMicrosoft傘下となるNuanceからスピンアウト
Sight Machine	製造業特化のデジタルソリューションの開発と販売を行うアメリカのスタートアップ企業

　公開モデルについてはマネージドオンラインエンドポイントへのノーコードデプロイをサポートしており、一部モデルについてはノーコードファインチューニング (微調整) や後述するサーバーレスAPIをサポートしています (図11.4)。

図11.4 モデルカタログ上のPhi-3

11.2.2 Azure OpenAIのモデル

　Azure OpenAIのモデルは一応、区分け上はAzure AIによってキュレーションされたモデルに該当しますが、Azure OpenAI Service上で提供される都合上、振る舞いや性質が異なっています。モデルのデプロイなどの一部操作についてはAzure Machine Learning経由でも行えるようになっており、Azure Machine LearningはAzure OpenAI Serviceのインターフェースとして機能します（**図11.5**）。

図11.5 モデルカタログ上のGPT-4o

11.2.3 : Hugging Face Hubのモデル

Hugging Face Hubのモデルは、機械学習モデルを共有するプラットフォームであるHugging Face上で公開されているモデルを提供する仕組みです。世界中、多数の個人や組織の手によって作られ、Hugging Face上で公開されたモデルを利用できます。多くのモデルについてマネージドオンラインエンドポイントへのノーコードデプロイをサポートしています。

モデルカタログ上のモデルは2024年11月時点で1,800を超えており、今なお増加し続けています。Azure AIによってキュレーションされたモデルであれば公式ドキュメント[注11.5]およびMicrosoft Tech Communityのブログ[注11.6]を参照することで最新の情報を入手可能です。Hugging Face Hubのモデルについては、実際にモデルカタログを確認して目当てのモデルが存在するか確認する必要があります。

11.3 : 基盤モデルのデプロイ

モデルカタログで提供されている基盤モデルを利用して推論環境を構築する方法として、サーバーレスAPIとマネージドオンラインエンドポイントへのデプロイの2種類の方法がサポートされています。

11.3.1 : サーバーレスAPI

サーバーレスAPIは、Azure AIによってキュレーションされたモデルに含まれるコレクションの、さらに一部モデルで提供されているデプロイの選択肢です。Model-as-a-Service (MaaS) とも呼ばれています。

サーバーレスAPIとして提供されているモデルはMicrosoft管理下のGPUクラスター上にホストされ、推論のためのAPIが提供されます。APIへの入出力トークン数に対する従量課金で利用することが可能です。後述のマネージドオンラインエンドポイント上にデプロイする場合、モデルの利用頻度に依らずホストに使用しているインスタンスを立ち上げている限り課金が発生しますが、サーバーレスAPIの場合はAzure OpenAI Service同様、純粋に使用したトークン量に対する課金となります。

サーバーレスAPIに対応しているモデルは2024年11月時点で表11.3のとおりです。

注11.5 「モデルカタログとコレクション」
https://learn.microsoft.com/ja-jp/azure/machine-learning/concept-model-catalog?view=azureml-api-2

注11.6 "AI - Machine Learning Blog | Microsoft Community Hub"
https://techcommunity.microsoft.com/category/ai/blog/machinelearningblog

11.3 基盤モデルのデプロイ

表11.3　サーバーレスAPI対応モデル

提供元	モデル名	対応タスク	リージョン
Microsoft	Phi-3-Mini-4k-Instruct Phi-3-Mini-128K-Instruct Phi-3-Small-8K-Instruct Phi-3-Small-128K-Instruct Phi-3-Medium-4K-Instruct Phi-3-Medium-128K-Instruct Phi-3.5-MoE-Instruct Phi-3.5-Mini-Instruct	テキストを入力とするチャット	East US 2 Sweden Central
	Phi-3.5-vision-Instruct	画像およびテキストを入力とするチャット	
Meta	Llama 27B Llama 2 13B Llama 2 70B	テキスト生成	East US East US 2 North Central US South Central US Sweden Central West US West US 3
	Llama 2 7B Chat Llama 2 13B Chat Llama 2 70B Chat Llama 3.1 8B Instruct Llama 3.1 70B Instruct Llama 3.1 405B Instruct Llama 3 8B Instruct	テキストを入力とするチャット	
Mistral AI	Mistral Nemo Mistral Small Mistral Large (2402) Mistral-Large (2407)	テキストを入力とするチャット	
AI21 Labs	AI21-Jamba-1.5-Mini	テキストを入力とするチャット	
Nixtla	TimeGEN-1	多変量の時系列データを入力とする時系列予測	
Inceptional AI	JAIS 30B	テキストを入力とするチャット（アラビア語／英語）	
Cohere	Cohere Command R+08-2024 Cohere Command R 08-2024 Cohere Command R+ Cohere Command R	テキストを入力とするチャット	
	Cohere Rerank 3 - English Cohere Rerank 3 - Multilingual	リランキング（クエリと候補ドキュメント群を入力としたときの各ドキュメントのクエリ類似度出力）	
	Cohere Embed 3 - English Cohere Embed 3 - Multilingual	画像およびテキストのベクトル変換	
Bria	Bria-2.3-Fast	テキストを入力とする画像生成	East US 2
NTT DATA	tsuzumi-7b	テキストを入力とするチャット（日本語／英語）	East US East US 2 North Central US South Central US West US West US 3

263

テキスト生成モデルやチャットモデルがほとんどですが、予測と異常検知モデルであるTimeGEN-1やEmbeddingモデルである「Cohere Embed 3 - Multilingual」、検索エンジンの性能改善に用いるリランキングモデルである「Cohere Rerank 3 - Multilingual」など、多様なモデルに対応しています。

サーバーレスAPIはモデル提供リージョンに制約があり、使いたいモデルと同じリージョンにAzure Machine Learningワークスペースを用意する必要があります。対応モデル、提供リージョンともに継続的に更新されているため、公式ドキュメント[注11.7]や度々モデルの更新情報を掲載するMicrosoft Community HubのAI - Machine Learning Blog[注11.8]で最新の情報を確認してください。

○ サーバーレスAPIのデプロイ手順

ここでは例として、Cohereが提供するCommand R+のサーバーレスAPIをEast US2リージョンでデプロイします。

モデルカタログからモデルを選択します。コレクションから「Cohere」を選択するとCohereのモデルを絞り込んで表示できます (図11.6)。

図11.6　Cohereのモデル一覧

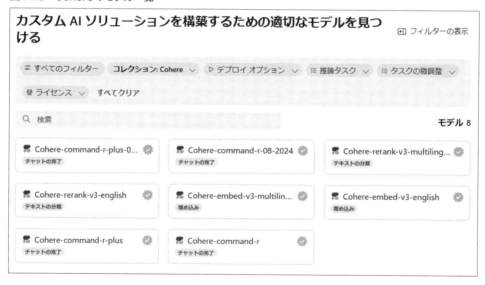

今回は最新の「Cohere-command-r-plus-08-2024」を使用します。

注11.7　「サーバーレスAPIエンドポイントのモデルが利用できるリージョン」https://learn.microsoft.com/ja-jp/azure/machine-learning/concept-endpoint-serverless-availability?view=azureml-api-2

注11.8　"AI - Machine Learning Blog" https://techcommunity.microsoft.com/category/ai/blog/machinelearningblog

モデルを開くと、一通りのモデルの説明が記述されています。サーバーレスAPIの対応リージョンにデプロイしたAzure Machine Learningワークスペースから開いていると、サーバーレスAPIの部分にトークンあたりの価格が表示されます。［デプロイ］ボタンを押すとデプロイ手順に進みます（図11.7）。

図11.7　Cohere-command-r-plus-08-2024

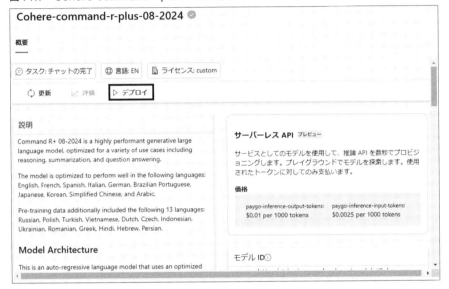

Cohereなど、Microsoft以外の会社のモデルについては原則Azure Marketplace経由での提供となり、Azureとは別の使用条件が課されます。［サブスクライブとデプロイ］ボタンを押して進めます（図11.8）。

図11.8 デプロイ手順(その1)

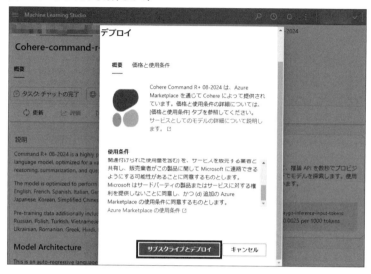

余談ですが、Microsoftが提供しているPhi-3ファミリーのモデルの場合はファーストパーティの従量課金サービスとして提供され、位置づけがやや異なります。

次の画面では、デプロイ名の指定とコンテンツフィルターの設定を行うことができます(図11.9)。

図11.9 デプロイ手順(その3)

デプロイ名はAPIのFQDNの一部に使用されます。コンテンツフィルターは有害な応答を検知して排除するためのAzureサービスで、サーバーレスAPIとして提供されているモデルの出力

に対してシームレスにフィルタリングをかけることが可能[注11.9]です。コンテンツフィルターの設定はデプロイ後に随時切り替えることができます。

　デプロイ結果は［エンドポイント］の［サーバーレスエンドポイント］タブから確認できます。サーバーレスAPIのコンテンツフィルターの設定切り替えやアクセス時に使用するAPIキーの取得、エンドポイントの確認、簡単なテストなどを行うことができます（図11.10）。

図11.10　デプロイ手順（その4）

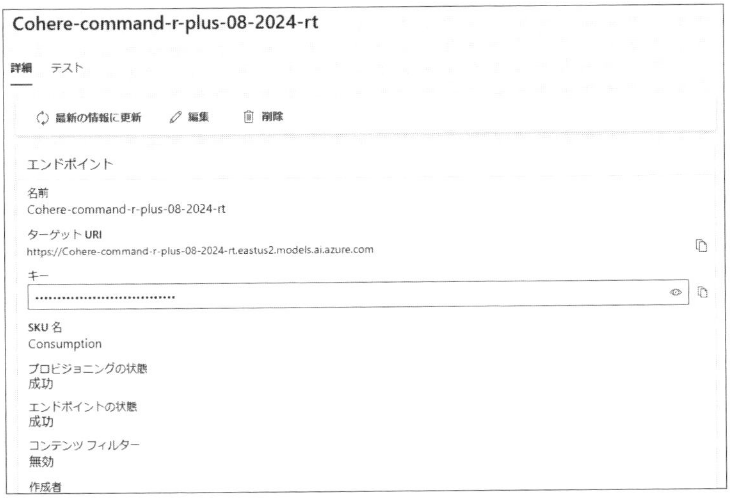

COLUMN

Azure AI Content Safety

　サーバーレスAPIのコンテンツフィルターの正体は、Azure AI Content Safetyというサービスです。このサービスは有害なAI生成物を検出するためのサービスであり、ヘイトと公正性、性的、暴力、自傷行為に関連するコンテンツを検知し、防ぐことが可能となります。

　コンテンツフィルターはサーバーレスAPIとは別の課金となり、1,000テキストレコード（1テキストレコードあたり最大1,000文字）に対しておおよそ50円の課金となります。実際の金額は為替レートなどによっても変動しますので、最新の情報はドキュメント[注11.A]から確認してください。

注11.A　「Azure AI Content Safetyの価格」
　　　　https://azure.microsoft.com/ja-jp/pricing/details/cognitive-services/content-safety/

注11.9　2024年11月時点ではパブリックプレビュー。

第**11**章　基盤モデルとモデルカタログ

● Python SDK によるサーバーレス API 利用

実際にデプロイしたサーバーレス API に対しては、通常の HTTP リクエストによるアクセス[注11.10] も可能ですが、Python、.NET、JavaScript などの SDK を利用してアクセスすることも可能です。アプリケーションに組み込む場合はいずれかニーズに合うほうを選ぶと良いでしょう。なお、現時点で SDK は各言語ともに beta の位置づけとなっており、開発の度合いについては各言語で大きな差があります。ここでは Python の azure-ai-inference v1.0.0b4[注11.11] を使用します。

まずは環境構築を行います。本書リポジトリのサンプルコードと、Azure Machine Learning 内の VS Code のターミナルをお使いください。

```
$ conda env create -f ch11/conda.yaml
$ conda activate azureml-book-ch11-env
$ ipython kernel install --user --name=azureml-book-ch11-env
```

実際の利用時にはアプリケーションの構成に応じた環境構築を行う必要がありますが、今回は動作テストということで conda を利用してノートブックから実行します。

ch11/conda.yaml の中身は**リスト11.1**のようになっています。

リスト11.1　conda.yaml

```
name: azureml-book-ch11-env
channels:
- defaults
dependencies:
- python=3.11
- ipykernel
- pip
- pip:
  - azure-ai-inference==1.0.0b4
  - azure-ai-ml==1.20.0
  - azure-identity==1.18.0
  - python-dotenv==1.0.1
  - pandas==2.2.3
  - datasets==3.0.1
```

続いて、エンドポイントとキーの情報を入手します。[エンドポイント] - [サーバーレスエンドポイント] とたどっていくと、デプロイされたサーバーレス API の情報を表示するページを開くことができます。エンドポイントはこのうち [ターゲット URI]、キーは [キー] となります (**図11.11**)。

....
注11.10　"Azure AI Inference client library for Python"
　　　　　https://learn.microsoft.com/en-us/python/api/overview/azure/ai-inference-readme?view=azure-python-preview
注11.11　「Azure AI Model Inference API」
　　　　　https://learn.microsoft.com/ja-jp/azure/ai-studio/reference/reference-model-inference-api?tabs=python

図11.11　エンドポイントとキーの情報

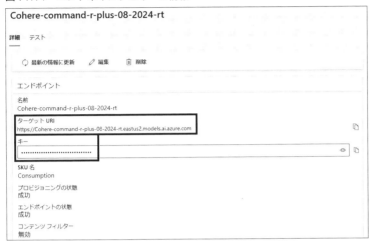

　これらをコピーしておき、ch11/.env_sampleをコピーしてch11/.envを作成したうえで、**リスト11.2**のようにペーストします。

リスト11.2　.env

```
SERVERLESS_API_ENDPOINT=https://Cohere-command-r-plus-08-2024-rt.eastus2.models.ai.azure.com
SERVERLESS_API_KEY=<取得したキー>
```

　続いてノートブックからAPIを呼び出します。まずは必要なパッケージなどをimportします（**リスト11.3**）。

リスト11.3　ライブラリの読み込み

```
import os
from azure.ai.inference import ChatCompletionsClient
from azure.ai.inference.models import SystemMessage, UserMessage
from azure.core.credentials import AzureKeyCredential
from dotenv import load_dotenv
```

　続いてclientインスタンスを作成します。このとき、.envから読み込んだエンドポイントおよびキーを使用しています（**リスト11.4**）。

リスト11.4　clientの作成

```
load_dotenv()

endpoint = os.environ.get("SERVERLESS_API_ENDPOINT")
key = os.environ.get("SERVERLESS_API_KEY")
```

第11章 基盤モデルとモデルカタログ

```python
client = ChatCompletionsClient(
    endpoint=endpoint,
    credential=AzureKeyCredential(key)
)
```

最後にAPIを呼び出します(**リスト11.5**)。

リスト11.5 APIの呼び出し

```python
response = client.complete(
    messages=[
        SystemMessage(content="あなたはAzure Machine Learningのエキスパートエージェントです。"),
        UserMessage(content="Azure Machine Learningについて説明してください。"),
    ]
)

print(response["choices"][0]["message"]["content"])
```

以下のように応答が返ってこれば成功です。なお、Cohereのモデルは後ろが切れやすい傾向があるようです。

'Azure Machine Learning (Azure ML) は、Microsoftが提供するクラウドベースの機械学習および人工知能(AI) サービスです。データサイエンティストやAI専門家が機械学習モデルを開発、トレーニング、デプロイするための包括的なプラットフォームを提供します。\n\nAzure MLは、機械学習ワークフローのあらゆる段階を簡素化し、自動化することを目的としています。ユーザは、データの準備、モデルのトレーニング、実験の管理、モデル'

サーバーレスAPIはServer-sent Event (SSE) によるストリーム出力にも対応しています。ストリームとして出力させたい場合は、`client.complete`の引数に`stream=True`を追加します(**リスト11.6**)。

リスト11.6 API呼び出し(ストリーム)

```python
response = client.complete(
    stream=True,
    messages=[
        SystemMessage(content="あなたはAzure Machine Learningのエキスパートエージェントです。"),
        UserMessage(content="Azure Machine Learningについて説明してください。"),
    ]
)

for update in response:
    print(update.choices[0].delta.content or "", end="", flush=True)
```

`client.complete`は`stream`以外にも`temperature`や`max_tokens`など、LLMではメジャーな引数を一通りサポートしています。

270

11.3 基盤モデルのデプロイ

COLUMN

Azure AI Inference SDK

Azure OpenAI Service を利用したことがある方は気づいたかもしれませんが、azure-ai-inferenceのインターフェースはAzure OpenAI Serviceとほぼ同一です。azure-ai-inferenceパッケージは汎用的に推論をこなせるように設計されており、Azure OpenAI Serviceのモデルを使用した推論にも使用できるようになっています。

より詳細には、Azure AI Inference SDK は Azure AI Model Inference API を呼び出すためのSDKの位置づけです。Azure AI Model Inference APIはAzureにおける生成AIの標準的なAPIで、テキスト生成やチャット、Embeddingなど典型的な生成AIの推論処理をサポートしています。Azure OpenAI Service、サーバーレスAPI、マネージドオンラインエンドポイントのうち、対応タスクを担うモデルをデプロイした場合についてはAzure AI Model Inference APIをサポートするため、同じSDKを使用してアクセスできるという事情です。

マネージドオンラインエンドポイントについてはややわかりにくいですが、swagger.json内にエンドポイントの詳細が記述されています。「チャットの完了」タスクをこなすモデルのswagger.jsonを確認すると`https://<endpoint_name>.<region>.inference.ml.azure.com/chat/completions`というエンドポイントを備えており、POSTメソッドでリクエストを受け付けることがわかります。

11.3.2 ⋮ マネージドオンラインエンドポイントへのノーコードデプロイ

マネージドオンラインエンドポイントはAzure Machine Learningのオンライン推論環境を構築するための仕組みです。機能詳細については第8章で解説していますので、そちらも併せて確認してください。

Azure AIによってキュレーションされたモデルのうち、公開モデルではないモデルを除く各種モデル（Phi-3、Llama 3、Mixtralなど）と大半のHugging Faceのモデルについては、マネージドオンラインエンドポイントへデプロイすることが可能です。画像セグメンテーションの基盤モデルであるSegment Anything Modelやテキストから画像を生成する基盤モデルであるStable Diffusion などもマネージドオンラインエンドポイントによってAzure Machine Learning内で利用可能となります。

マネージドオンラインエンドポイントを使う場合、使用しているインスタンスを起動している限り課金が発生します。たいていの場合はサーバーレスAPIのほうがコストメリットが大きいかと思いますが、APIの使用量が大きい場合には費用を安く抑えたりコストを固定できたりという利点があります。

271

第**11**章　基盤モデルとモデルカタログ

○ マネージドオンラインエンドポイントへのノーコードデプロイ手順

　マネージドオンラインエンドポイント上に基盤モデルをデプロイする場合、基本的にはGPU
を搭載したインスタンスのクォーターが必要となります。A100を搭載したStandard_
NC24ads_A100_v4などのAzure Machine Learning向けのGPUインスタンスのクォーターを
申請し、確保しておいてください。

　ここでは例としてMeta-Llama-3-8B-InstructをJapan Eastリージョンでデプロイします。マ
ネージドオンラインエンドポイントの場合はサーバーレスAPIと異なり、インスタンスのクォー
タさえ確保できているならどのリージョンでもデプロイできます。

　モデルカタログからモデルを選択します。コレクションから「Meta」を選択するとMetaのモ
デルを絞り込んで表示できます（**図11.12**）。

図11.12　Metaのモデル一覧

　今回は「Meta-Llama-3-8B-Instruct」を使用します。モデルを開くと、一通りのモデルの説明
が記述されています。「デプロイ」ボタンを押すとサーバーレスAPIとマネージドオンラインエ
ンドポイントへのデプロイの双方に対応したモデルであるため、サーバーレスAPIとマネージド
オンラインエンドポイントへのデプロイの2つの選択肢を提示されます。［Azure AI Content
Safetyを使用しないマネージドコンピューティング］を選択します（**図11.13**）。

272

図11.13 ［Azure AI Content Safetyを使用しないマネージドコンピューティング］を選択

エンドポイント名やインスタンスサイズ、その台数を指定するウィザードが表示されます。適切なインスタンスとその台数を指定し、スクロールして［デプロイ］ボタンを押すとデプロイが始まります（図11.14）。

図11.14 デプロイの設定

第**11**章　基盤モデルとモデルカタログ

デプロイには10〜15分程度の時間がかかります。また先述のとおり、デプロイ後は使っていなくても立ち上がっている限り課金が発生します。GPUインスタンスの課金は高額ですので、利用しないことがわかったタイミングで削除するようにしましょう。

◯ **マネージドオンラインエンドポイントを使用した推論**

チャットモデルをデプロイしたので、サーバーレスAPIと同様にPythonのazure-ai-inference v1.0.0b4を使用します。

まずはエンドポイントとキーを取得します。[エンドポイント]の[リアルタイムエンドポイント]タブにデプロイされたマネージドオンラインエンドポイントがリストとして表示されています。対象のマネージドオンラインエンドポイントを開き、[使用]タブを開くとエンドポイントとキーを取得することができます（**図11.15**）。

図11.15　マネージドオンラインエンドポイントのエンドポイントとキー

エンドポイントの形式に注意してください。マネージドオンラインエンドポイントをAzure Machine Learningスタジオ上で確認すると https://<endpoint_name>.<region>.inference.ml.azure.com/score というエンドポイントを、コピー可能なエンドポイントとして提供していますが、Azure AI Inference SDKを使用する際には /score は不要です。

取得したエンドポイントとキーを.envファイルに追記します（**リスト11.7**）。

リスト11.7　.env

```
MOE_ENDPOINT=https://<endpoint_name>.<region>.inference.ml.azure.com
MOE_KEY=<取得したキー>
```

SDKの使用方法はサーバーレスAPIと完全に同様です。サーバーレスAPIもマネージドオン

11.3 基盤モデルのデプロイ

ラインエンドポイントもAzure AI Model Inference APIを備えるため、同様の操作が可能という事情に依ります。サーバーレスAPI同様マネージドオンラインエンドポイントもストリーム出力に対応しています（**リスト11.7**）。

リスト11.7　Python SDK を使用した推論

```python
import os
from azure.ai.inference import ChatCompletionsClient
from azure.ai.inference.models import SystemMessage, UserMessage
from azure.core.credentials import AzureKeyCredential
from dotenv import load_dotenv

load_dotenv()

endpoint = os.environ.get("MOE_ENDPOINT")
key = os.environ.get("MOE_KEY")

client = ChatCompletionsClient(
    endpoint=endpoint,
    credential=AzureKeyCredential(key)
)

stream=True

response = client.complete(
    stream=stream,
    messages=[
        SystemMessage(content="あなたはAzure Machine Learningのエキスパートエージェントです。"),
        UserMessage(content="Azure Machine Learningについて説明してください。"),
    ]
)

if stream:
    for update in response:
        print(update.choices[0].delta.content or "", end="", flush=True)
else:
    print(response["choices"][0]["message"]["content"])
```

以下のように応答が返ってこれば成功です。

Azure Machine LearningはMicrosoft Azure上で機械学習と機械学習を実行するサービスです。このサービスは、複数の機械学習のタスクを統一し、データプロセスを自動化することができます。Azure Machine Learningには、データの前処理、特徴選択、モデルの訓練、テスト、および評価が含まれます。

Azure Machine Learningを利用する際には、Azure PortalやAzure CLI、Azure SDKを利用することができます。また、Azure Machine LearningにはWebサービスとAzure Container Registryを利用してモデルのデプロイメントとモデルの公開が可能です。

第**11**章 基盤モデルとモデルカタログ

11.4 ファインチューニング

　モデルカタログで提供されている基盤モデルの一部については、コードを書かずにファインチューニング（微調整）を行うことができます。ファインチューニングにはAzure側で用意した計算リソースを使って学習ジョブを実行したあとチューニング済みモデルをサーバーレスAPIとしてデプロイする方式と、Azure Machine Learning内のコンピューティングクラスターを使用して学習ジョブを実行した後あとチューニング済みモデルをマネージドオンラインエンドポイントにデプロイする方式の2種類があります。

　Azure Machine Learningでは前者の方式を「従量課金制」、後者の方式を「微調整」と呼んでいますが、いずれも従量課金であり、いずれも微調整であることに変わりはなく区別が難しいため、本書ではより計算リソースや設定の隠蔽が進んだ前者の方式を「SaaS的ファインチューニング」、ある程度インフラに手を入れて設定を行うことができる後者の方式を「PaaS的ファインチューニング」と仮に呼称します。

11.4.1　SaaS的ファインチューニング

　SaaS的ファインチューニングは、**表11.4**に示す一部のモデルのみ対応しています。

表11.4　SaaS的ファインチューニング対応モデル

モデル名	推論提供リージョン
Phi-3-mini-4k-instruct Phi-3-mini-128k-instruct Phi-3-medium-4k-instruct Phi-3-medium-128k-instruct	East US 2
Llama 2 7B Llama 2 13B Llama 2 70B Llama 3.1 8B Instruct Llama 3.1 70B Instruct	West US 3

　現時点ではSaaS的ファインチューニングは事実上チャットモデル専用機能ですので、本書ではその前提で手順を説明します。

　SaaS的ファインチューニングを実行するには一連の会話ログ形式のデータセットが必要です。データセットはジョブ実行時にアップロードするか、あらかじめuri_file形式のデータアセットとして登録しておく必要があります。ジョブは隠蔽された計算リソース上で実行されます。設定可能なパラメーターは限定的で、バッチサイズ、学習率、エポック数の3種類のみとなります。

　学習ジョブの課金体系はモデルによって異なり、Phi-3の場合はトークン量に応じた課金のみ、

Llamaの場合はトークン量に対する課金と学習ジョブの実行時間に対する課金となります。

　ファインチューニングを行ったあと、チューニング済みモデルはサーバーレスAPIとしてデプロイすることができます。マネージドオンラインエンドポイントへのデプロイはできません。

　サーバーレスAPIとしてデプロイするとき、11.3節のとおり、素の状態のモデルならホスティングコストはかかりませんでしたが、チューニング済みモデルの場合は別途ホスティング費用が発生します。Phi-3の場合はいずれも1時間あたり100円強ですが、Llamaの場合はモデルサイズによって異なり、小規模なLlama 3.1 8B Instructでは100円強ですが、より大規模なLlama 3.1 70B Instructでは200円弱となります。加えてトークン量に応じた課金が発生します。

　サーバーレスAPI同様、Phi-3はAzureのファーストパーティ製品として取り扱われ、Azureの利用料の一部として課金されます。LlamaはAzure Marketplaceの製品として取り扱われます。費用についてはそれぞれのドキュメント[注11.12][注11.13]を確認してください。

● SaaS的ファインチューニングのジョブ実行手順

　ここでは例として、MicrosoftのPhi-3ファミリーのうち、Phi-3-mini-4k-instructをEast US2リージョンでファインチューニングします。

　まずはデータセットを作成します。今回は日本語の自然言語処理タスクの性能を測るベンチマークであるJGLEU[注11.14]に含まれる、JSTSという日本語テキストの類似度判定タスクのデータセットを使用します。ファインチューニングの目的は、日本語テキストの類似度判定に特化したモデルを作成することとします（ただし、今回はファインチューニングの実行自体が目的ですので性能は問わず、データ件数を抑制して学習にかかる時間とコストを低減します）。

　最初にJSTSデータセットのうちtrain-v1.1.jsonを取得[注11.15]し、ノートブックと同じ階層に配置します。

　続いて、.envにファインチューニングに使用するAzure Machine Learningワークスペースの所属サブスクリプションのID、リソースグループ名、ワークスペース名をセットします（**リスト11.8**）。

リスト11.8　.env

```
SUBSCRIPTION_ID=<subscription_id>
RESOURCE_GROUP=<resource_group_name>
AML_WORKSPACE_NAME=<workspace_name>
```

注11.12　「Phi Open Modelsの価格」https://azure.microsoft.com/ja-jp/pricing/details/phi-3/
注11.13　"All products – Microsoft Azure Marketplace"
　　　　https://azuremarketplace.microsoft.com/en/marketplace/apps?search=Meta%20Llama&page=1&filters=saas
注11.14　"yahoojapan/JGLUE: JGLUE: Japanese General Language Understanding Evaluation"
　　　　https://github.com/yahoojapan/JGLUE
注11.15　"JGLUE/datasets/jsts-v1.1 at main · yahoojapan/JGLUE"
　　　　https://github.com/yahoojapan/JGLUE/tree/main/datasets/jsts-v1.1

第**11**章　基盤モデルとモデルカタログ

　データの整形とuri_file形式のデータアセットとしての登録を進めます。まずは必要なパッケージをimportします(**リスト11.9**)。

リスト11.9　ライブラリ読み込みと環境変数読み込み

```
import json
import os
import pandas as pd

from azure.ai.ml import MLClient
from azure.ai.ml.entities import Data
from azure.ai.ml.constants import AssetTypes
from azure.identity import DefaultAzureCredential
from datasets.load import load_dataset
from dotenv import load_dotenv

load_dotenv()
```

　続いて実際にデータの加工を行います(**リスト11.10**)。

リスト11.10　データの加工

```
file_path = 'train-v1.1.json'
df = pd.read_json(file_path, lines=True)

df.head()

system_message = {
    "role": "system",
    "content": "あなたはテキストの類似性を評価することができる熟練の日本語話者です。2つの日本語の文章を
入力として受け入れ、"
             "0 から 5 までの間の数値（小数第1位までの値）で類似度を評価します。文章の類似性が高
い場合に大きい数値をとり、"
             "類似性が低い場合は小さい値をとります。例えば同じ文章や完全に意味が一致している場合は5
となります。"
             "入力形式は文章1 ： <文章1>、文章2 ： <文章2> です。"
             "出力はスコアの値のみです。"
             "あなたの努力は素晴らしい成果をもたらすでしょう。頑張ってタスクをやり遂げてください。"
}

output_data = []
output_file_name = 'output.jsonl'

for index, row in df.iterrows():
    user_message = {
        "role": "user",
        "content": f"文章 1 ： {row['sentence1']}、文章 2 ： {row['sentence2']}"
    }

    assistant_message = {
```

278

11.4 ファインチューニング

```
        "role": "assistant",
        "content": str(row['label'])
    }

    output_data.append({
        "messages": [system_message, user_message, assistant_message]
    })

    if index == 99: # データ件数を100件に限定
        break

with open(output_file_name, 'w', encoding='utf-8') as f:
    for entry in output_data:
        json.dump(entry, f, ensure_ascii=False)
        f.write('\n')

ds = load_dataset('json', data_files=f"./{output_file_name}",split='train', **{})
```

　データセットはHugging Faceのdatasetsライブラリで読み込める必要があり、一行一行が
{"messages": [{"role": "<role>", "content": "<text>"},...]} という JSON形式
になった、jsonl形式に整える必要があります。今回はシステムプロンプトを意味するsystem_
messageにタスク指示が、ユーザー入力を意味するuser_messageに類似度判定を行いたい2つ
のテキストが、モデルの応答を意味するassistant_messageにモデルが予測した類似度が格納
されたログを想定しています

　最後に作成したデータセットをuri_fileのデータアセットとしてAzure Machine Learningに
登録します（**リスト11.11**）。

リスト11.11　データアセットとして登録

```
subscription_id = os.environ.get("SUBSCRIPTION_ID")
resource_group = os.environ.get("RESOURCE_GROUP")
workspace = os.environ.get("AML_WORKSPACE_NAME")

ml_client = MLClient(
    DefaultAzureCredential(), subscription_id, resource_group, workspace
)

finetuning_data = Data(
    path=output_file_name,
    type=AssetTypes.URI_FILE,
    description="JSTSデータセットを利用したfine-tuningデータセット",
    name="semantic-text-similarity-fine-tune",
)

ml_client.data.create_or_update(finetuning_data)
```

続いてファインチューニングジョブを実行します。モデルカタログからPhi-3-mini-4k-instructを選択します。[微調整]というボタンがあり、[従量課金制]と[微調整]が選択可能です。[従量課金制]がSaaS的ファインチューニングにあたります(図11.16)。

図11.16　Phi-3-mini-4k-instruct

[基本設定]では[微調整されたモデル名]を設定します。ファインチューニングジョブ実行後にモデルアセットとして登録されるときのモデル名を入力します(図11.17)。

図11.17　基本設定

［トレーニングデータ］では学習に使用するデータセットを選択できます。［トレーニングデータ］を「Azure AI Studioのデータ」として、［データの選択］には先ほど登録したデータアセットを選択します（**図11.18**）。

図11.18　トレーニングデータ

［検証データ］では学習後の検証を行うデータセットを指定できます。今回は簡単のため「トレーニングデータの自動分割」を選択します（**図11.19**）。実際に何らかの目的をもってファインチューニングを行う場合は、ファインチューニングの性能を検証するためのデータセットとして5〜10％程度切り出して検証データに充てることをお勧めします。

図11.19 検証データ

［タスクパラメーター］ではファインチューニングジョブのパラメーターをセットします（図11.20）。データ件数に応じてバッチサイズと学習率を調整する必要がありますが、このパラメーターは最終的には実験によって明らかにする必要があります。

図11.20 タスクパラメーター

最後に［送信］ボタンをクリックするとジョブが発行されます。ジョブの実行時間には変動がありますが、今回の試行では40分程度で完了しました。

11.4 ファインチューニング

○ SaaS的ファインチューニングでチューニングしたモデルのデプロイ

完了したジョブを開き、[モデルの登録]ボタンを押すことでチューニング済みモデルをAzure Machine Learningのモデルレジストリに登録できます（図11.21）。

図11.21 完了したジョブ

一見すると通常の登録済みモデルと同じ様相ですが、種類が「PRESET」となっており、MLflow Models形式のモデルとは打って変わってユーザー側からダウンロードなどを行うことができません（図11.22）。[デプロイ]ボタンを押すとサーバーレスAPIとしてデプロイする画面に進みます。

図11.22 登録されたチューニング済みモデル

チューニングしていないモデルと同様にコンテンツフィルターをかけることも可能です。[デプロイ]を押すとデプロイ処理が始まります（図11.23）。チューニングしていないモデルと比較すると、デプロイ処理にやや時間がかかります。

図11.23 登録されたチューニング済みモデルのデプロイ

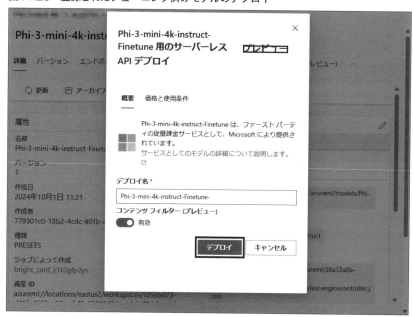

デプロイに成功すると［エンドポイント］の「サーバーレスエンドポイント」にエンドポイントがリストアップされます（**図11.24、25**）。

図11.24　エンドポイント一覧

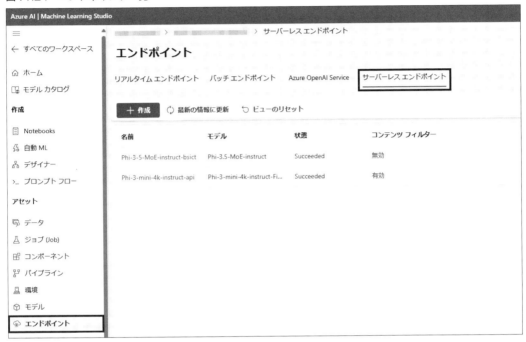

図11.25　デプロイされたチューニング済みモデルのデプロイ

第**11**章　基盤モデルとモデルカタログ

サーバーレスAPIとして、Azure AI Inference SDKなどで推論を行うことができます。推論については11.3.1項の「Python SDKによるサーバーレスAPI利用」と同様であるため、割愛します。

チューニングしていないモデルのサーバーレスAPIと異なり、チューニング済みモデルのサーバーレスAPIはホスティングしている限りコストがかかり続けるため、不要になったら削除するようにしてください。

11.4.2 ｜ PaaS的ファインチューニング

PaaS的ファインチューニングは、モデルカタログに登録されている一部モデルについて実行可能です。チャットのチューニングやテキスト生成、テキスト分類、翻訳のような自然言語処理タスクだけでなく、物体検出や画像セグメンテーションなどの画像系タスクでも実行可能です。

挙動はAutoMLに比較的近く、タスクの種類とデータセットを指定すると自動的にジョブがコンピューティングクラスター上で実行されますが、AutoMLと異なり自動的なパラメーターチューニングなどは行われません。パラメーターはデフォルト設定のままでもかまいませんが、SaaS的ファインチューニングよりもかなり細かく指定することが可能です。コンピューティングクラスター上で動くため、SaaS的ファインチューニングにあったリージョン制限がなく、GPUインスタンスさえあればどのリージョンでもジョブ実行が可能です。

完成したモデルはMLflow Modelsとして登録され、ノーコードでマネージドオンラインエンドポイントにデプロイすることが可能です。

課金体系はコンピューティングクラスターやマネージドオンラインエンドポイントに依存し、インスタンスのサイズとジョブや、エンドポイントの実行時間に応じた従量課金となります。

● PaaS的ファインチューニングのジョブ実行手順

SaaS的ファインチューニングジョブとの差異を見ていくため、例として同じPhi-3-mini-4k-instructのファインチューニングを行います。

［微調整］というボタンを押すと現れる［従量課金制］と［微調整］の2つの選択肢のうち、［微調整］がPaaS的ファインチューニングです（**図11.26**）。対応リージョン以外では［従量課金制］はグレーアウトします。

図11.26 Phi-3-mini-4k-instruct

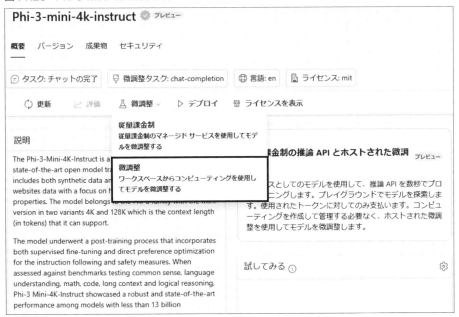

　ジョブ実行の設定画面は非常にシンプルで、一画面に学習データと検証データ、ジョブを実行するコンピューティングクラスターを指定する項目があり、一通り設定すればジョブの実行を開始できます。

　PaaS的ファインチューニングの「チャットの完了」タスクで要求されるデータセットの形式はSaaS的ファインチューニングで使用したものとまったく同一です。今回はSaaS的ファインチューニングと同じ学習データを流用し、A100を搭載したGPUインスタンスで構成されたコンピューティングクラスターを指定します。言葉がわかりづらいですが、[終了]ボタンを押すと設定が終了するのではなくジョブの実行が始まります。もし[終了]ボタンがグレーアウトしたままの場合は詳細設定から実行を試みてください（図11.27）。

図11.27 Phi-3-mini-4k-instructのPaaS的ファインチューニング

［詳細設定］ではより細かいパラメーター設定が可能です。SaaS的ファインチューニングよりも細かく設定が可能で、スクラッチでコードを書いてジョブ実行する場合と大きく変わらない水準です。深層学習の知見がある場合はこちらで設定を調整していくこともできます（図11.28）。

図11.28 詳細設定

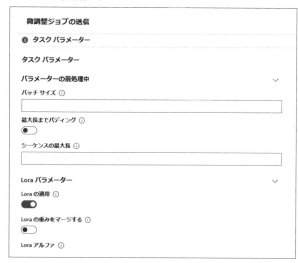

デフォルトではLow-Rank Adaptation (LoRA) によってファインチューニングしつつ、DeepSpeedを有効にすることで高速化を狙う値になっており、おおむねジョブの実行ができるだけ短時間で済むようなパラメーターがセットされています。［バッチサイズ］と［学習速度］を調整する、［r］パラメーターを小さく設定してLow Rank Adaptationの低ランク近似で使用する次元をより小さくする、［精度］パラメーターでパラメーターのbit数をより小さい値に変更するといったパラメーターの調整でさらに高速化することもできますが、精度との兼ね合いになります（コラム「深層学習モデルの軽量化手法」参照）。

今回の実験設定では、ジョブは30分弱で完了します。

● PaaS的ファインチューニングでチューニングしたモデルのデプロイ

［モデルの登録］からチューニング済みモデルをAzure Machine Learningのモデルレジストリに登録できます（**図11.29**）。

図11.29　完了したジョブ

登録したモデルは種類が「MLFLOW」となり、マネージドオンラインエンドポイントへのノーコードデプロイに対応しています（**図11.30**）。サーバーレスAPIとしてのデプロイはできません。

図11.30　登録されたチューニング済みモデル

［デプロイ］から「リアルタイムエンドポイント」を選択するとマネージドオンラインエンドポイントへのデプロイウィザードに進みます（図11.31）。

図11.31　チューニング済みモデルのデプロイ

11.4　ファインチューニング

　基本的にはモデルカタログからデプロイする場合と同様ですが、モデルレジストリからデプロイする場合は、モデルカタログからデプロイする場合ではグレーアウトしていたGPU非搭載インスタンスも選択可能です。GPU非搭載インスタンスを使用すると推論速度が極めて遅くなるためあまり実用性はありませんが、テスト用途や軽量モデルのデプロイの場合などの限られた状況では選択肢になり得ます。

　デプロイが完了すると通常のマネージドオンラインエンドポイントとして［エンドポイント］の［リアルタイムエンドポイント］にリストアップされます。チャットタスクのモデルであればモデルカタログ経由でデプロイした場合と同様にAzure AI Model Ineference APIに対応しているため、Azure AI Inference SDKによって利用可能です。推論については11.3.2項の「マネージドオンラインエンドポイントを使用した推論」と同様であるため、割愛します。

　チャット以外のタスクを行った場合、［使用］タブからPythonなどの主要言語でAPIを呼び出すサンプルコードを取得できます。こちらを参考に実装への組み込みを検討してください。

COLUMN

深層学習モデルの軽量化手法

量子化

　量子化 (quantization) は、モデルを構成するパラメーターのビット数を落としてメモリと計算量の削減を図る圧縮方法です。PaaS的ファインチューニングにおける［精度］パラメーターに関連します。

　例として、FP32 (小数型) のモデルをINT8 (整数型) に変換 (量子化) する場合、FP32であれば1パラメーターあたり32bitですが、INT8であれば1パラメーターあたり8bitとなり、最大75% (実際にはパラメーター以外の要素もあるためもう少し低率) の大幅なモデルサイズ削減が見込めます。量子化によってモデルサイズ、メモリ消費量、推論時間のすべてを大幅に削減できます。ただし、トレードオフとして性能が犠牲になります。経験的にはINT8までであればあまり性能劣化を起こしませんが、NF4 (4bit) にすると性能劣化が激しくなる傾向があります。

　[-1, 1]の二値のみのBinarized Neural Network[注11.B]やMicrosoftによって公開された[-1, 0, 1]の三値のみのBitNet[注11.C]は量子化の到達点の1つであり、強力な計算リソースを搭載できないエッジデバイス[注11.D]での動作などを目的として活発に研究されています。

注11.B　"Binarized Neural Networks: Training Deep Neural Networks with Weights and Activations Constrained to +1 or -1" https://arxiv.org/abs/1602.02830
注11.C　"The Era of 1-bit LLMs: All Large Language Models are in 1.58 Bits" https://arxiv.org/abs/2402.17764
注11.D　スマートフォンや工場、車といった、外部と切り離された環境に配置されたサーバーなど。

Low-Rank Adaptation

Low Rank Adaptation (LoRA)[注11.E]はMicrosoftによって提案された、低ランク近似と呼ばれる行列分解の技法を応用して学習を効率化するための手法です（図11.A）。

図11.A　LoRA

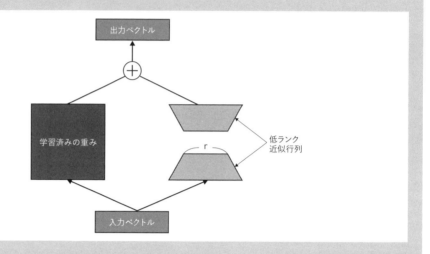

　低ランク近似はある大きな行列を2つの小さな行列の掛け算の形で近似する手法で、深層学習隆盛以前より情報工学では広く用いられていました。ファインチューニング時、本来であれば学習済みモデルを構成するパラメーター行列を更新したいところですが、LLMの場合はパラメーター数が多過ぎて計算量的にも使用するメモリ量的にも要件が厳しくなります。そこで、まず学習済みパラメーター行列に学習差分を足すことにして、学習差分の行列を2つの行列の掛け算の形式に分解（低ランク近似）します。これにより学習対象となるパラメーター数がフルサイズの行列に比べて大幅に減少します。一般にランク（[r]パラメーター）を小さくすればするほど、よりパラメーター数が減って学習時間およびメモリ使用量を削減可能ですが、その分行列の表現力が低下するため精度低下のトレードオフが発生します。

　LoRAで獲得した差分行列をもとの学習済みパラメーター行列に足すことでチューニング結果を反映することができます。このとき、差分行列に定数（[Loraアルファ]パラメーター）を掛け算してから足すことで調整結果の強度の調整がある程度可能です。また、事前に学習済みパラメーター行列に差分行列を足したモデルを用意する場合は[Loraの重みをマージする]を選択します。

　LoRAは画像生成モデルの分野ではすでに大規模応用のフェイズに入っています。不思議なことに、LoRAでは学習結果の「足し算」がある程度可能なようです。たとえば、三毛猫の画像を生成するLoRA差分行列とジャンプする猫の画像を生成するLoRA差分行列を独立して用意したあと、元の

注11.E　"LoRA: Low-Rank Adaptation of Large Language Models" https://arxiv.org/abs/2106.09685

11.4 ファインチューニング

モデルに両者を足すことでジャンプする三毛猫の画像を生成するモデルを得ることができるといった具合です。テキスト生成分野ではまだこのような応用はありませんが、近い将来可能になるかもしれません。

DeepSpeed

DeepSpeed[注11.F] はMicrosoftによって開発されている巨大モデルの学習を容易にするためのOSSライブラリです。さまざまな機能を備えていますが、[DeepSpeedステージ] パラメーターに関わるのはZero Redundancy Optimizer (ZeRO) [注11.G] という分散学習のメモリ削減手法です (**図11.B**)。

図11.B　ZeRO

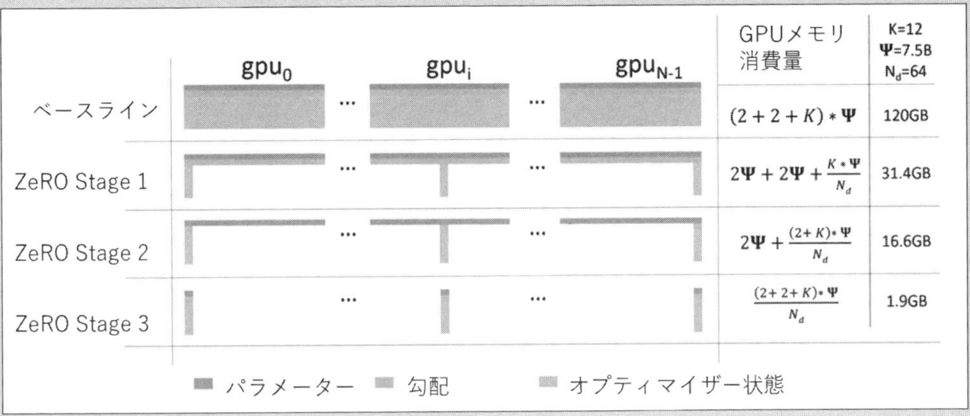

	gpu$_0$	gpu$_i$	gpu$_{N-1}$	GPUメモリ消費量	K=12 Ψ=7.5B N_d=64
ベースライン				$(2 + 2 + K) * \Psi$	120GB
ZeRO Stage 1				$2\Psi + 2\Psi + \dfrac{K * \Psi}{N_d}$	31.4GB
ZeRO Stage 2				$2\Psi + \dfrac{(2 + K) * \Psi}{N_d}$	16.6GB
ZeRO Stage 3				$\dfrac{(2 + 2 + K) * \Psi}{N_d}$	1.9GB

■ パラメーター　■ 勾配　■ オプティマイザー状態

※引用：https://docs.oneflow.org/en/master/cookies/zero.html

ZeROではデータパラレル (すべてのGPUで同じモデルを持ち、データを分割して推論を行って結果を集約する分散方式) とモデルパラレル (モデルを部分ごとにGPUで分担して配置する分散方式) がありますが、ZeROでは両者を組み合わせたようなアルゴリズムで動作します。まずすべてのGPUでモデルを持ち、データを分割して推論を行って勾配を計算したあと一度全体で勾配を共有します。その後それぞれのGPUに対してモデルの更新箇所を割り当て、各GPUでは勾配をもとに担当部分のみの更新処理を行い、更新後のパラメーターを全体で共有します。その性質上、Phi-3-mediumなど比較的規模が大きいモデルの場合に有効です。

学習過程でGPUメモリ上にはパラメーター以外に勾配の情報と勾配を更新するオプティマイザーの状態が保持されていますが、何もしなければ分散学習時にはすべてのGPUでこれらの情報を重複して保持しています。図11.Bにおけるベースラインの状態です。

ZeROでは各GPUで担当部分のみ更新処理を行えば良いので、担当部分以外のオプティマイザー

注11.F　"Latest News - DeepSpeed" https://www.deepspeed.ai/
注11.G　"ZeRO: Memory Optimizations Toward Training Trillion Parameter Models" https://arxiv.org/abs/1910.02054

第**11**章　基盤モデルとモデルカタログ

の状態は不要です。これは単に重複して持っているだけですので、特段のトレードオフなく削除可能です。このレベルのメモリ削減をDeepSpeedではStage 1と定義しています。

　続いて、計算された勾配情報も共有後であれば担当部分以外は不要ですので削除可能です。Stage 1に上乗せして勾配情報を削除する場合をStage 2と言います。

　さらに自分の担当領域以外のパラメーターも更新時点では削除が可能です。ただし更新時点では不要でも勾配計算のための推論時には必要となるため、勾配計算前には一度GPU間で通信を行い、パラメーターを復元する必要があります。Stage 1とStage 2に加えて、通信量増大と引き換えにメモリ削減を行うのがStage 3です。

　Azure Machine Learningでは [DeepSpeedステージ] パラメーターとしてデフォルトでStage 2がセットされています。LLMのような大規模モデルの学習ではGPU間の通信がボトルネックになるケースが多く、Stage 3の適用は悩ましいところですが、Stage 3が有効に機能するかどうかはGPUを持つインスタンスの構成やモデルサイズによっても異なります。一度実験してみると良いでしょう。

11.5　まとめ

　本章では、GPT-4といった生成AIをさらに包含する概念である基盤モデルの概要と、Azure Machine Learning上で基盤モデルを活用するためのコア機能であるモデルカタログについて解説しました。サーバーレスAPIやマネージドオンラインエンドポイントを利用した推論環境の展開とファインチューニングによって、基盤モデル活用の段階をもう一歩先に進めることができます。次章以後、とくにチャットモデルを活用したアプリケーションの開発と運用について解説します。本章で解説したモデルカタログとその機能群を組み合わせることで、開発と運用においてより多くの選択肢を持つことができます。

第12章 プロンプトフローの活用

これまでの章では、Azure Machine Learningのモデルカタログを活用し、さまざまなLLM（大規模言語モデル）のデプロイ方法やファインチューニングの手順について解説してきました。しかし、LLMを実際に活用する際、LLM単体のみで利用するケースはそこまで多くありません。たとえば、LLMを活用した問い合わせチャットボットを作成する場合、LLMが学習していない情報について答えることができません。

この場合、一度外部に対して情報を検索し、その得られた検索結果をもとに回答を生成させる処理のフロー（Retrieval-Augmented Generation：RAG）を構築する必要があります。Azure Machine Learningの「プロンプトフロー」は、RAGを含めたさまざまなLLMワークフローを効率的に開発するためのツールです。本章では、プロンプトフローの概要や機能、具体的なハンズオンを通じてその使い方を解説します。

12.1 RAGとは

LLMは事前に世の中の膨大なテキストについて学習しているため、学習された一般的な内容についてはある程度答えることができます。しかし、学習していない最新の時事ネタや会社の機密情報などについては答えることができません。

この問題を解決する手法として、一度外部に情報を検索し、回答を生成するためのフレームワーク「RAG（Retrieval-Augmented Generation）」があります（**図12.1**）。

図12.1　RAGの概要

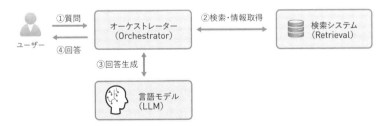

RAGの具体的なワークフローは**図12.2**のとおりです。

図12.2 RAGのワークフロー

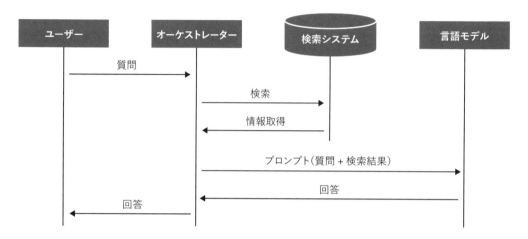

1. ユーザーはオーケストレーターに質問を送信する
2. オーケストレーターは、質問に関連する情報を検索システム（インターネットや社内検索システムなど）から取得する
3. オーケストレーターは、質問と検索結果を含めたプロンプトを作成し、LLMに送信する
4. オーケストレーターは、LLMから得られた回答をユーザーに返す

これらのワークフローを構成するオーケストレーター、検索システム、言語モデルは、実装の要件や非機能要件によって適切に選択する必要があります。まずは検索システムについて、どのような選択肢があるのか見ていきましょう。

12.1.1　検索システム

RAGにおける検索システムの役割は、LLMの知らない情報を検索によって提供することです。どのような情報を検索するのかは、ユースケースによって異なります（図12.3）。

- インターネットデータ
  公開されている最新情報や広範な情報を取得したい場合は、GoogleやBingのようなWeb検索エンジンを活用できる。これらはAPIを通じて検索結果を取得し、LLMの入力として活用可能
- 企業内データ（ドキュメント検索）
  社内のドキュメントや規約、マニュアルなど、非公開データを対象とする場合は、企業向け検索エンジンが必要

- データベース
  構造化データ（例：SQLデータベースやNoSQLデータベース）を検索対象とする場合は、専用のクエリーシステムを活用する

図12.3 検索システムの種類

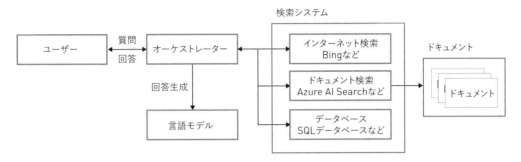

この中でもとくにユースケースとして多いのが、企業内データを対象するケースです。たとえば、社内の既定やマニュアルはWordやPDFなどさまざまな形式で保存されていますが、ドキュメントの内容について外部から直接検索することは難しいです。多くの場合は、ドキュメント検索サービスやデータベースに一度ドキュメントの内容をインデックスとして保存しておき、外部から間接的に内容を検索できるようにします（**図12.4**）。

図12.4 ドキュメント検索

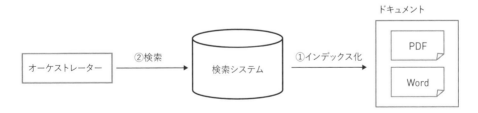

ドキュメントを検索する際は、次のような検索手法を利用することが一般的です（**図12.5**）。

- キーワード検索
  テキストを単語単位に分割し、単語の一致率をもとに検索する方法
- ベクトル検索
  テキストを埋め込みベクトルに変換し、意味が近い文書を検索する方法

第12章 プロンプトフローの活用

- ハイブリッド検索
  キーワード検索とベクトル検索の両方を組み合わせた手法

図12.5　ドキュメントの検索手法

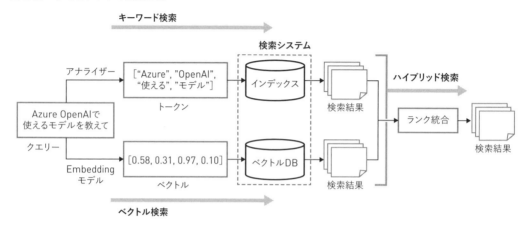

検索システムを選定する際はこれらの検索手法を幅広くサポートするサービスを選定することが重要になります。本章では、ドキュメント検索の代表的なサービスであるAzure AI Searchを利用します。Azure AI Searchの主な特徴は次のとおりです。

- 多様なデータソースに対応
  WordやPDFなどの非構造データ、CSVやJSONなどの構造データ、Azure Cosmos DBなどのデータベースにも対応
- フルマネージド
  検索やデータインジェストの負荷に応じて、自動でスケーリングが可能
- 豊富な検索機能
  テキスト検索、ベクトル検索、ハイブリッド検索に対応しており、ニーズに応じた柔軟な検索が可能

Azure AI Search以外のサービスについても、選択するためのディシジョンツリー（判断基準）が公開されていますので、ご参照ください[注12.1]。

注12.1 「ベクトル検索用のAzureサービスを選択する」
https://learn.microsoft.com/ja-jp/azure/architecture/guide/technology-choices/vector-search

12.1 RAGとは

COLUMN

ベクトル検索について

ベクトル検索は、テキストや画像などのデータを数値ベクトルに変換し、高速な類似検索を可能にする技術です。従来のキーワード検索では対応が難しい、意味的に類似した情報の検索が得意です。

まず、検索対象となるテキストや画像をEmbedding（埋め込み）モデルによって数値ベクトルに変換します。これにより、意味的な情報がベクトル空間上で表現され、類似したデータが近くに配置されるようになります（図12.A）。

図12.A　Embeddingモデルによるベクトル化

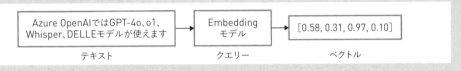

ベクトル検索では、クエリー（検索語）も同様にベクトルに変換し、データベース内のベクトルと類似度計算を行います。一般的にはコサイン類似度やユークリッド距離が用いられ、類似度が高い（距離が近い）データを検索結果として返します（図12.B）。

図12.B　ベクトルの類似度計算のイメージ

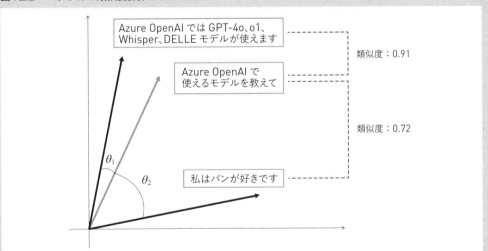

ベクトル検索の精度は利用するEmbeddingモデルによって異なります。2025年1月時点でAzure OpenAIで使えるEmbeddingモデルは下記のとおりです[注12.A]。

注12.A　「埋め込みモデル」https://learn.microsoft.com/ja-jp/azure/ai-services/openai/concepts/models?tabs=global-standard%2Cstandard-chat-completions#embeddings

- text-embedding-3-large（次元数：3,072）
- text-embedding-3-small（次元数：1,536）
- text-embedding-ada-002（次元数：1,536）

「text-embedding-3-large」はベクトルの次元数が大きいため、より細かい表現が可能になり、ベクトル検索の精度向上に寄与する可能性があります。ただし、次元数が増えると計算コストが高くなり、ベクトルデータベースのストレージ消費量が増加するため、精度とコストのバランスを考慮する必要があります。

12.1.2 オーケストレーター

オーケストレーターはLLMのワークフローを定義する部分であり、LLMを活用するうえで非常に重要です。本章ではAzure Machine Lerningのプロンプトフローを紹介しますが、それ以外の選択肢についても簡単に紹介します。

○ Azure OpenAI on your data

Azure OpenAIが提供するRAG向けのサービスです（図12.6）。

図12.6　Azure OpenAI on your data

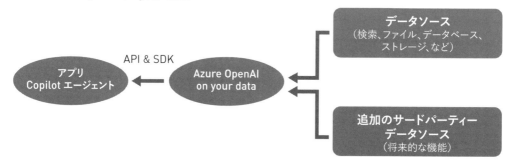

Azure OpenAIがデータソースと直接連携して回答を生成するため、開発者はオーケストレーターを構築することなく、簡単にRAGを構築することが可能です[注12.2]。

注12.2　"Azure OpenAI On Your Data"
https://learn.microsoft.com/ja-jp/azure/ai-services/openai/concepts/use-your-data?tabs=ai-search%2Ccopilot

○ Copilot Studio

MicrosoftのPower Platformに含まれるサービスであり、LLMワークフローをノーコードで開発できます（図12.7）。

図12.7　Copilot Studio

TeamsやSharePointなどのMicrosoft 365サービスとシームレスに連携できる点が特徴です[注12.3]。

○ スクラッチ開発

PythonやC#などのプログラミング言語を使用して自由度高く開発する方法です。Semantic Kernel[注12.4]、LangChain[注12.5]、LlamaIndex[注12.6]など、開発を効率化するためのライブラリを活用できます。柔軟な設計が求められる場面に適しています（図12.8）。

注12.3　「Copilot Studio 概要」
　　　　https://learn.microsoft.com/ja-jp/microsoft-copilot-studio/fundamentals-what-is-copilot-studio
注12.4　「セマンティックカーネルの概要」https://learn.microsoft.com/ja-jp/semantic-kernel/overview/
注12.5　"LangChain" https://www.langchain.com/
注12.6　"LlamaIndex" https://www.llamaindex.ai/

図12.8　スクラッチ開発

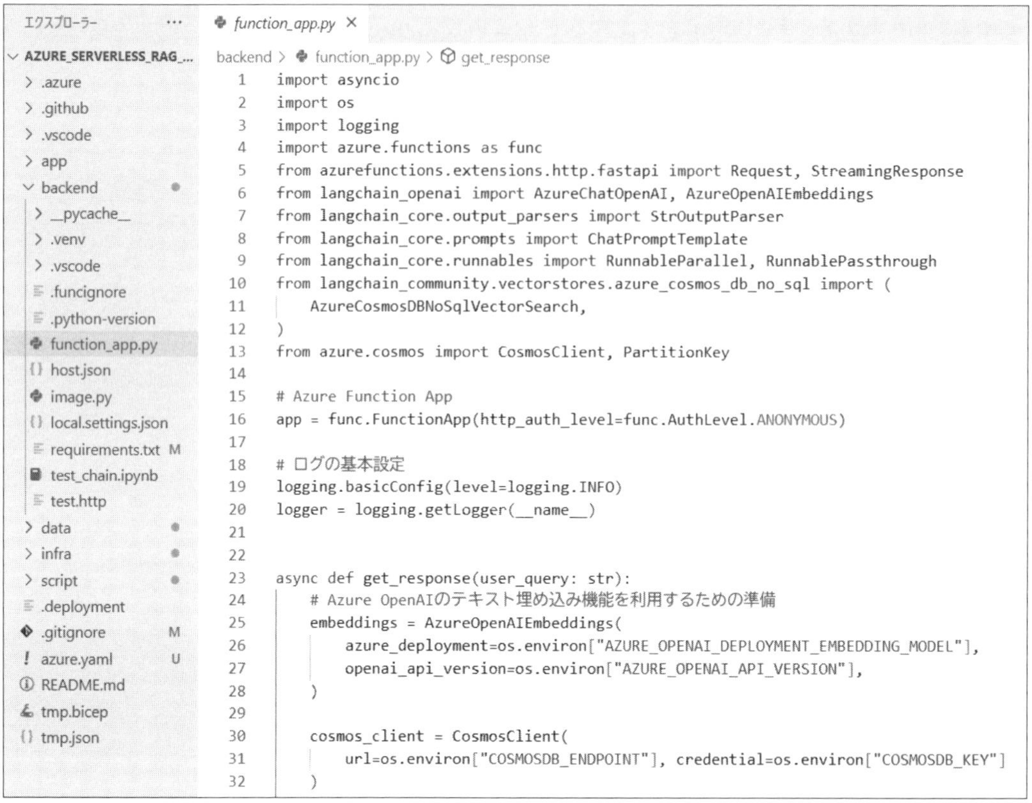
エクスプローラー
function_app.py
AZURE_SERVERLESS_RAG_...
.azure
.github
.vscode
app
backend
__pycache__
.venv
.vscode
.funcignore
.python-version
function_app.py
host.json
image.py
local.settings.json
requirements.txt M
test_chain.ipynb
test.http
data
infra
script
.deployment
.gitignore M
azure.yaml U
README.md
tmp.bicep
tmp.json
backend > function_app.py > get_response
import asyncio
import os
import logging
import azure.functions as func
from azurefunctions.extensions.http.fastapi import Request, StreamingResponse
from langchain_openai import AzureChatOpenAI, AzureOpenAIEmbeddings
from langchain_core.output_parsers import StrOutputParser
from langchain_core.prompts import ChatPromptTemplate
from langchain_core.runnables import RunnableParallel, RunnablePassthrough
from langchain_community.vectorstores.azure_cosmos_db_no_sql import (
AzureCosmosDBNoSqlVectorSearch,
)
from azure.cosmos import CosmosClient, PartitionKey
# Azure Function App
app = func.FunctionApp(http_auth_level=func.AuthLevel.ANONYMOUS)
# ログの基本設定
logging.basicConfig(level=logging.INFO)
logger = logging.getLogger(__name__)
async def get_response(user_query: str):
# Azure OpenAIのテキスト埋め込み機能を利用するための準備
embeddings = AzureOpenAIEmbeddings(
azure_deployment=os.environ["AZURE_OPENAI_DEPLOYMENT_EMBEDDING_MODEL"],
openai_api_version=os.environ["AZURE_OPENAI_API_VERSION"],
)
cosmos_client = CosmosClient(
url=os.environ["COSMOSDB_ENDPOINT"], credential=os.environ["COSMOSDB_KEY"]
)

◆　◆　◆

これらの特徴や実装難易度、設計の柔軟性などを考慮し、適切なサービスを選択する必要があります。

12.2 プロンプトフローとは

Azure Machine Learningのプロンプトフローとは、生成AIを活用したアプリケーションを効率的に開発するための開発プラットフォームです。開発者はプロンプトフローで作成されるグラフを介して、画面を見ながら対話的に生成AIのワークフローを構築できます（図12.9）。

図12.9　プロンプトフローの画面

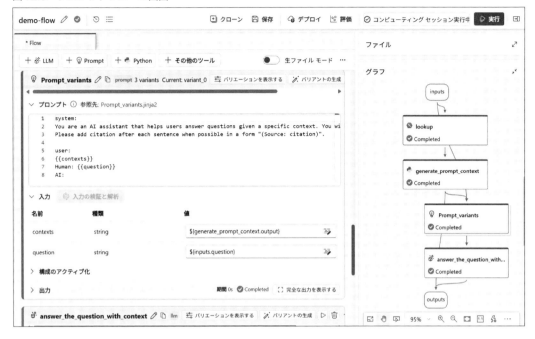

プロンプトフローを利用することのメリットは次のとおりです。

- LLMやプロンプトをリンクした実行可能なフローをGUIベースのグラフで構築できる
- チームメンバーと協力しながら、フローのデバッグ、共有、改善を効率的に行える
- 多様なプロンプトのバリエーションを作成し、大規模なテストを通じてパフォーマンスを評価できる
- アプリケーション向けに、LLMの能力を最大限に引き出したマネージドオンラインエンドポイントを展開できる

それではプロンプトフローの機能について、具体的なハンズオンを通して解説します。

12.3　ハンズオンの設定

本章のハンズオンでは「Azure OpenAIに関する問い合わせボット」のバックエンドを構築します。ハンズオンで使用するデータは、Azure OpenAIに関する公式のWebページをPDF化し

第**12**章　プロンプトフローの活用

たものです（**図12.10**）。本書リポジトリからダウンロード可能です^{注12.7}。

図12.10　Azure OpenAIの公式ドキュメント

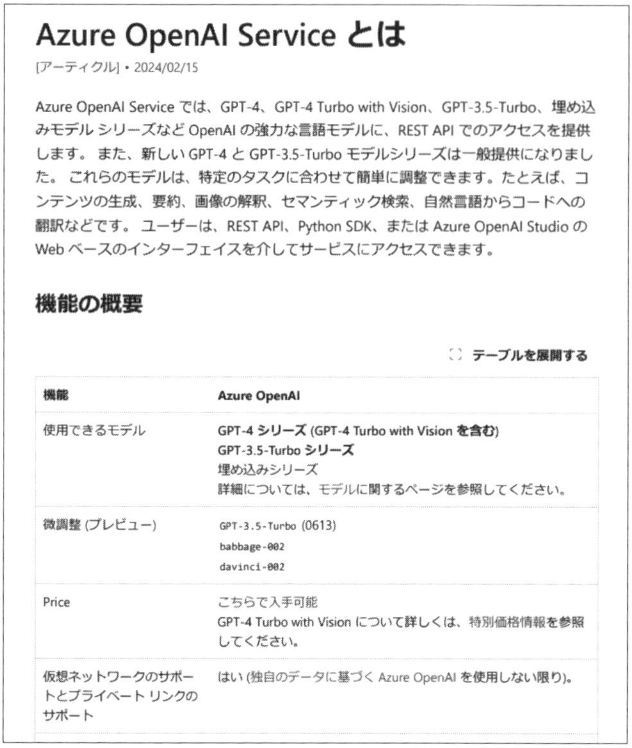

　今回のハンズオンでは、検索システムにAzure AI Search、言語モデルにAzure OpenAIの gpt-4o、text-embedding-ada-002のモデルを利用します。全体のアーキテクチャは（**図12.11**）のとおりになります。

注12.7　https://github.com/shohei1029/book-azureml-sample/tree/main/ch12

図12.11　RAGのアーキテクチャ

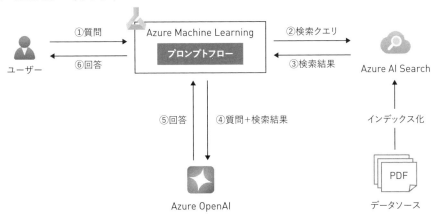

これらリソースの準備方法について解説します。

12.3.1 ≡ Azure OpenAIのデプロイ

まずはAzure OpenAIのリソースをデプロイします。Azure portalの検索窓からAzure OpenAIを検索し、［作成］を選択します（図12.12）。

図12.12　Azure OpenAIのリソース作成

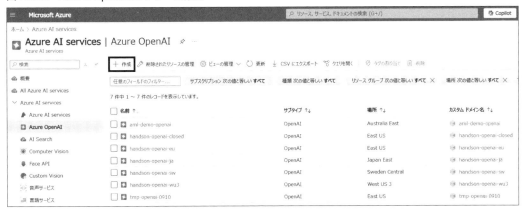

リージョンについては、このあと解説するモデルのデプロイ方法によって、希望のモデルが利用できるか確認します[注12.8]。リソースの名前を入力し、［価格レベル］には「Standard S0」を選択します（図12.13）。

注12.8　「Azure OpenAI Serviceモデル」https://learn.microsoft.com/ja-jp/azure/ai-services/openai/concepts/models

第12章 プロンプトフローの活用

図12.13　Azure OpenAIのリソース設定

［ネットワーク］では「インターネットを含むすべてのネットワークがこのリソースにアクセスできます」を選択します（図12.14）。

図12.14　Azure OpenAIのネットワーク

設定を確認し、[作成]を選択します（図12.15）。

図12.15　Azure OpenAIのリソースデプロイ

次に、Azure OpenAI Studioを起動し、モデルをデプロイします。リソース概要から[Azure OpenAI Studioに移動する]を選択します（図12.16）。

図12.16　Azure OpenAI Studioへ移動

第12章 プロンプトフローの活用

　今回のハンズオンでは、テキスト生成モデルのgpt-4oとEmbeddingモデルのtext-embedding-ada-002をデプロイします。左のメニューより［デプロイ］を選択し、［モデルのデプロイ］-［基本モデルをデプロイする］を選択します（図12.17）。

図12.17　GPT-4oモデルのデプロイ

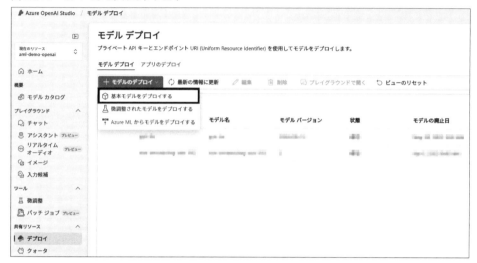

　「gpt-4o」のモデルを選択します（図12.18）。

図12.18　GPT-4oモデルの選択

デプロイ名を入力し、モデルバージョンを選択します。Azure OpenAIではユーザーのニーズやワークロードに応じて、さまざまなモデルのデプロイ方法を提供しています[注12.9]。主なデプロイ方法は**表12.1**のとおりです。

表12.1　Azure OpenAIの主なモデルデプロイの種類

デプロイ方法	用途	動作のしくみ	課金形態
標準 (Standard)	データ所在地の要件があるユーザー向け	リージョンのデータセンターで処理	従量課金
グローバル標準 (Global-Standard)	低レイテンシー・低コストを求めるユーザー向け	グローバルネットワークで処理	従量課金
予約購入 (Provisioned)	高いパフォーマンスを求めるユーザー向け	専用のリソースで処理	時間課金
グローバルバッチ (Global-Batch)	大規模なバッチ処理を行うユーザー向け	グローバルネットワークで処理	従量課金

今回は「グローバル標準」を選択し、［デプロイ］を選択します（**図12.19**）。

図12.19　GPT-4oモデルの設定

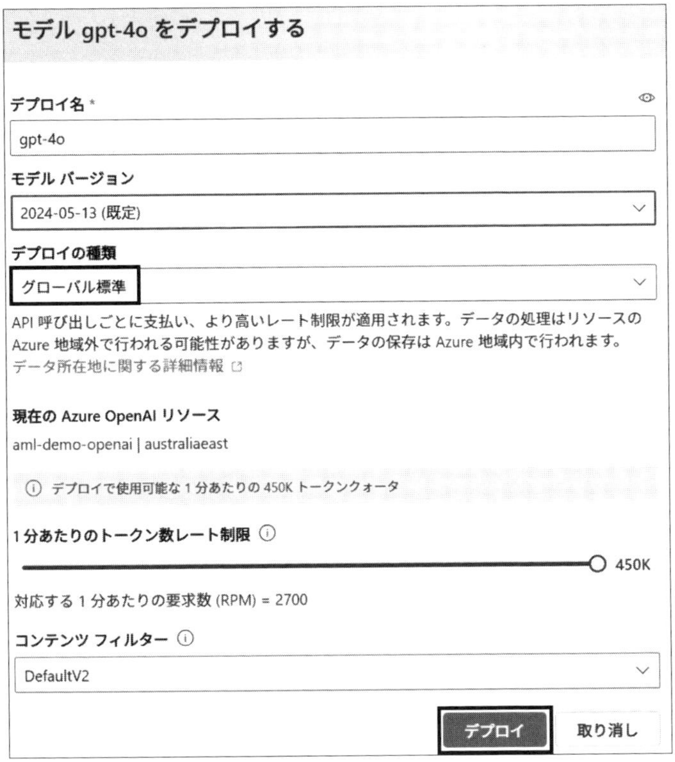

....

注12.9　「Azure OpenAIのデプロイの種類」
　　　　https://learn.microsoft.com/ja-jp/azure/ai-services/openai/how-to/deployment-types

309

第12章 プロンプトフローの活用

　Embeddingモデルのデプロイについても同様に行います。デプロイ画面から［モデルのデプロイ］-［基本モデルをデプロイする］を選択し、今回は「text-embedding-ada-002」を選択します（図12.20）。

図12.20　text-embedding-ada-002モデルの選択

　デプロイの種類は「標準（Standard）」を選択します（図12.21）。

12.3 ハンズオンの設定

図12.21 text-embedding-ada-002モデルの設定

以上でAzure OpenAIのモデルデプロイは完了です。

12.3.2 Azure AI Searchのデプロイ

Azure AI Searchのリソースをデプロイします。Azure portalの検索窓からAzure AI Searchを検索し、[作成]を選択します（図12.22）。

図12.22 Azure AI Searchのリソース作成

デプロイするリージョンを選択し、リソースの名前を入力します。価格レベルについてはそれぞれのSKUごとにサービス容量などの違いがあります[注12.10]が、今回は検証レベルのため「基本」を選択します（図12.23）。

図12.23 Azure AI Searchのリソース設定・デプロイ

以上でAzure AI Searchのリソースデプロイは完了です。

注12.10 「Azure AI Searchのサービスレベルを選択する」https://learn.microsoft.com/ja-jp/azure/search/search-sku-tier

12.3.3 ┊ 各サービスへの接続設定

Azure Machine Learningのプロンプトフローから Azure OpenAI と Azure AI Searchを呼び出すには Azure Machine Learningの接続設定が必要です。Azure Machine Learningスタジオにログインし、左メニューの［接続（プレビュー）］-［作成］を選択します（**図12.24**）。

図12.24 Azure Machine Learningの接続設定

「Azure OpenAI Service」を選択し、［次へ］を選択します（**図12.25**）。

第12章 プロンプトフローの活用

図12.25　Azure OpenAIの接続設定

先ほど作成したAzure OpenAIのリソースを選択し、[接続を追加する]を選択します（図12.26）。

図12.26　Azure OpenAIのリソース選択

同様に[Azure AI Search]を選択し、[次へ]を選択します（図12.27）。

12.3 ハンズオンの設定

図12.27 Azure AI Searchの接続設定

先ほど作成したAzure AI Searchのリソースを選択し、[接続を追加する]を選択します（図12.28）。

図12.28 Azure AI Searchのリソース選択

第12章 プロンプトフローの活用

以上で各サービスへの接続設定は完了です。

12.3.4 ミ インデックスの作成

ハンズオンで利用するAzure OpenAIの公式ドキュメントをAzure AI Searchにインデックスとして登録します。インデックス登録までの処理の流れは図12.29のとおりです。

1. ドキュメント読み取り
   PDFやWordなどのドキュメントからテキストを読み取る
2. チャンク分割
   元の文章のサイズが大きい場合、LLMのトークン制限に引っかかりエラーとなるため、テキストを事前に分割する
3. ベクトル化
   AI Searchのベクトル検索を利用するために、チャンク分割されたテキストをEmbeddingモデルによってベクトル化する
4. インデックス登録
   分割されたテキストとベクトルをAzure AI Searchのインデックスに登録する

図12.29 インデックス作成の流れ

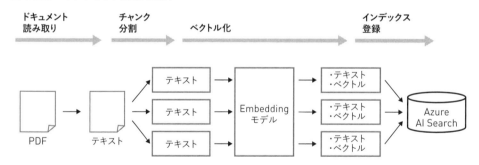

これらのプロセスは通常、開発者が自前で構築する必要がありますが、Azure Machine Learningではインデックス作成機能を提供しています。

Azure Machine Learning Studioへ移動し、左メニューから［プロンプトフロー］-［ベクターインデックス］を選択します（図12.30）。

図12.30 Azure AI Searchのインデックス作成

インデックスの名前を入力し、ドキュメントが格納されているフォルダを選択します。Azure AI Search接続では、設定したAI Searchのリソースを選択します（図12.31）。

図12.31 Azure AI Searchのインデックス設定

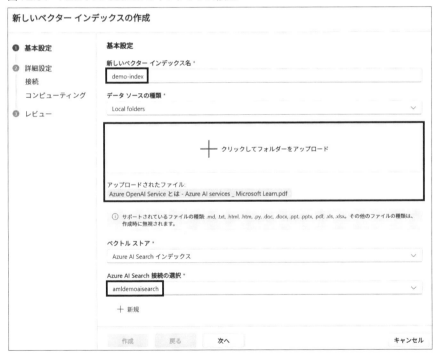

Azure OpenAIの接続設定を行います。先ほど作成したAzure OpenAIのリソースを選択し、[次へ] を選択します（図12.32）。

図12.32 Azure OpenAIの接続設定

最後にコンピューティングを設定します。選択したコンピューティングリソースにてインデックス作成の処理が行われます。今回は「サーバレスコンピューティング」、仮想マシンサイズを選択し、[作成]を選択します(**図12.33**)。

図12.33 コンピューティングの選択

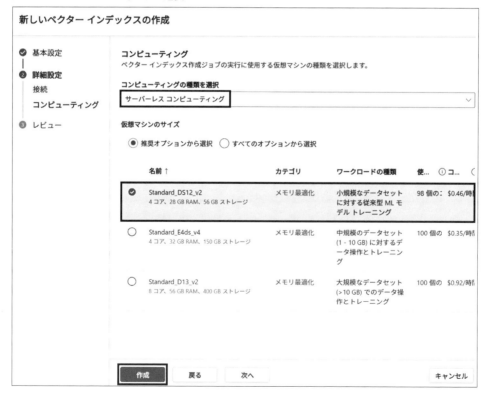

12.3 ハンズオンの設定

インデックスが作成されると状態が「Completed」になります（図12.34）。

図12.34　インデックス作成完了

作成されたインデックスのジョブの情報は、左メニューの［ジョブ］から確認できます（図12.35）。

第12章 プロンプトフローの活用

図12.35 インデックス作成ジョブ

最新のジョブを選択すると、インデックス作成のパイプラインを確認できます。パイプラインにはチャンク分割、ベクトル化、インデックス登録の処理が定義されています。パイプラインの内容を変更したい場合は［クローン］を選択します（図12.36）。

図12.36 インデックス作成パイプライン

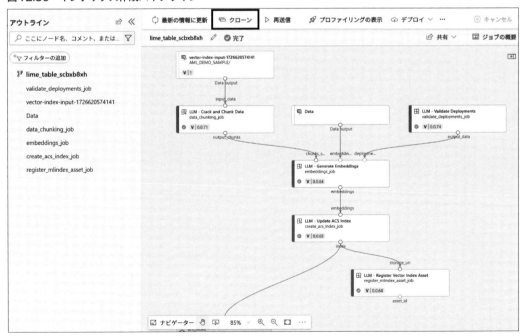

12.3 ハンズオンの設定

　たとえば、チャンク分割の文字数を変えたい場合は［パイプラインインターフェイス］から変更できます。パラメーターの変更が完了したら［構成と送信］を選択し、パイプラインを再実行できます（図12.37）。

図12.37　パイプラインの変更

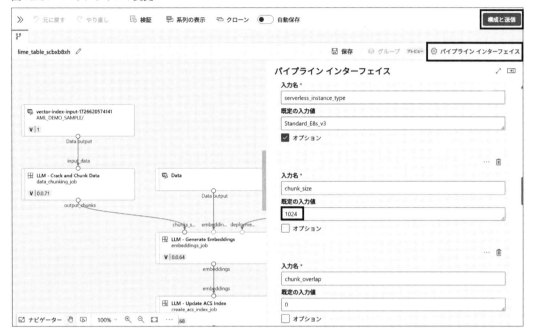

　構築したインデックスはデータのアセットとして登録されます（図12.38）。

図12.38　インデックスのアセットの確認

321

第12章 プロンプトフローの活用

インデックスの中身についてはAzure AI Searchのインデックスから確認できます。content
フィールドにはチャンク分割されたテキストが格納されています。contentVectorフィールド
には分割されたテキストのベクトル値が格納されています（図12.39）。

図12.39 インデックスの中身の確認

以上でベクトルインデックスの作成は完了です。

12.4 問い合わせチャットボットの開発

ここからは実際に、問い合わせチャットボットを開発していきます。RAGのフローの概要は図
12.40のとおりです。

12.4 問い合わせチャットボットの開発

図12.40 RAGのフロー

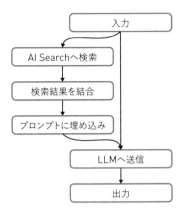

12.4.1 フローの作成

まずはフローを作成します。左メニューから［プロンプトフロー］-［作成］を選択します（図12.41）。

図12.41 フローの作成

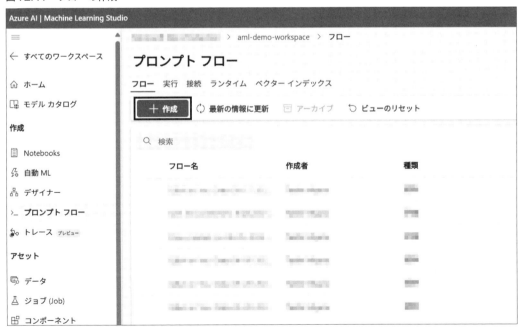

プロンプトフローにはギャラリーの中にいくつかのテンプレートが用意されています。RAGのフローを開発したい場合は「Q&A on Your Data」を選択します。フォルダ名にはフローの名

第12章 プロンプトフローの活用

前を入力します（図12.42）。

図12.42　flow-2［テンプレートの選択］

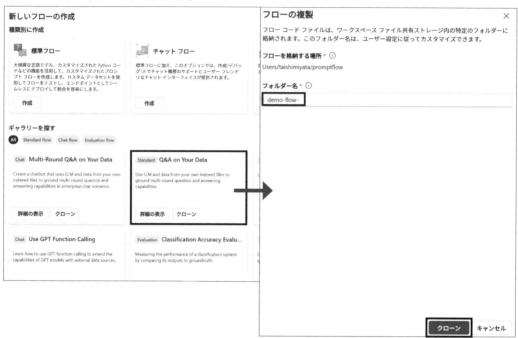

まずはフローを実行するためのコンピューティングを起動します。右上の［コンピューティングセッションの開始］を選択すると、自動的にサーバレスのコンピューティングが割り当てられます（図12.43）。

図12.43　コンピューティングセッションの開始

次に、フローの入力(「inputs」)を設定します。ここではquestionという変数でフローの入力を受け取ります。今回は「Azure OpenAIに関する問い合わせボット」を題材にしているので、「Azure OpenAIで使えるモデルを教えて」と入力します(図12.44)。

図12.44 フローの入力設定

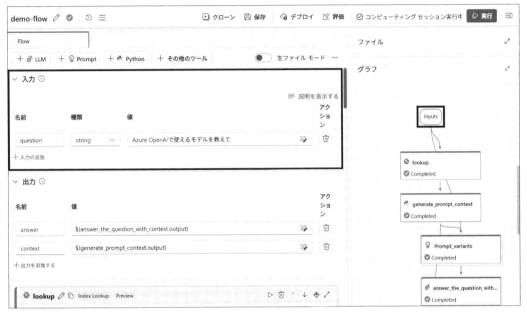

「lookup」のフローではインデックスに対してドキュメントを検索します。「queries」には、検索クエリーを設定します。今回はフローの入力として設定したquestionを変数${inputs.question}として設定します。「mlindex_content」には、検索対象のインデックスを指定します(図12.45)。

第12章 プロンプトフローの活用

図12.45 検索の設定

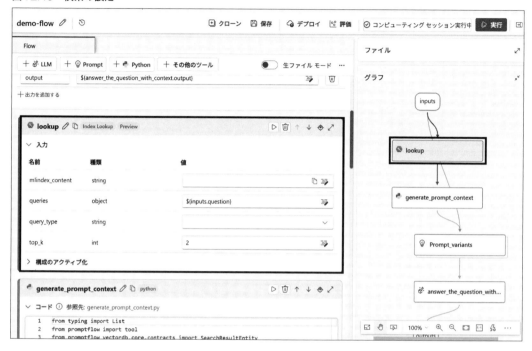

［index_type］には「Registered Index」を選択します。インデックス名には先ほど作成した「demo-index」（図ではインデックスのバージョンが付いた「demo-index:1」）を選択します（**図12.46**）。

図12.46 インデックスの選択

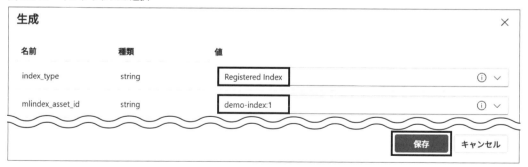

「generate_prompt_context」では、検索結果からドキュメントとソースを取得し、文字列として結合します。「lookup」のフローで検索された結果は、変数${lookup.output}としてserach_resultに代入されます。テンプレートとなるPythonスクリプトが用意されているので、

そのまま利用可能です（**図12.47**）。

図12.47　検索結果の結合

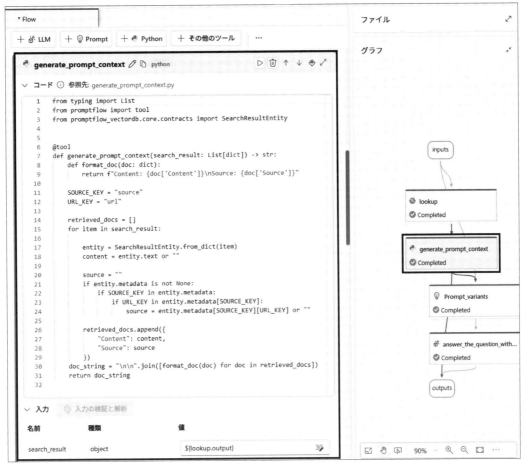

「Prompt variants」のフローでは、検索結果と質問をもとにRAGのプロンプトを作成します。フローの入力としてcontexts変数に検索結果が格納されます。question変数にはフロー全体の入力が格納されます（**図12.48**）。

第12章 プロンプトフローの活用

図12.48 プロンプトの設定

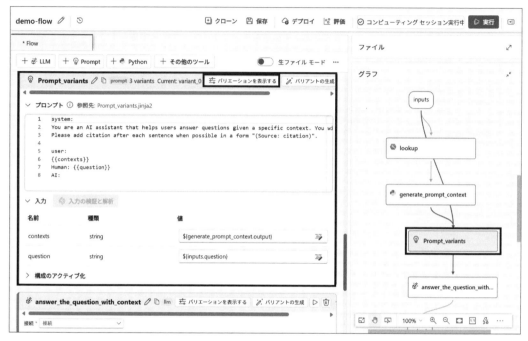

いくつかプロンプトのパターンを同時に検証したい場合、バリアントの機能を利用できます。[バリエーションを表示する]を選択すると、バリアントの設定が表示されます。バリアントでは、プロンプトのパターンを格納し、それぞれのパターンで生成された結果を比較できます(図12.49)。

12.4 問い合わせチャットボットの開発

図12.49 バリアントの設定

「anser_the_question_with_context」のフローでは、作成したプロンプトをLLMに送信します。設定したプロンプトは`prompt_text`に格納され、LLMの入力として推論に使われます。このフローではモデルの種類やパラメーターを設定します（**図12.50**）。

図12.50 LLMの設定

最後にフローの出力（「outputs」）を設定します。LLMからの出力はanswer変数に格納され、フローの出力として返されます。また、LLMの評価で利用するために、フローの出力として、検索結果のcontextsも返すように設定します（図12.51）。

図12.51 フローの出力設定

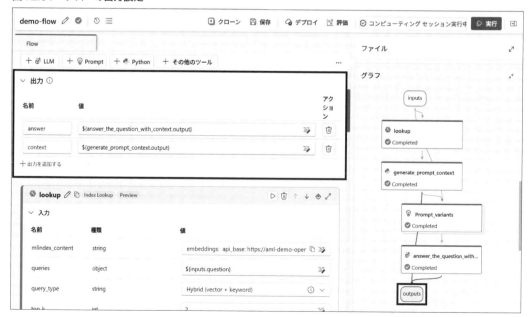

12.4　問い合わせチャットボットの開発

以上でフローの作成は完了です。

12.4.2 🔢 フローの評価

作成したフローを評価するにあたっては、生成AIで出力された自然言語をどのように評価するのかを考える必要があります。生成されたテキストと正解のテキストが与えられたとき、これらの類似度を評価する方法は大きく2つあります。

- 従来の機械学習をベースとした評価
  テキストを単語に分解し、それらの一致率を評価する
- 生成AIによる評価
  類似度を評価するプロンプトを作成し、生成AIで評価する

また、RAGにおいては類似度以外にも重要な評価の観点があります。たとえば、検索結果をもとに回答が作成されているか（根拠性）、質問に対して適切な回答になっているか（関連性）などを評価する必要があります。プロンプトフローでは、これらの評価メトリックを自動で評価できる機能が提供されています。

評価を行う際は評価用のテストデータを用意する必要があります。テストデータは質問とそれに対して理想的な回答（正解）を事前に用意します。今回用意したテストデータは**表12.2**のとおりです。GitHubの本書リポジトリからもダウンロードできます。

表12.2　評価用テストデータ

question（質問）	ground_truth（正解）
Azure OpenAIで使えるモデルを教えて	GPT-3.5、GPT-4、Embeddings、DALL-E、Whisperのモデルが使えます。
GPT-4 Turboの最大トークンを教えて	GPT-4 Turboの最大入力トークン数は128,000トークン、最大出力トークン数は4,096トークンです。
GPT-4 Turboが使えるリージョンは？	オーストラリア東部、カナダ東部、米国東部2、フランス中部、ノルウェー東部、インド南部、スウェーデン中部、英国南部、米国西部のリージョンで使用可能です。
GPT-5はいつ使えるようになる？	分かりません。
GPT-3.5とGPT-4の違いは？	GPT-4はGPT-3.5に比べて、高い精度で難しいタスクを解決する能力があります。

評価を行うためには、フローの右上にある[評価]を選択します（**図12.52**）。

12

第12章 プロンプトフローの活用

図12.52 評価の選択

フローの実行のときと同様に［すべてのノードに既定のバリアントを使用する］を選択し、［次へ］を選択します（図12.53）。

図12.53 評価の設定

12.4 問い合わせチャットボットの開発

テスト用データをアップロードします（図12.54）。

図12.54 テストデータのアップロード

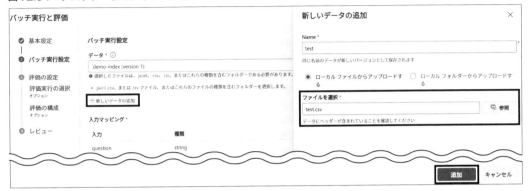

フローの入力questionとテストデータの列のマッピングを設定します（図12.55）。

図12.55 テストデータのマッピング

プロンプトフローで提供されている組み込みの評価指標を選択できます（図12.56）。

図12.56　評価指標の選択

主な組み込みの評価指標は**表12.3**のとおりです。

表12.3　主な組み込みの評価指標

指標	説明	入力
根拠性 (QnA Groundedness Evaluation)	回答がユーザー定義のコンテキストとどれだけ一致しているかを評価	質問、コンテキスト、回答
関連性 (QnA Relevance Evaluation)	回答が質問に対してどれだけ適切で、重要なポイントをとらえているかを評価	質問、コンテキスト、回答
一貫性 (QnA Coherence Evaluation)	回答が自然に読め、流暢であるかどうかを評価	質問、回答
流暢性 (QnA Fluency Evaluation)	文法的な正確さや、適切な構文・語彙の使用がなされているかを評価	質問、回答
類似性 -Ada (QnA Ada Similarity Evaluation)	回答と正解の意味的な類似性をEmbeddingモデルで評価	質問、回答、正解
類似性 -GPT (QnA GPT Similarity Evaluation)	回答と正解の意味的な類似性をテキスト生成モデルで評価	質問、回答、正解
F1スコア (QnA F1 Score Evaluation)	回答と正解の間で共有されている単語の割合を測定	回答、正解

次に、それぞれの評価指標を算出するために必要な入力のマッピングと言語モデルの設定を行います（**図12.57**）。

12.4 問い合わせチャットボットの開発

図12.57　各評価指標の設定

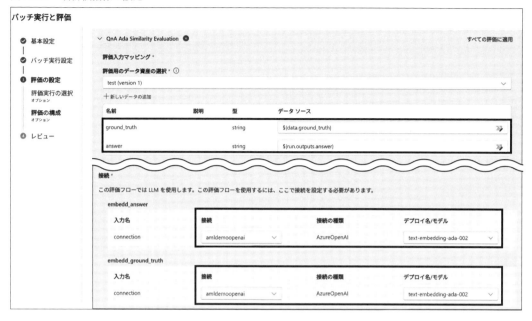

すべての設定が完了したら、[確認および送信]を選択します(図12.58)。

図12.58　評価の送信

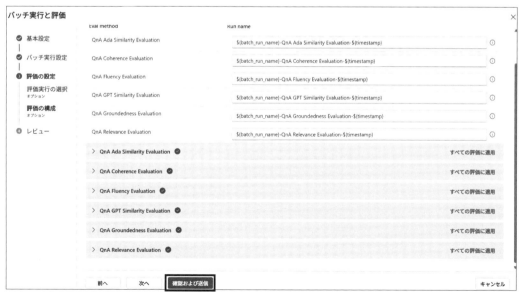

最後に、実行された評価結果を確認します。左メニューの[プロンプトフロー]から[実行]を

選択すると、評価結果が一覧で確認できます（図12.59）。

図12.59　評価結果の確認

一番上の「demo-flow～」を選択すると、テストデータによって生成された回答が確認できます（図12.60）。

図12.60　回答の確認

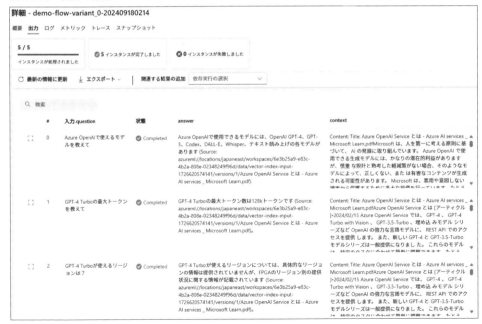

12.4 問い合わせチャットボットの開発

それぞれの評価指標に関しても結果を確認できます（図12.61）。

図12.61 評価指標の結果の確認

評価結果を一覧で確認したい場合は［出力の視覚化］（図12.62）で確認できます（図12.63）。

図12.62 出力の視覚化

図12.63　評価指標の一覧確認

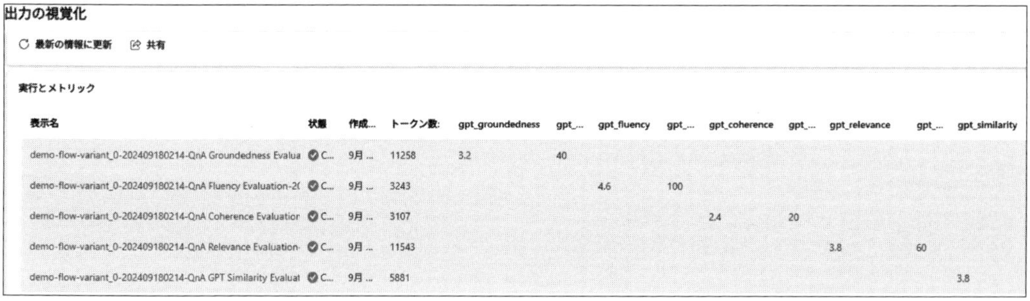

これらの評価結果を確認し、期待する出力が得られていない場合はフローの修正を行い、再度評価を行います。

12.4.3　フローの実行

構築したフローを実行するには、右上の［実行］を選択します（**図12.64**）。

図12.64　フローの実行

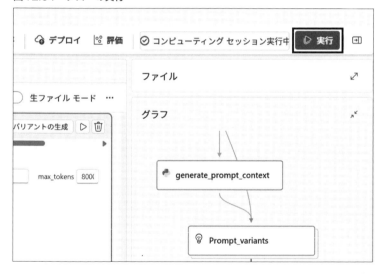

次に実行するバリアントを選択します。今回は既定のプロンプトのみを実行したいので［すべてのノードに既定のバリアントを使用する］を選択し、［送信］を選択します（**図12.65**）。

12.4 問い合わせチャットボットの開発

図12.65 フロー実行の送信

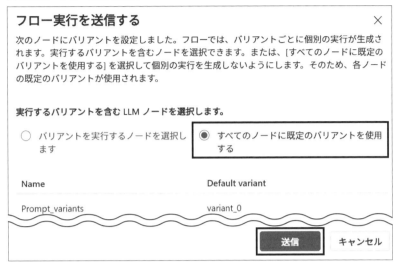

フローが実行されると右側のグラフに「Completed」が表示されます。[出力の表示]を選択すると実行結果を確認できます（図12.66）。

図12.66 実行ステータスの確認

answerには生成されたテキスト、contextには検索された結果が格納されていることが確認できます（図12.67）。

図12.67　実行結果の確認

12.4.4　フローのデプロイ

評価が完了し、期待する出力が得られたら、フローをデプロイします。デプロイしたいフローを選択し、右上の[デプロイ]を選択します(**図12.68**)。

図12.68　デプロイの選択

エンドポイント名、デプロイ名を入力し、仮想マシンスペックを選択、インスタンス数を設定します。[推論データ収集]を有効にすることで、エンドポイントに対してのリクエスト・レスポンスを収集できます。[確認と作成]をクリックし、エンドポイントを作成できます(**図12.69**)。

12.4 問い合わせチャットボットの開発

図12.69 デプロイの設定

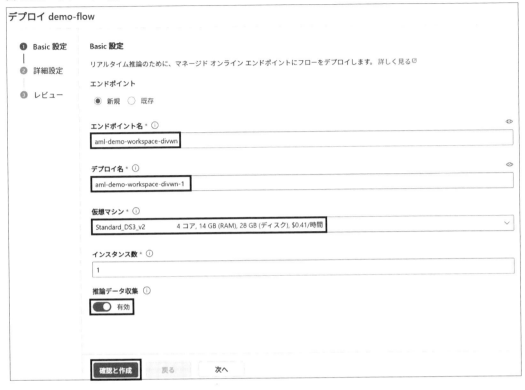

デプロイされたエンドポイントは左メニューの[エンドポイント]から確認できます(図12.70)。

第12章 プロンプトフローの活用

図12.70 エンドポイントの確認

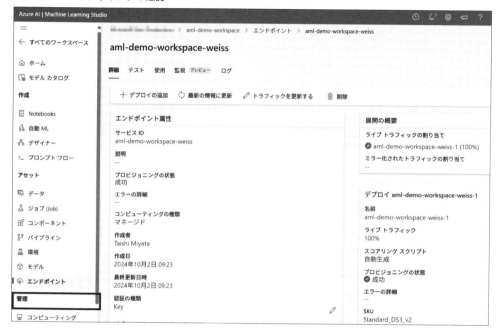

［テスト］を選択することで、エンドポイントの動作確認ができます。フローの入力として設定したquestionにクエリーを入力することで、生成結果を確認できます（**図12.71**）。

図12.71 エンドポイントのテスト

［使用］を選択することで、REST APIのエンドポイントとAPIキーを確認できます（図12.72）。

図12.72　エンドポイントの使用

12.5　まとめ

　Azure Machine Learningのプロンプトフローについて解説してきました。プロンプトフローは、生成AIを活用したアプリケーション開発を効率的に行うためのツールであり、視覚的なグラフを用いてプロンプト、LLM、Pythonツールを組み合わせたワークフローを構築できる点が特徴です。

　また、バリアントテストやマネージドオンラインエンドポイントのデプロイなど、チームでの協力を容易にし、開発のライフサイクル（初期化、実験、評価、運用）を効率化できることも解説しました。これらの知識を活用し、より効率的で高品質な生成AIアプリケーションの開発を進めていきましょう。

第13章 LLMOpsへの招待

前章までは、リリースするに値する品質のLLMワークフローを開発し、デプロイするところまで実施しました。しかし、MLOpsのときと同様にプロジェクトはそこで終わりではありません。むしろLLMの場合は、デプロイしたあとの運用のほうが重要になるケースが多いです。なぜなら、分類や回帰といった従来の機械学習と異なり、LLMの入出力は自然言語を扱うため、事前にユーザーがどのような質問を行い、どのような回答を求めるか、初回デプロイ前にすべてを想定しきることが難しいためです。

そのため、多くのプロジェクトではある程度事前に想定できるテストケースで品質を評価したあとは、まずはデプロイしてみて、運用後にユーザーが入力した質問、RAGアプリケーションが生成した回答や回答に対するユーザーの評価（bad or goodや5段階評価など）を収集し、ユーザーの評価が低い回答の原因を分析して改善するサイクルを繰り返すことになります。

本章では、LLMワークフローのライフサイクルの管理を自動化するためのプラクティスであるLLMOpsの概要やLLMOps実現に向けたMicrosoftの取り組みを紹介したうえで、まだまだ発展途上ではありますが、Azure Machine LearningのLLMOps機能について解説します。

13.1 LLMOpsとは

LLMOpsは、Large Language Model Operationsの略称で、LLMやLLMワークフローの開発から運用までのライフサイクル管理を自動化するためのプラクティスを指します。LLM版のMLOpsとも言われます。

2018年からBERTやGPT-2などのLLMは存在していましたが、本番運用に至るケースが少なかったためか、LLMOpsというワードが注目されることはありませんでした。しかし、2022年12月にChatGPTがリリースされ、LLMの本番活用に対するニーズが急増したことにより、LLMOpsという概念が急速に注目されるようになりました。

とはいえ、2022年12月にLLMOpsが注目されてから執筆時点ではまだ2年も経っていない状況のため、ベストプラクティスと呼べる領域はまだまだ少なく発展途上な状況です。そのため、Azure Machine LearningのLLMOps機能もまだまだ充実しているとは言い難い状況ではありますが、執筆時点で提供されている機能を中心に紹介します。

13.1.1 ≡ MLOpsとLLMOpsの違い

LLMOpsをより理解するためには、第9章で取り扱ったMLOpsと何が違うのかを比較することが近道です。そのため、**表13.1**でMLOpsとLLMOpsの違いについてまとめてみました。この表は、MLOpsとLLMOpsの違いを開発者、開発アセット、メトリクス・評価、モデルの軸で整理したものです。

表13.1 MLOpsとLLMOpsの比較

	MLOps	LLMOps
開発者	機械学習エンジニア、データサイエンティスト	機械学習エンジニア、アプリ開発者
開発アセット	モデル、学習・推論データや環境	モデル、プロンプト、検索エンジン、エージェント、プラグイン
メトリクス・評価	データドリフト、精度	**品質**：正確性・類似度 **安全性**：バイアス・有害性 **信頼性**：根拠 **コスト**：リクエストごとのトークン数 **レイテンシー**：応答時間
モデル	フルスクラッチ	事前構築、ファインチューニングされたモデル（API）

まずは開発者の軸で比較すると、MLOpsの場合はフルスクラッチでモデルを一から実装する必要があるためデータサイエンティストが必須で、データサイエンティストが開発したモデルをデプロイして運用するため機械学習エンジニアも必要でした。一方、LLMOpsの場合は事前構築またはファインチューニングされたモデルを活用することが多いため、データサイエンティストによるフルスクラッチでの学習は必須ではなくなりつつあります。そして、プロンプト、検索エンジン、エージェントやプラグインなど開発要素が増えたため、機械学習エンジニアだけでなくアプリ開発者の存在も重要になってきています。

メトリスクや評価のしかたもMLOpsとLLMOpsで大きく異なっています。MLOpsにおいては、AUCやMSLEなどの精度指標やグランドトゥルースが長期間入手できない場合にデータドリフトを参考に精度劣化を評価するといった手法が採られることがありました。一方、LLMOpsの場合は、回答の正確性や回答とグランドトゥルースとの類似度といった品質面だけでなく、暴力的な表現や差別的な表現が含まれていないかといった安全性、根拠となるデータに基づいて回答しているかといった信頼性、APIで従量課金で利用するときにコスト面に影響するトークン数や応答時間など多岐に渡り、検討内容が増加していることがわかります。

次に、プロセスの視点からMLOpsとLLMOpsの違いについて解説したいと思います。**図13.1**はLLMOpsのプロセスを示しています。MLOpsと似ている部分もありますがいくつか異なる点があります。プロセスの各要素については**表13.2**を見ていただくとして、MLOpsと大きく違う

第13章 LLMOpsへの招待

部分をポイントを絞って違いを説明したいと思います。

図13.1 LLMOpsのプロセス

※参考：https://learn.microsoft.com/en-us/ai/playbook/solutions/generative-ai/llmops-promptflow

表13.2 LLMOpsのプロセス（詳細）

プロセス	説明
基盤モデル	Azure OpenAIのGPT-3.5/4モデル、Llama 2、Falcon、Hugging Faceの任意のモデルなど、適切な基盤モデルを選択する。必要に応じて、ファインチューニングされたモデルを選択
プロンプトエンジニアリング	LLMモデルが行う具体的なタスクについての手順と、セキュリティを確保するための複数の対策を含んだプロンプトの最適化や調整を行う
データ＆サービス	ドメイン独自のグラウンディングデータ（RでRAGを実装する）か、ユースケース独自の例（Few shot learning）を用いIn-Context Learningを可能にする
実験＆オフライン評価	サンプル入力データを使用して、フロー（プロンプト＋追加データまたはサービス）をエンドツーエンドで実行する。大規模なデータセットに対するLLMからの応答を、想定される回答（存在する場合）に照らして評価するか、コンテキストに従って回答が適切かどうかを評価
CI/CD	LLMフローの継続的な統合（CI）および継続的なデプロイ（CD）により、エンジニアリングのベストプラクティスでコード品質を維持し、LLMのパフォーマンスと上位環境への昇格を比較
デプロイ＆推論	LLMフローを、予測を行うためのスケーラブルなコンテナとしてパッケージ化してデプロイする。さらに、トラフィックルーティング制御を使用してブルーグリーンデプロイメントを有効にし、LLMフローのA/Bテストを実行できるようにする
監視	LLMフローの品質、安全性などの観点で監視し、モデルのパフォーマンスを関係者に伝える
オンライン評価	LLMのオンライン評価は、LLMの回答が1つ以上の評価メカニズムによって評価されるパフォーマンス、潜在的なリスクなどを理解するために非常に重要

　まず、LLMOpsのプロセスで一番最初に始まる要素である「基盤モデル」は、MLOpsのときのようにスクラッチで一からモデルを作るのではなく、事前学習済みの基盤モデルを選択するかファインチューニングしたモデルを活用する前提になっています。

　その次に続く「プロンプトエンジニアリング」と「データ＆サービス」はMLOpsにはなかった要素です。MLOpsの場合は、推論させるためのデータを準備してモデルに入力して推論させるだけでしたが、LLMOpsの場合はモデルに意図する出力をさせるためにプロンプトを工夫するプロンプトエンジニアリングや独自のデータに基づいて回答させるための検索エンジン、検索するためのデータを整備するデータ＆サービスという新しい要素が追加されます。

以降の「実験＆評価」「CI/CD」「デプロイ＆推論」「監視」は、評価や監視すべきメトリクスで異なる部分はありますが、要素自体はMLOpsでも存在していたもので、近いと感じる部分も多いのではないかと思います。

最後の「オンライン評価」は、MLOpsでも重要視されていましたが。必須の要素としてプロセスに組み込まれているという点が異なります。将来的にはLLMが回答した内容をLLM自身が評価して改善するところまで全自動で行えるようになる可能性はありますが、それまでは人間の判断が介在する必要があります。

しかし、継続的に人間がLLMの回答を評価する仕組みを運用に組み込むのは、現実世界ではとてもハードルが高い場合が多いです。評価自体もLLMに関する知識だけでなく業務やビジネスの専門的な知識が必要になるケースが多いため、エンジニアだけでなく業務やビジネスの専門家ともコラボレーションしながら大量に生成される回答を評価する必要があります。しかし、たいていの場合は組織の壁や"みなさんお忙しい"という事情から、とりあえず生成AIを導入したまでは良いものの継続的な品質の改善が行われず、結果回答精度が悪くなりいつの間にか使われなくなるといったケースになることが多いのではないでしょうか。

そういった事態を防ぐため、LLMOps界隈ではHuman-in-the-loop（人間参加型AI）という考え方が見なおされてきています。Human-in-the-loopとは人とAIが協調してお互いの質を高め合うための「人とAIを統合したシステム」を指します。「人とAIを統合したシステム」とはどういうことか図13.2で説明します。

図13.2　Human-in-the-loop

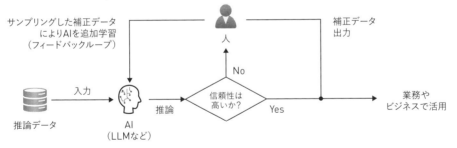

こちらの図では、AIの推論結果の信頼性が高い場合はそのまま業務やビジネスで活用する一方、AIの推論結果の信頼性が低い場合は人が介在して推論結果を補正し、補ってから活用することで、人側の業務やビジネスの質を高める関係にあることがわかります。そして、人が補正した結果をすべてアノテーション（メタデータの付加）するのは大変ですので、学習に必要なデータだけサンプリングしたうえでAIにフィードバックループしてAIを追加学習することで、効率的にAI自身の質も高めます。

第13章 LLMOpsへの招待

　このような、人とAIが協調して効率的にお互いの質を高め合うシステムがHuman-in-the-loopです。より詳しい内容を知りたい方はHuman-in-the-loopの専門書[注13.1]も出版されているのでぜひ参考にしてみてください。

　Human-in-the-loopの考え方はLLMOpsのオンライン評価でも応用できます。もっとも簡単な例としては、ユーザー自身に評価してもらった結果をフィードバックする方法です。図13.3、13.4のようにサムズアップやサムズダウンのボタンを設定することで、自然にユーザーが回答に満足しているかどうかをフィードバックしてもらったり、どのような点が気に入ったかまたは気に入らなかったかを文章でフィードバックしてもらうことで、ユーザーの評価を収集できます。

図13.3　Copilotでのサムズアップ／サムズダウン評価

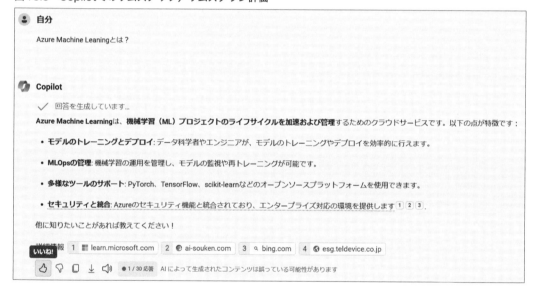

図13.4　文章でのフィードバック

注13.1　Robert (Munro) Monarch著, 上田 隼也 訳, 角野 為耶, 伊藤 寛祥 訳,『Human-in-the-Loop機械学習』, 共立出版, 2023年.

また、ユーザーに評価してもらえなかった場合もLLM自身に評価させ、LLM自身が信頼性の低いものと判断したものは人が評価するようなプロセスにしたり、Phi-3などのSLM（小規模言語モデル）をファインチューニングして評価用に独自のモデルを構築したりといった方法も考えられます。

この章の冒頭でも述べたとおり、LLMOpsは継続的な回答精度の改善が必要となるため運用がとくに重要になります。その中でもオンライン評価の仕組みを構築することはハードルになることが多いため、Human-in-the-loopの考え方をふまえたうえで、人とAIが協調可能な仕組みづくりの構築を目指してみてはいかがでしょうか。

13.1.2　MicrosoftのLLMOps実現に向けた取り組み

第9章のMLOpsでも解説したとおり、プロンプトフローなどのLLMプラットフォームを導入するだけではLLMOpsを実現することはできません。MLOpsと同様に組織レベルで取り組み、継続的な改善を行う必要があります。

Microsoftでは、「MLOps成熟度モデル」のLLM版である「LLMOps成熟度モデル」[注13.2]を提供しています。LLMOps成熟度モデルは、1〜4の4段階で評価され、それぞれの段階に図13.5のような特徴があります。

図13.5　LLMOps成熟度モデル

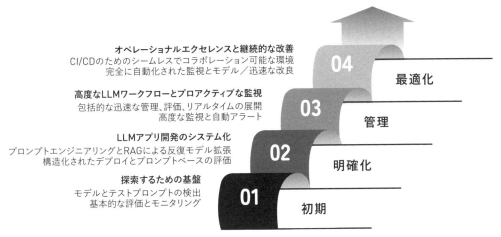

参考：https://learn.microsoft.com/ja-jp/azure/machine-learning/prompt-flow/concept-llmops-maturity?view=azureml-api-2

注13.2　「生成人工知能運用（GenAIOps）のための成熟度レベルの向上」https://learn.microsoft.com/ja-jp/azure/machine-learning/prompt-flow/concept-llmops-maturity?view=azureml-api-2

第13章 LLMOpsへの招待

　LLMOps成熟度モデル評価用のアセスメントツール[注13.3]も提供されています。アセスメントツールを利用することで、組織のLLMOpsの成熟度をスコアで評価し、推奨アクションを得ることができ、リンク先のリファレンスの内容を実施することで成熟度向上に役立てることができます（図13.6、13.7）。

図13.6　アセスメントによりスコアリングした結果

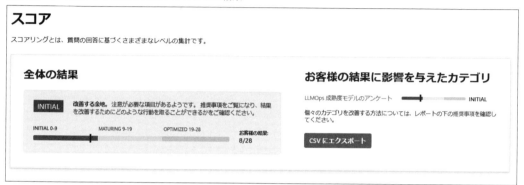

図13.7　推奨アクション

　また、LLMOpsワークショップコンテンツ[注13.4]がGitHubに公開されています。このワークショッ

注13.3　「GenAIOps成熟度モデル評価」
　　　　https://learn.microsoft.com/ja-jp/assessments/e14e1e9f-d339-4d7e-b2bb-24f056cf08b6/
注13.4　"LLMOps Workshop" https://microsoft.github.io/llmops-workshop/

プでは、Azure AI、Azure Machine Learning プロンプトフロー、Azure AI Content Safety、Azure OpenAIを使用して、大規模言語モデルソリューションを効率的に構築、評価、監視、展開する方法について説明しています。目次はコーディングレベル別に分類されており、初心者向けのノーコード、中級者向けのローコード、上級者向けのフルコードと、必要なコーディングレベルが把握できるようになっています。

さらにMicrosoft Japanの有志メンバーからは、LLMOpsをMLOpsのサブセットと位置付けたうえで、LLMOpsとMLOpsとの差分は何か、MLOpsからLLMOpsへ発展するために修正すべき点は何か、そして修正すべき点に対してどのように対処していくべきかを記したドキュメント[注13.5]が公開されています（図13.8）。

図13.8　LLMOps: Δ MLOps

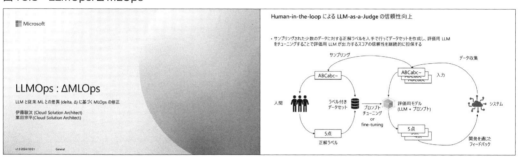

現状は、修正すべき4点「評価」「データドリフト」「性能改善」「アセットとしてのプロンプト」のうち、「評価」と「アセットとしてのプロンプト」の対処方法が記載されています。とくに評価は、Phi-3をファインチューニングして評価用に独自のモデルを構築して評価させる手法が人の評価と同等の高評価スコアであったことが記されており、人を評価用データの作成から解放する道筋を示す良結果となっている点が見どころです。

「MLOps成熟度モデル」と異なり「LLMOps成熟度モデル」はアセスメントツールが公開されているので、これから始める方は組織の成熟度の把握と取るべきアクションが明確になるので重宝すると思います。また、LLMOpsワークショップもLLMOpsの一通りのプロセスを学ぶことができ、レッスン5のうち、4まではローコードでの実装が可能ですので、初心者でも取り組みやすい内容になっています。みなさまの組織でも参考にしてみてはいかがでしょうか。

注13.5　"LLMOps : Δ MLOps" https://speakerdeck.com/shuntaito/llmops-dmlops

第13章 LLMOpsへの招待

13.2 Azure Machine LearningのLLMOps機能

第12章では、LLMOpsのライフサイクルの中でLLMワークフローの構築、評価、デプロイまで実施してきました。本章ではこれまでの章で取り扱いのなかったLLMワークフローの監視について紹介します。

13.2.1 LLMワークフローの監視

LLMワークフローを評価し、リリース可能な品質に達していることを確認したうえでデプロイしても、その後想定している品質を維持しているのか気になると思います。

Azure Machine Learningのモデル監視機能の「生成AIアプリケーションの安全性と品質の監視（プレビュー）」機能[注13.6]を活用すれば、LLMワークフローがデプロイ後も想定している品質を維持しているかを監視できます。

生成AIアプリケーションの安全性と品質の監視（プレビュー）機能は、デプロイしたLLMワークフローの運用データを収集し、監視ジョブを実行することにより根拠性、関連性、一貫性、流暢性、類似性の評価メトリックを算出して品質を監視できます。監視用の評価メトリックは、プロンプトフローのLLMワークフロー構築後に行った評価のメトリックと対応しており、相互運用できるようになっています。それぞれのメトリック算出に必要なデータは**表13.3**のとおりです。

表13.3 メトリック算出に必要なデータ

データ ＼ メトリック	Prompt	Completion	Context	Ground truth
一貫性	必須	必須	-	-
流暢性	必須	必須	-	-
根拠性	必須	必須	必須	-
関連性	必須	必須	必須	-
類似性	必須	必須	-	必須

メトリック算出に必要なデータのPrompt、Completion、Contextは簡単に自動収集できます。それぞれ、第12章で構築したLLMワークフローの入力と出力で設定した変数が、question ＝ Prompt、output ＝ Completion、context ＝ Contextのように対応しています。まずは**図13.9**のようにLLMワークフローの入力と出力で設定します。

注13.6　「生成AIアプリケーションのモデルの監視（プレビュー）」https://learn.microsoft.com/ja-jp/azure/machine-learning/prompt-flow/how-to-monitor-generative-ai-applications?view=azureml-api-2

13.2 Azure Machine LearningのLLMOps機能

図13.9 LLMワークフローの入出力設定

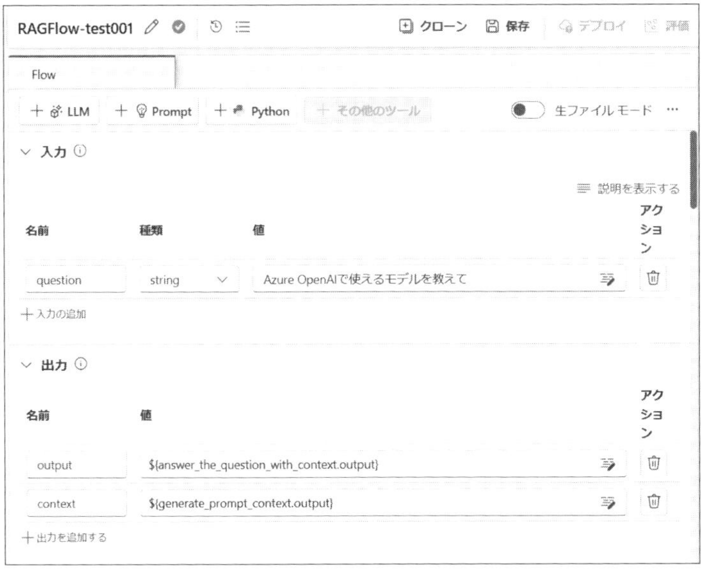

そして、デプロイ時に［推論データ収集］のトグルを有効化することで、データコレクターで収集したデータがアセットとして登録されます（**図13.10**）。

図13.10 推論データの自動収集設定

353

第13章 LLMOpsへの招待

データアセットは、それぞれ`<endpoint name>-<deploy name>-model_inputs`、`<endpoint name>-<deploy name>-model_outputs`の命名規則で作成されており、`model_inputs`にquestion（= Prompt）、`model_outputs`にoutput（= Completion）とcontext（= Context）が出力されます。

13.2.2 ∷ LLMワークフローの監視ジョブ構築ハンズオン

○ 前提

- LLMワークフローの監視を実行するためには、第12章のハンズオンを実施して監視データを出力している必要がある（まだの方は実施してください）
- サブスクリプションまたは対象のリソースグループに、所有者または共同作成者の権限が付与されていること

○ 監視ジョブの作成と実行

1. 左のメニューの［監視中］から［追加］を選択（図13.11）

図13.11　監視ジョブ追加

2. ［モデルタスクの種類］では「プロンプトと完了」を、タイムゾーンは「(UTC+09:00) Osaka, Sapporo, Tokyo」を選択し、繰り返し間隔は「1」日にし、監視ジョブを実行する時間を設定し、［次へ］を選択する（図13.12）

13.2 Azure Machine LearningのLLMOps機能

図13.12 基本設定

3. [追加]を選択し、対象の`<endpoint name>-<deploy name>-model_inputs`、`<endpoint name>-<deploy name>-model_outputs`を選択して追加し、[次へ]を選択する（図13.13）

図13.13 データアセットの構成

4. ［編集］を選択する（図13.14）

図13.14　シグナル監視設定の編集開始

5. ［シグナル編集］に移る（図13.15）

図13.15　シグナル監視設定の編集（その1）

6. ❶では監視メトリクスを評価するAzure OpenAIモデルを選択する。執筆時点で対応している評価モデルは「GPT-3.5 Turbo」「GPT-4」「GPT-4-32k」。検索結果であるcontextを入力する場合はモデルの入力トークン数の制限によりエラーになる可能性があるため、GPT-4-

32kなどよりトークン制限の大きいモデルを指定するかcontextを使用しないようにするかして調整する

7. ❸で結合する運用データとしては<endpoint name>-<deploy name>-model_inputsを指定する。model_inputsと❷のmodel_outputsを結合するキーとしてはcorrelationidを指定する

8. ❹では[接地性][注13.7]と[関連性]のチェックを入れ、❺は記載の列名を指定し、[保存]を選択する(図13.16)

図13.16　シグナル監視設定の編集(その2)

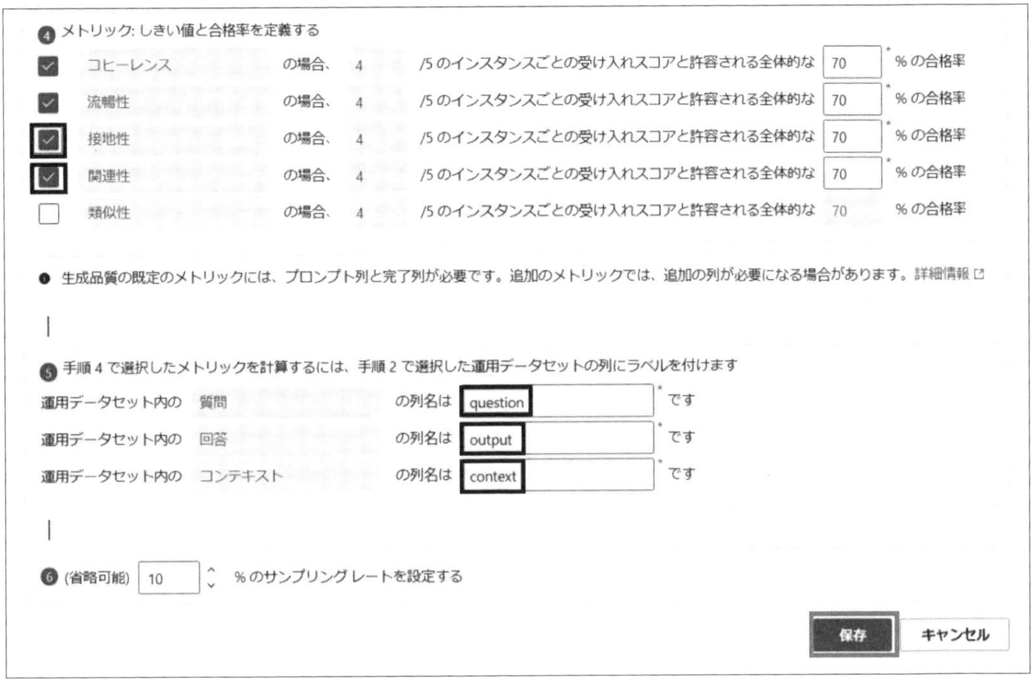

注13.7　表13.3のメトリックにおける根拠性に該当します。

9. ［次へ］を選択する（図13.17）

図13.17　シグナル監視設定の確認

10. 受信したいメールアドレスを指定し、［次へ］を選択する（図13.18）

図13.18　通知設定

11. [作成] を選択する（図13.19）

図13.19　監視ジョブの作成

● 監視ジョブ実行結果の確認

1. 対象の [モニター] を選択する（図13.20）

図13.20　モニター選択

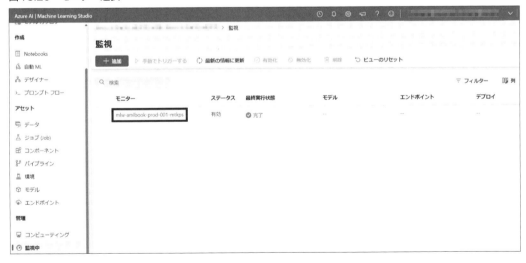

第13章 LLMOpsへの招待

2. モニター概要ページを見ると右側に評価結果がシグナルとして表示されている。[gsq-signal]を選択する（図13.21）。

図13.21 モニター概要

詳細ページの上段部分（時間の経過に伴うメトリック通過率）は、各メトリックの通過率が時系列でプロットされます。下段部分（機能の内訳）では、メトリックごとに1〜5の評価のデータが何件ずつ存在するかヒストグラムで表示されます（図13.22）。

図13.22 メトリック詳細

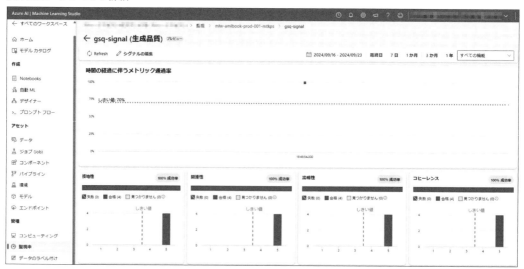

13.2 Azure Machine LearningのLLMOps機能

COLUMN
LLMワークフローのコード管理とCI/CD環境整備

　第12章と本章ではおもにUIを使ってLLMワークフローの構築、評価、デプロイ、監視を行ってきましたが、運用開始後に継続的な改善を繰り返し行うためには、コード管理やCI/CD環境の整備も重要になってきます。そのため、本コラムではLLMワークフローのコード管理やCI/CD環境整備方法について紹介したいと思います。

　プロンプトフローでは、UIで開発している場合でも開発したLLMワークフローは.yaml、.py、.jinja2などのファイルで構成されており、これらのファイルをUI上からZIP形式でダウンロードすれば簡単にAzure DevOpsやGitHubでコード管理[注13.A]できます（**図13.A**）。

図13.A　LLMワークフローをZIP形式でダウンロード

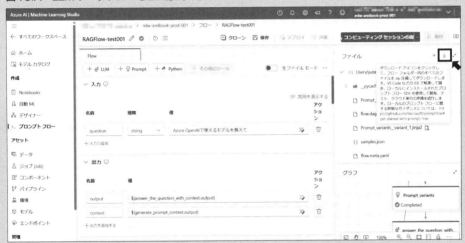

　また、プロンプトフローはSDKやCLIが豊富で、VS Codeの拡張機能「Prompt flow for Vs code」を活用すれば、クラウドと同様のUIエクスペリエンスで開発しつつ、コード管理も同時に行うことができます（**図13.B**）。

注13.A　「LLMベースのアプリケーション用にプロンプトフローをDevOpsと統合する」https://learn.microsoft.com/ja-jp/azure/machine-learning/prompt-flow/how-to-integrate-with-llm-app-devops?view=azureml-api-2&tabs=cli

第13章 LLMOpsへの招待

図13.B　Prompt flow VS Code拡張機能での開発イメージ

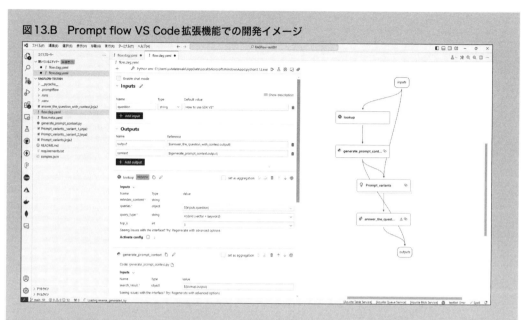

　さらに公式ドキュメント注13.Bでは、LLMOpsとして整備すべきCI/CDのプロセスフローが紹介されています。このプロセスフローは、PR環境でLLMワークフローの構築を行い、開発環境でテストしてから本番環境へデプロイするところまでの流れが整備されています（図13.C）。

注13.B　「プロンプトフローとGitHubを使用するGenAIOps」https://learn.microsoft.com/ja-jp/azure/machine-learning/prompt-flow/how-to-end-to-end-llmops-with-prompt-flow?view=azureml-api-2

13.2 Azure Machine LearningのLLMOps機能

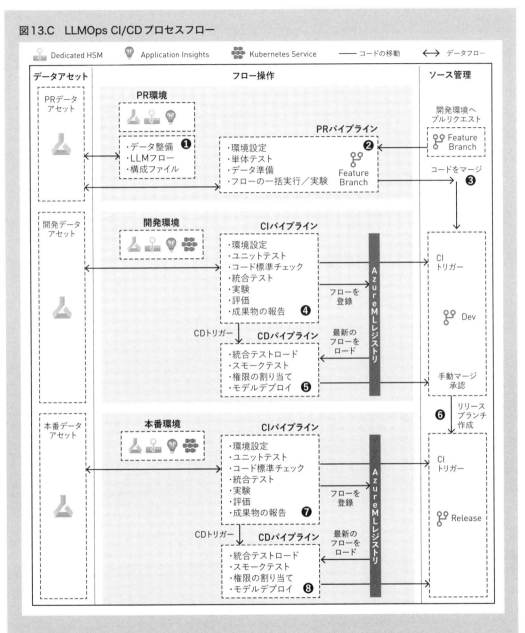

図13.C LLMOps CI/CDプロセスフロー

図の❶～❽では、それぞれ次の工程を実施します。

❶最初のステージ。ここではLLMワークフローが開発され、データが整備、キュレーションされ、LLMOps関連の構成ファイルが更新される

第13章 LLMOpsへの招待

❷VS CodeとPrompt flow for Vs code拡張機能を使用してローカル環境で開発後、Feature BranchからDevelopment BranchにPull Request (PR) が発生する。これによりPRパイプラインが実行される。また、実験フローも実行する

❸PRは手動で承認され、コードはDevelopment Branchにマージされる

❹PRがDevelopment Branchにマージされると開発環境のCIパイプラインが実行される。実験フローと評価フローの両方を順番に実行し、パイプラインの他のステップとは別に、Azure Machine Learningレジストリにフローを登録する

❺CIパイプラインの実行が完了すると、CDトリガーによってAzure Machine Learningレジストリから標準フローをAzure Machine Learningオンラインエンドポイントとしてデプロイし、デプロイされたフローで統合とスモークテストを実行するCDパイプラインの実行が保証される

❻Release BranchがDevelopment Branchから作成されるか、Development BranchからRelease BranchにPRが発生する

❼PRは手動で承認され、コードはRelease Branchにマージされる。PRがRelease Branchにマージされると、本番環境のCIパイプラインが実行される。実験フローと評価フローの両方を順番に実行し、パイプラインの他のステップとは別に、Azure Machine Learningレジストリにフローを登録する

❽CIパイプラインの実行が完了すると、CDトリガーによってAzure Machine Learningレジストリから標準フローをAzure Machine Learningオンラインエンドポイントとしてデプロイし、デプロイされたフローで統合とスモークテストを実行するCDパイプラインの実行が保証される

しかし、これらを一から整備するのはかなり大変です。そこで、これらの実装をエンドツーエンドで支援するサンプルコードLLMOps with Prompt flow注13.Cが、MicrosoftによってGitHubで公開されているので、ぜひ参考にしてみてください。

注13.C https://github.com/microsoft/genaiops-promptflow-template

13.3 まとめ

本章では、LLMワークフローのライフサイクルの管理を自動化するためのプラクティスであるLLMOpsの概要やLLMOps実現に向けたMicrosoftの取り組みを紹介したうえで、まだまだ発展途上ではありますがAzure Machine LearningのLLMOps機能について解説してきました。

Azure Machine LearningのLLMOps機能以外にもアセスメントツールで評価可能なLLMOps成熟度モデル、LLMOpsワークショップコンテンツなど、組織の成熟度を高めるコンテンツが提供されていますので、これらを活用してLLMOpsの導入を検討してみてはいかがでしょうか。

> 13.3 まとめ

> COLUMN
>
> ## Azure AI Foundry
>
> 　Azure AI Foundryは、Microsoft主催のカンファレンス「Microsoft Ignite 2024」にて発表されたAIアプリケーションやAIエージェント開発のための新しい統合プラットフォームです[注13.D]。これまでのAzure AI Studioの機能を大幅に拡張した形で、企業や開発者がAIアプリケーションやAIエージェントをより簡単かつ安全に設計、構築、運用できる環境を提供します。従来の各Azure AIサービス（Azure OpenAI Service、Azure AI Agent Service、Azure AI Search、Azure Machine Learningなど）との連携を強化するとともに、専用の管理ポータル（図13.D）と開発者向けSDKを備えることで、これまで複数のAzure AIサービスを利用する必要があったAIアプリケーション開発をAzure AI Foundryという統一されたプラットフォームで行えるようになります。
>
> **図13.D　Azure AI Foundryポータル（モデルカタログ画面）**
>
>
>
> Azure AI Foundryはおもに次の2つのコンポーネントで構成されています。
>
> - **Azure AI Foundryポータル**
>   従来のAzure AI Studioがリブランドされた形となる本ポータルでは、プロジェクト管理、リソースの一元管理、および各種AIサービスの統合利用が直感的に行える。エンタープライズ向けの高度なセキュリティ機能（Microsoft Entra ID認証、プライベートネットワークなど）も備える
> - **Azure AI Foundry SDK**
>   開発者向けのソフトウェア開発キット（SDK）。コードベースでリソースの作成、モデル評価、デ
>
> 注13.D　"What is Azure AI Foundry?" https://learn.microsoft.com/ja-jp/azure/ai-studio/what-is-ai-studio

第**13**章　LLMOpsへの招待

プロイを実行でき、従来のAzure SDKに加えて、AI特有のワークフローに最適化されたツール群を提供する

Azure AI Foundryがもたらす利点は次のとおりです。

- **統合管理機能**
  複数のAzure AIサービス（Azure OpenAI Service、Azure AI Agent Service、Azure AI Search、Azure Machine Learning、Azure AI Language、Azure AI Speech、Azure AI Content Safety、Azure AI Document Intteligenceなど）を一元的に管理でき、プロジェクト単位での最適なリソース配置が可能

- **エンタープライズ向けセキュリティ**
  プライベートネットワークやMicrosoft Entra ID認証など、厳格なセキュリティ機能を標準搭載しているため、安心して運用できる

- **開発支援の充実**
  Azure AI Foundry SDKを利用することで、GitHubやVS Codeなどの開発ツールと連携しながら、コードベースで柔軟にAIアプリやAIエージェントを構築できる。また、モデルカタログやプロンプトフロー、Azure AI Agent SerivceなどのAIアプリケーション開発を支援するための機能が統合されている

- **豊富なモデルカタログ**
  Microsoft、OpenAI、Mistral、Meta、Stability AI、Core42、Nixtla、DeepSeekなどが提供するモデルをはじめ、1,800以上の多様なAIモデルが統合されており、用途に合わせた最適なモデルを選択して利用可能

- **プロンプトフロー**
  プロンプトフローは、GUIベースでLLMを利用したワークフローを開発できるツールで、AIアプリケーションの開発サイクルを効率化する。ワークフローのデバッグや評価のための機能も強力で、プロトタイピングから実験、反復、デプロイまでを簡素化するための包括的なソリューションを提供する

- **AIエージェント**
  AIエージェントは、開発者が高品質で拡張性のあるAIエージェントを構築、デプロイ、スケールするためのフルマネージドサービス。このサービスは、ステートフルな特性を持ち、会話の流れやデータをサービス側で保持する。これにより、AIエージェントの開発と運用を簡素化し、必要なコンピュートリソースやストレージリソースの管理を不要にする

- **運用監視とトラブルシューティング**
  Azure Monitorなどと連携してリソースのパフォーマンスや稼働状況をリアルタイムで監視でき、

運用の透明性と効率が向上する
- エンタープライズ向けセキュリティ
プライベートネットワークやMicrosoft Entra ID認証など、厳格なセキュリティ機能を標準搭載しているため、安心して運用できる

Azure AI Foundryは他のAzureサービスによって提供される機能とサービスに基づいて構築されています（図13.E）。

図13.E　Azure AI Foundryのアーキテクチャ

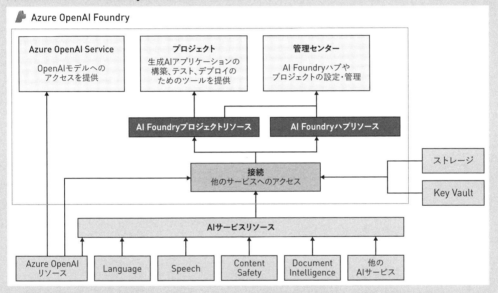

Azure AI Foundryのおもな構成要素として次のものがあります。

- ハブ
Azure Machine Learning serviceに基づいた最上位のリソースで、プロジェクト管理、リソースの一元管理、セキュリティ設定が統一されている。ハブにより、複数の子プロジェクトの管理が容易になる
- プロジェクト
ハブの子リソースであり、再利用可能なコンポーネント（データセット、モデル、インデックスなど）を提供する。プロジェクト単位でのデータのアップロードやストレージが可能
- 接続
ハブとプロジェクトから他のサービスに接続し、リソースの利用を行う。これにより、Azureストレー

ジアカウントのデータや既存の Azure OpenAI リソースなどにアクセスできる

- マネージドコンピューティングリソースと仮想ネットワーク

  Microsoftによって管理されるリソースであり、プロジェクトのためのコンピューティングリソースやネットワークセキュリティを提供する

Azure AI Foundry を使用することで、AI開発者は一元化されたセキュリティ、アクセス制御、リソース管理を通じて、より効率的に AI アプリケーションを開発・運用できます。

付録

||||||||||||||||||||||||||||||

- 付録A　クライアント環境のセットアップ
- 付録B　Azure Machine Learningとデータ
- 付録C　MLflow Modelsによるノーコードコンテナビルドとデプロイ
- 付録D　責任あるAIツールボックス

付録　クライアント環境のセットアップ

付録 A クライアント環境のセットアップ

　本章ではサンプルコードを実行するために必要なAzure Machine Learningに関連したクライアントソフトウェアのインストール方法を説明します。Azure Machine Learningのコンピューティングインスタンスにはすでにインストールされているもののバージョンを変更して利用したい場合や、コンピューティングインスタンスを用いず自分でクライアント環境を準備する際に参考にしてください。

- Azure CLI
- Azure Machine Learning用のAzure CLI拡張機能
- Azure Machine Learning Python SDK

A.1　Azure CLIのインストール

　Azure CLIはAzureのリソースを操作するためのコマンドラインツールです。ここでは主要なオペレーティングシステムごとに簡易的にインストール方法を説明します。利用される環境に応じて選択してください。その他のインストール方法などの詳細情報は、公式ドキュメント[注A.1]を参照してください。

A.1.1　インストール手順（Windows）

　MicrosoftのWindows Package Manager（winget）を使ってインストールします[注A.2]。PowerShellで次のコマンドを実行します。

```
$ winget install -e --id Microsoft.AzureCLI
```

　インストールが完了したら、azコマンドが使えることを確認します。次のコマンドでバージョンが表示されればインストール成功です。

```
$ az --version
```

....

注A.1　「Azure コマンドラインインターフェイス（CLI）ドキュメント」https://learn.microsoft.com/ja-jp/cli/azure/what-is-azure-cli
注A.2　Winget は Windows のアプリストアから入手できます。詳細は次のドキュメントをご確認ください。「WinGet ツールを使用したアプリケーションのインストールと管理」https://learn.microsoft.com/ja-jp/windows/package-manager/winget/

370

A.1.2 ∷ インストール手順（macOS）

Homebrewを使ってインストールします。ターミナルで次のコマンドを実行します。

```
$ brew update && brew install azure-cli
```

A.1.3 ∷ インストール手順（Linux；Ubuntu、Debian）

スクリプトを使ってインストールします。ターミナルで次のコマンドを実行します。

```
$ curl -sL https://aka.ms/InstallAzureCLIDeb | sudo bash
```

A.1.4 ∷ Dockerコンテナ（Dockerに対応しているオペレーティングシステム）

上記の手順では環境に直接インストールしましたが、Dockerコンテナを利用することも可能です。Dockerがインストールされている環境で、次のコマンドを実行します[注A.3]。

```
$ docker run -it mcr.microsoft.com/azure-cli:<タグ名>
# タグ名はcbl-mariner2.0など
```

A.2　Azure Machine Learning用のAzure CLI拡張機能

Azure Machine Learningのコマンドを使うための拡張機能をインストールします。Azure CLIをインストールした状態で次のコマンドを実行します。

```
$ az extension add -n azure-cli-ml
```

インストール完了後、次のコマンドでバージョンが表示されればインストール成功です。

```
$ az ml --version
```

次にAzureにログインします。

```
$ az login
# az login --use-deviceでデバイス認証を使うことも可能（ブラウザが使えない環境で利用）
# az login --tenant <テナントID>などでテナントを指定することも可能
```

ログインが環境したら、Azure Machine Learningのワークスペースに接続します。

```
$ az configure --defaults group=<リソースグループ名> workspace=<ワークスペース名>
```

注A.3　"microsoft/azure-cli - Docker Image" https://hub.docker.com/r/microsoft/azure-cli

付録　クライアント環境のセットアップ

A.3 ┊ Azure Machine Learning Python SDK のインストール

　Azure Machine Learning Python SDK は Python から Azure Machine Learning を操作する
ためのライブラリです。次のコマンドでインストールします。認証で用いる azure-identity もイ
ンストールします。

```
$ pip install azure-ai-ml
$ pip install azure-identity
```

　インストール完了後、次のコマンドでバージョンが表示されればインストール成功です。

```
$ python -c "import azure.ai.ml; print(azure.ai.ml.__version__)"
```

　次に、この Python SDK を用いて Azure Machine Learning ワークスペースに接続します（**リ
ストA.1**）。

リストA.1　ワークスペースに接続するスクリプト

```
from azure.ai.ml import MLClient
from azure.identity import DefaultAzureCredential

subscription_id = '<サブスクリプションID>'
resource_group = '<リソースグループ名>'
workspace = '<ワークスペース名>'

ml_client = MLClient(
    DefaultAzureCredential(),
        subscription_id,
        resource_group,
        workspace
)
```

　以上で、Azure Machine Learning のクライアント環境のセットアップは完了です。

B.1 データに関連する機能とアセット

付録 B Azure Machine Learningとデータ

データは機械学習にけっして欠かすことができない根幹です。本編で登場したデータアセットを筆頭に、Azure Machine Learningには機械学習およびMLOpsにおいて効率良くデータを取り扱う仕組みが複数用意されています。本付録ではAzure Machine Learning上の各種データ関連アセットとそれらアセットを中心に実現される機能、典型的なデータ連携のアーキテクチャについて説明します。

B.1 データに関連する機能とアセット

Azure Machine Learningにはデータに関わる機能とその機能を構成するアセットが複数存在します。

B.1.1 データアセット

第2章でも紹介した、おそらくは最も高い頻度で使用するデータ関連アセットがデータアセット (Data) です。データを扱う根幹のアセットとして、データの読み出し・書き込み、ジョブの入力としての利用などで幅広い機能を備えています。

データアセットはストレージ上に存在するデータへの参照であり、すなわちストレージ上の特定のパスを指示するものです。データそのものではなく参照であることで、データレイクのような継続的にデータが増大し続けるデータ基盤と連携した継続的再学習が可能となり、第9章でも紹介した、本番投入された機械学習モデルの精度に強く影響を与えるデータドリフトの検知が可能となります。

ストレージ上でのデータの持ち方に応じて種類があり、それぞれ用途と連携できる機能が異なっています (表B.1)。

373

第 B 章　Azure Machine Learningとデータ

表B.1　データアセットの種類

種類	性質	用途	対応機能
uri_file	任意の1つのファイルを指定する	jsonlやparquetなど、単体のファイルで成立するデータ	ジョブの入力、モデルカタログのファインチューニングジョブ
uri_folder	データを含む1つのディレクトリを指定する	分割されたCSVやParquet、JSON、画像やテキストなどの複数ファイルから構成されるデータ	ジョブの入力、AutoML（画像、自然言語処理）
mltable	表形式データ	表形式として表現できるデータ	ジョブの入力、AutoML（回帰、分類、時系列）、Spark DataframeやPandas Dataframeとしての読み込み

● uri_file/uri_folder

uri_fileとuri_folderはシンプルにストレージ上のパスを抽象化したものです。ジョブで使用する場合はジョブが実際に動くコンテナに対するストレージとしてマウントされ、ストレージ上のファイルが直接スクリプトに供給されます。何らかのデータを保存したファイルを直接ストレージにアップロードして作成するか、ストレージにすでに配置してあるデータのパスを指定して作成するか、いずれかの手順で作成します。ノートブック上で使用する場合、SDKを使用してダウンロードするか、azureml-fsspecというパッケージをPython環境中にインストールすることで、PandasやDaskのデータフレームとして明示的なダウンロードを行わずにインタラクティブに読み込むことが可能となります（リストB.1）。

リストB.1　azureml-fsspecによるPandasおよびDaskの対応URL拡張

```
import pandas as pd
import dask.dataframe as dd

df = pd.read_parquet('azureml://subscriptions/{subscription_id}/resourcegroups/{reso
urce_group_name}/workspaces/{workspace_name}/datastores/workspaceblobstore/paths/myf
older/mydata.parquet')

df = pd.read_csv('azureml://subscriptions/{subscription_id}/resourcegroups/{resource
_group_name}/workspaces/{workspace_name}/datastores/workspaceblobstore/paths/myfolde
r/mydata.csv')

df = dd.read_parquet('azureml://subscriptions/{subscription_id}/resourcegroups/{reso
urce_group_name}/workspaces/{workspace_name}/datastores/workspaceblobstore/paths/myf
older/mydata.parquet')

df = dd.read_csv('azureml://subscriptions/{subscription_id}/resourcegroups/{resource
_group_name}/workspaces/{workspace_name}/datastores/workspaceblobstore/paths/myfolde
r/mydata.csv')
```

〇 mltable

mltableはストレージ上で表形式データを表現するためのAzure Machine Learning独自のデータフォーマット[注B.1]です。

何らかの形式で保存されたデータ実体を含むディレクトリのパスという点ではuri_folderと大きな違いはありませんが、そのディレクトリ内にMLTableという設定ファイルが存在する点が大きく異なります。この設定ファイルにはデータ形式、データとして読み出すカラムの指定、フィルタ処理などのデータの読み出し方についての設定がyamlと同様の記法で記述されています。Pythonの`mltable`パッケージを利用することでデータの読み出し方を定義してMLTableファイルを作成することができます（**リストB.2**）。

リストB.2　mltableによるデータ加工と保存

```
import mltable

paths = [
    {
        "pattern": "wasbs://nyctlc@azureopendatastorage.blob.core.windows.net/green/
puYear=2015/puMonth=*/*.parquet"
    },
    {
        "pattern": "wasbs://nyctlc@azureopendatastorage.blob.core.windows.net/green/
puYear=2016/puMonth=*/*.parquet"
    },
    {
        "pattern": "wasbs://nyctlc@azureopendatastorage.blob.core.windows.net/green/
puYear=2017/puMonth=*/*.parquet"
    },
    {
        "pattern": "wasbs://nyctlc@azureopendatastorage.blob.core.windows.net/green/
puYear=2018/puMonth=*/*.parquet"
    },
    {
        "pattern": "wasbs://nyctlc@azureopendatastorage.blob.core.windows.net/green/
puYear=2019/puMonth=*/*.parquet"
    },
]

tbl = mltable.from_parquet_files(paths)

tbl = tbl.take_random_sample(probability=0.01, seed=42)
tbl = tbl.filter("col('tripDistance') > 0")
tbl = tbl.drop_columns(["puLocationId", "doLocationId", "storeAndFwdFlag"])
tbl = tbl.extract_columns_from_partition_format("/puYear={year}/puMonth={month}")
```

注B.1　「Azure Machine Learningでのテーブルの操作」
　　　　https://learn.microsoft.com/ja-jp/azure/machine-learning/how-to-mltable?view=azureml-api-2&tabs=cli

第 B 章　Azure Machine Learning とデータ

```
tbl.save("./nyc") # ローカルに保存
tbl.save(
    path="azureml://subscriptions/{subscription_id}/resourcegroups/{resource_group_name
}/workspaces/{workspace_name}/datastores/workspaceblobstore/paths/mymltabledata/",
    colocated=True,
    show_progress=True,
    overwrite=True
) # データアセットとしてクラウドに保存
```

　作成したmltable形式のデータは表形式データを要求するジョブの入力として使用する以外に、mltableパッケージを使用することでSpark DataframeやPandas Dataframeとしてロードし、ノートブックなどで対話的に利用することも可能です(**リストB.3**)。

リストB.3　mltableによるデータ加工と保存

```
import mltable
from azure.ai.ml import MLClient
from azure.identity import DefaultAzureCredential

# ローカルから読み込み

tbl = mltable.load("./nyc/")
df = tbl.to_pandas_dataframe()

# Azure Machine Learningから読み込み

ml_client = MLClient(
    DefaultAzureCredential(),
    "<subscription_id>",
    "<resource_group_name>",
    "<workspace_name>"
)
mltable_data_asset = ml_client.data.get(name="nyc", version="1")
tbl = mltable.load(f"azureml:/{mltable_data_asset.id}")
df = tbl.to_pandas_dataframe()
```

　mltable形式のデータアセットで特筆すべき特徴は、Delta Lake[注B.2]をサポートしている点です(**表B.2**)。

注B.2　"Home | Delta Lake" https://delta.io/

B.1 データに関連する機能とアセット

表B.2 mltableの種類

種類	対応するデータ形式	備考
read_delimited	CSV	-
read_parquet	Parquet	プリミティブ型のみ、配列型非対応
reat_delta_lake	Delta Lake (Parquet)	タイムトラベル対応
read_json_lines	JSON	-

Delta Lakeはストレージ上に配置されたParquet形式のデータを基本形として、データベースライクな性質を追加するフレームワークです。Delta Lakeではストレージ上のファイルであるにもかかわらず、ACIDトランザクションの実行、インデックス追加、スキーマ付与が可能となります。これによりストレージ上のデータに対してフルスキャンを行うことなく、高速にかつ整合性を担保した状態でデータ処理が可能になります。さらにACIDトランザクションを実現するために保存されているトランザクションログを利用することで、過去の任意のタイミングのデータにアクセスできる「タイムトラベル」という機能が実装されています。

後述しますが、Delta Lakeはレイクハウスアーキテクチャというモダンデータ基盤の基礎として、Microsoftが提供する複数のデータ処理エンジンの基盤として採用されています。Delta Lakeをサポートするmltableにより、これらの処理エンジンで処理したデータを直接Azure Machine Learning上で表形式の性質を維持したまま利用することが可能になります。

○ データストア（Datastore）

データストアはストレージの認証情報を保持するアセットです。データアセットでアクセスするストレージはAzure Machine Learning上では基本的にデータストアとして抽象化されており、データストアが保持するクレデンシャルの権限に基づいてアクセスを行います。

データストアとしてはAzure Blob Storage、Azure Data Lake Storage Gen2、Microsoft Fabric OneLakeの3種類をサポートしています。認証方法としては「資格情報ベース」と「Microsoft Entra IDベース」の2種類をサポートしています。

「資格情報ベース」の場合、Azure Blob StorageではアカウントキーとSASトークンのいずれかを使用でき、Azure Data Lake Storage Gen2とMicrosoft Fabric OneLakeではサービスプリンシパルを選択できます。

「Microsoft Entra IDベース」の場合はアクセス元となる主体が持つIDと、そのIDに付与された権限に基づいてアクセスが可能です。アクセス元となる主体が持つIDとしては、ユーザーが保有するアカウントのほか、コンピューティングインスタンスやコンピューティングクラスターに割り当てた「システム割り当てマネージドID」や「ユーザー割り当てマネージドID」などが該当します。

377

第 B 章　Azure Machine Learningとデータ

「Microsoft Entra IDベース」のほうがセキュリティ的にはより強力ですが、各操作時にどの
IDがアクセス元となるかを理解[注B.3]したうえで権限割り当てなどを設定する必要があり、難易度
も高くなります。

データストアはデータアセットで利用されるほか、ジョブの何らかのアウトプットの配置先と
しても機能します。

B.1.2　☰　データインポート

データインポートは、外部のデータソースからデータを指定ストレージ（データストア）にキャッ
シュするための仕組みです。Azureのストレージであればデータの参照としてコピーなしにデー
タを読み出すことができますが、外部のデータソースやリレーショナルデータベースの場合は一
度ストレージにデータをコピーする必要があります。内部的にはAzureのETLツールである
Azure Data Factoryを利用したジョブとして構成されています。

データインポートがサポートするデータソースは以下3種類です。

- Amazon S3
- Azure SQL
- Snowflake

Azure SQLおよびSnowflakeのデータに対してデータインポートを行う場合は、必要なデータ
を取得するクエリを記述します。インポートされたデータはAzure Machine Learning上では
mltableのデータアセットとして扱われます。Amazon S3の場合はuri_folderのデータアセット
として取り扱われます。

インポートされたデータに対しては、データアセットが備える自動削除の設定[注B.4]と、後述す
るスケジュールを組み合わせることで最新の状態を維持できます。

● スケジュール（Schedule）

スケジュールはジョブやデータインポート、ドリフト検知のためのジョブを定期的に実行する
ために設定するアセット[注B.5]です。データインポートの観点では、Cronトリガーもしくは
Recurrenceトリガーによって、それぞれ定期的または一定頻度でデータインポートを自動起動

注B.3　「データ管理」
　　　　https://learn.microsoft.com/ja-jp/azure/machine-learning/how-to-administrate-data-authentication?view=azureml-api-2
注B.4　「インポートされたデータ資産を管理する（プレビュー）」
　　　　https://learn.microsoft.com/ja-jp/azure/machine-learning/how-to-manage-imported-data-assets?view=azureml-api-2
注B.5　「データインポートジョブをスケジュールする（プレビュー）」
　　　　https://learn.microsoft.com/ja-jp/Azure/machine-learning/how-to-schedule-data-import

> **COLUMN**
>
> ## v1時代のリレーショナルデータベース連携
>
> 2018年にリリースされたAzure Machine Learningはリリース後も着実にアップデートを重ねていましたが、2022年にそれまでの比ではない大規模なアップデートを行いました。このアップデートではアセットの一部廃止と大幅な仕様変更、それまで表面的なリソース管理しかできなかったCLIをジョブの実行やアセットの管理にまで対応させる大規模な拡張、新SDKであるazure-ai-mlのリリースと実験管理ツールのMLflowへの一本化など、極めて広範囲かつ抜本的な変更が行われました。このアップデート以後のAzure Machine Learningをv2と呼び、それ以前を区別してv1と呼びます。
>
> とくに大幅な変更がかかったのがデータ周りで、v1時代にはデータアセット相当のアセットとしてデータセット（Dataset）がありましたが、データセットとデータアセットでは互換性が切られ、v2リリース当初はAutoMLなど、機能によってデータセットとデータアセットの使い分けが必要でした。
>
> v1時代のデータセットもまた「データの参照」として設計されており、データセットではストレージに対するパスのように、リレーショナルデータベースに対するSQLのクエリによってリレーショナルデータベース上のデータについても参照を実現していました。
>
> v2では、データアクセスはデータインポートとしてデータをストレージにコピーする形式に改められており、機能的には後退しているように見えます。しかし、現実には本番データが含まれているリレーショナルデータベースに対して機械学習側の都合で不定期に読み込みクエリをかけるというのは、DBの負荷を考えればなかなかリスキーです。定期的にバッチ処理でデータをコピーするデータインポートであればリアルタイム性こそ失われますが、本番システムに対する影響が少ない時間にジョブを実行することができる点で優れています。

できます。

○ コネクション（Connection）

コネクションはAzure Machine Learningと外部の各種仕組みを接続するための仕組みです。データストアもコネクションの一部として取り扱われるほか、プロンプトフローで利用するAzure OpenAI Serviceなどのリソースもコネクション経由で接続します。データインポートの観点では、Amazon S3、Azure SQL、Snowflakeの外部データソースに接続する認証情報を保持するアセットとして取り扱われます。

B.1.3 ∷ 特徴量ストア

特徴量ストア（Feature Store）は、データをある程度加工して機械学習に利用できるよう整形

付録B　Azure Machine Learningとデータ

した「特徴量」を継続的に作成し、ジョブやシステムから利用できるような形で保持する機能です。

特徴量ストアはデータソースのデータから特徴量を作成するパイプライン、作成したパイプラインを後段の学習や推論のために提供するサービングAPI、内包している特徴量のリストである特徴量カタログと、モニタリングの仕組みで構成されています（図B.1）。

図B.1　特徴量ストアのアーキテクチャ

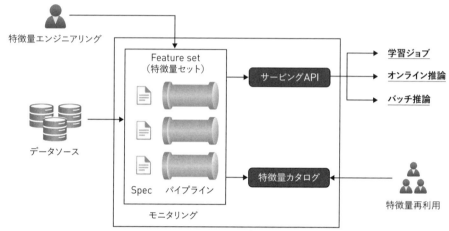

特徴量ストアが解決する課題は大きく分けて2つ存在します。

1つめは特徴量エンジニアリングの再現性と再利用性を確保することで、組織内で複数回同じ特徴量エンジニアリングを行うことなく共通の特徴量を再利用できるようにすることです。特徴量エンジニアリングは似たような作業になることが多く、使い回せることもしばしばあります。また過去の特徴量エンジニアリングの取り組みについて一度情報が散逸してしまうと再現困難に陥ることがあり、そうした事態を未然に防ぐ、特徴量エンジニアリングにおける実験記録としても機能します。

2つめは歪み（Skew）の抑制です。学習時と推論時で与えられる特徴量の値が異なるFeature Skewや分布が異なるDistribution Skewなど、学習と推論の分断によって発生する歪みが機械学習モデルの推論結果に悪影響を与えることがあります。特徴量ストアは学習と推論の双方について一貫した特徴量供給を行うことで、そうした事態を抑制します。

ただし、学習と推論、それもオンライン推論とバッチ推論というデータ供給元に対する要求性能傾向がまったく異なるタスクすべてに対応することはそう簡単なことではありません。学習やバッチ推論はスループットに対して、オンライン推論はレイテンシーに対して厳しい要求が発生しますが、この両者はたいていの場合相反するアーキテクチャ特性となり、1つのストレージで

両方の条件を満たすことは容易ではありません。

よって特徴量ストアでは用途に応じたストレージを背後に持つことになり、オンライン推論向けのオンラインストアとしてAzure Cache for Redisを、学習やバッチ推論向けのオフラインストアとしてAzure Data Lake Storage Gen2を持つことになります。特徴量ストアにはOSSの実装も複数存在しますが、Azure Machine Learning上のマネージド特徴量ストアを利用する最大の利点は、フルマネージドではないにせよ、各種マネージドサービスを連携させつつAzure Machine Learning側で特徴量ストアをホストしてくれる点にあります。

さらにアーキテクチャを大きな目で見ると、特徴量のサービングに求められる性能特性と特徴量を実際に計算して具体化するパイプラインの性能特性もまた大きく異なっています。サービングAPI背後の計算リソースは単純なWeb APIとして機能すれば十分である一方、特徴量の計算には大規模な分散エンジンが必要不可欠となり、Azure Machine Learningの特徴量ストアでは、Azure Machine LearningのマネージドSparkを採用しています。

○ 特徴量セット（Feature Set）

特徴量セットは特徴量ストアに保存された特徴量を表現するアセットで、このアセットは特徴量セット仕様（Feature Set spec）、特徴量エンティティ（Feature Store Entity）というアセットとひも付く形で成立しています。加えて、特徴量ストア自体はオフラインストアなどのためにコネクションアセットとひも付き、特徴量セットはデータインポートで登場したスケジュールと関連を持ち、特徴量セット仕様はデータアセットと関連を持つことがあります。

「特徴量セット」と「特徴量セット仕様」は互いに一対一で結び付いており、この両者が特徴量を定義するうえで本質となるアセットです。

特徴量セットは特徴量の名前やバージョン、特徴量の具体化を行うか否か、行うならオンラインストアやオフラインストアでのサーブをするか否か、具体化をどのような頻度で実施するかといった、特徴量の外形的な性質を表現します。

特徴量セット仕様は、実際にどこのデータソースのデータを使用してどのカラムについてどのような変換をかけたうえで特徴量として保持するかといった、特徴量を具体化するために必要となる詳細を表現します。変換はpysparkを使用したPythonスクリプトとして記述するため、かなり複雑な変換処理であっても自由に記述することが可能です。詳細は公式ドキュメント[注B.6]、azureml-exampleで公開されている特徴量セット仕様の定義サンプル[注B.7]、pysparkの

注B.6 「特徴量変換とベストプラクティス」https://learn.microsoft.com/ja-jp/azure/machine-learning/feature-set-specification-transformation-concepts?view=azureml-api-2

注B.7 https://github.com/Azure/azureml-examples/tree/main/sdk/python/featurestore_sample/featurestore/featuresets/transactions

第B章 Azure Machine Learningとデータ

Transformerクラス[注B.8]をそれぞれ確認してください。

B.2 データソース連携

各種データ関連アセットを活用することで、Azure Machine Learningをさまざまなシチュエーションで利用することが可能となります。ここでは典型的な例として、アプリケーションと一対一に対応し、Azure Machine Learningによってアプリケーションを強化する機械学習モデル開発を行っている状況と、中央管理されたデータレイクハウスを中心とするデータ分析基盤が存在しており、そのサブシステムとしてAzure Machine Learningが存在している状況の2例を考えます。それぞれの例について、どのようにデータ関連機能およびアセットが利用されるか解説します。

B.2.1 アプリケーションデータ

中央管理のデータ分析基盤がまだ存在しない比較的若い組織においては、アプリケーションとAzure Machine Learningが一対一に対応するようなアーキテクチャを採用します。アプリケーションのデータベースがAzure SQL Databaseであればデータコピーをデータインポートで行い、それ以外であればAzure Data Facotryなどを使用してストレージにデータを定期コピーします。コピーしたデータはそのままデータアセットとして取り扱うこともできますが、一定程度の前処理を目的として特徴量ストアを利用することになります（図B.2）。

図B.2 アプリケーションとAzure Machine Learning

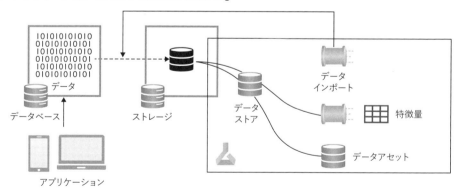

図B.2ではデータに直接関わらないため記載していませんが、このアーキテクチャではアプリケー

注B.8 "Transformer — PySpark 3.5.3 documentation"
https://spark.apache.org/docs/latest/api/python/reference/api/pyspark.ml.Transformer.html

ションが利用するオンライン推論の仕組みとしてマネージドオンラインエンドポイントを使用することが可能です。このアーキテクチャにおいてAzure Machine Learningは機械学習に関連するすべての要素を担い、アプリケーションと機械学習モデルを疎結合にしつつも機械学習モデルを継続的に開発していく役割を担います。

B.2.2 データレイクハウスを中心とするデータ分析基盤

まず前提として、データレイクハウスというのはデータレイクを発展させたモダンなデータ分析基盤のアーキテクチャです。その概要と性質を理解するには、データ分析基盤の歴史をひも解くことが近道です。

1990年代後半には構造化データをETLツールを用いて変換したあと、データウェアハウスという単一の強力なデータベースに貯めるアーキテクチャが主流でした。たいていのデータソースは社内のリレーショナルデータベースであり、構造化データのみ処理できれば実用上十分でしたし、レポートやダッシュボード表示のバックエンドとしてデータウェアハウスは (今なお) 強力な選択肢だったため、データウェアハウスは普及していきました。全社的なデータはすべてデータウェアハウスに集約されて「信頼できる唯一の情報源 (Single Source of Truth)」となり、データマートという形で各部門のデータが論理的に切り出されているような状態です (図B.3)。

図B.3　データウェアハウス

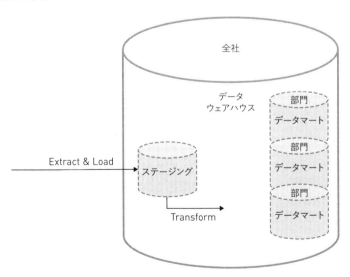

2000年代に入ると、インターネットの普及に伴ってデータ量が急激に増大し始め、さらに半構造化データ (XMLやJSONのような辞書オブジェクトライクなデータ) や非構造化データ (画像

第B章 Azure Machine Learningとデータ

や自然言語など）といったリレーショナルデータベースが苦手とするデータのウェイトが大きくなり始めます。データウェアハウスは構造化データに対する処理で無類の強さを誇りましたが拡張性に乏しく、データ量の増大とともに、データマート代わりに部門ごとにデータウェアハウスを持つことで何とか拡張性を確保するような状況が発生し始めていました。これによってデータがサイロ化し、部門横断のデータ分析が困難になるというような形でデメリットが顕在化してきている状況でした。

そういった状況に対応するためにデータレイク（と後に呼ばれるようになるアーキテクチャ）が一般化していくわけですが、その契機は2000年代前半にGoogleによって発表された「安価な汎用機を大量に組み合わせて冗長性に優れるストレージおよび強力な分散処理基盤を作る」というアイデア[注B.9、注B.10]、であり、またこのアイデアをもとにOSSとして開発されたApache HadoopのHDFS（Hadoop Distributed File System）や、Hadoopと組み合わせてその分析性能を拡張できるApache Sparkのような分散エンジンでした。

2010年頃からHadoopやSparkによって安価なストレージをベースに構築されたデータレイクを作る動きが徐々に広がり始めました。安価で拡張性に優れる大規模なデータレイクによってこれまで捨てていたデータを含めたあらゆるデータを蓄積していくことが可能となり、全社的なデータ分析基盤をデータレイクに集約する動きが起こり始めます（図B.4）。

図B.4　Hadoop/Sparkベースのデータレイク

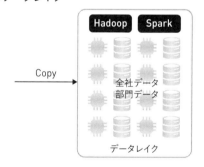

2010年代はパブリッククラウド隆盛の時期でもあります。安価なブロックストレージとスケーラビリティに優れる計算リソースを利用できるパブリッククラウドを利用してデータレイクを作る動きが加速し始め、実機を保有してHadoop/Sparkクラスターを作る動きは下火になり、代わりにクラウドベンダーが提供するHadoop/Sparkのマネージドサービスやクラウドベンダー固有のデータ分析ツールが急激に普及していきました。

注B.9　"The Google File System"
　　　　https://static.googleusercontent.com/media/research.google.com/ja//archive/gfs-sosp2003.pdf
注B.10　"MapReduce: Simplified Data Processing on Large Clusters"
　　　　https://static.googleusercontent.com/media/research.google.com/ja//archive/mapreduce-osdi04.pdf

さらにオンプレミスのデータウェアハウスが抱えていた問題は、クラウド特有のスケーラビリティと新たなエンジンの開発で緩和されたこともあり、処理途中の構造化データと半構造化データや非構造化データを保持するデータレイクと、処理が完了した構造化データを複製して保持するデータウェアハウスを組み合わせるアーキテクチャに移行し、データウェアハウスとデータレイク双方の良さを活かすハイブリッド構成が主流になりました。

このとき、典型的には生データをブロンズ、名寄せなどある程度データ整形が終わったデータをシルバー、レポートなどに供することができるまで高品質に処理されたデータをゴールドとする3段階に分けるメダリオンアーキテクチャと組み合わせます。これらに加え、リアルタイムにデータを処理するための仕組みを組み合わせたアーキテクチャをラムダアーキテクチャといいます（**図B.5**）。

図B.5　ラムダアーキテクチャ

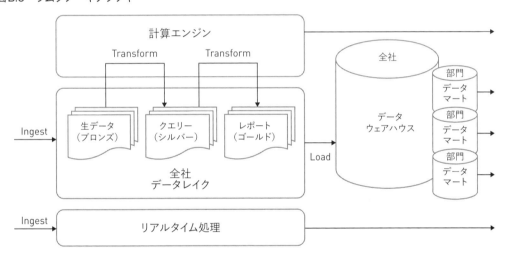

ラムダアーキテクチャはクラウドの発展とともに普及していき、その過程でHadoopは徐々に役割を終え、Sparkはデータ加工を担うツールの内部で使われたり、かつてHDFS上のデータを読み込んでインメモリで分散処理をしていたように今度はブロックストレージ上のデータ読み込んで分散処理を行う計算エンジンとして存在感を増し始めます。

この段階で問題になったのは複雑性の問題です。たとえば、カラムの一部として自然言語を含むようなデータの行先は自明ではないので、データウェアハウスとデータレイクのいずれに保存されているか定かではなく、「信頼できる唯一の情報源」が何であるかをあいまいにしていました。整理されたデータフローによってデータスワンプに陥りにくくはなりましたが、システム全体としてはむしろ構成要素が増えており、クラウド移行したことで実機がなくなりある程度楽になったにもかかわらず、構築難易度も運用難易度も高いままでした。

第B章 Azure Machine Learningとデータ

　データレイクハウスは、データウェアハウスとデータレイクを組み合わせる方向性をさらにもう一歩進めるアーキテクチャです。データレイクハウスでは、データレイクでも構造化データを取り扱えるようにする仕組み（Delta Lake）を新たに取り入れつつ、より強力なブロックストレージ前提の分散データ処理エンジンを組み合わせることで、データレイクでありながらもデータウェアハウスの利点であった構造化データの高速処理を可能としています。データレイクハウスでは、データウェアハウスは分散データ処理エンジンに役割を譲って廃止か、残る場合でもレポート表示用アクセラレーターとしてゴールド水準のデータセットをキャッシュしてBIツールとの間を中継する役割のみにとどまり、「信頼できる唯一の情報源」の役割は完全にデータレイク側に寄せられることになります。これによりアーキテクチャの構成要素が減少し、複雑さがある程度抑えられます（図B.6）。

図B.6　データレイクハウスアーキテクチャ

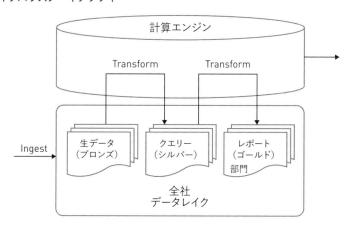

　データレイクハウスでは、必然的に全データがストレージに配置されることになります。Azure Machine Learningがv2以後、ストレージを起点とするアーキテクチャに改めたのは、データレイクハウスと組み合わせることを指向していたからかもしれません。実際データアセットのうち、mltableでDelta Lakeの構造化データを取り扱い、uri_folderで半構造化データや非構造化データを取り扱えるため、データレイクハウスとの相性は極めて良好です。Azure Machine Learningが関わるのは多くの場合シルバーおよびゴールド水準のデータセットで、これらのデータセットをデータアセットとして参照したうえで、そのまま使うか特徴量ストア経由で何らかの加工を施すことになります（図B.7）。

図B.7 データレイクハウスと Azure Machine Learning

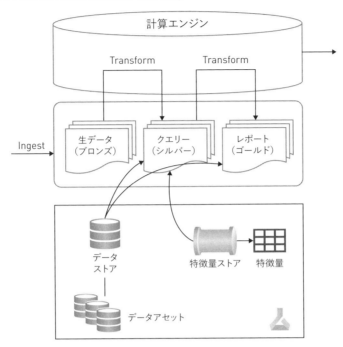

このアーキテクチャでは基本的なデータ処理の責務はデータ処理エンジンが担い、継続的なデータ処理を行うパイプラインが一定頻度でデータレイクハウスにデータを蓄積し続けることになります。この動作を前提として、データセットの「ストレージの特定のパスに対する参照」という性質によって、最新のデータセットを利用した学習ジョブの実行やデータドリフトの検知などが可能となります。

機械学習向けのデータ加工の責務をどの箇所で担うかは、エンジニアの陣容や機械学習の活用規模によってやや変わってきます。一般論としては機械学習固有のデータ整形（特徴量エンジニアリング）は特徴量ストアが担うことが望ましいですが、データエンジニアリングを担う組織と機械学習を担う組織が分かれていない場合や機械学習エンジニア側にも十分にデータエンジニアリングの知見がある場合などは、機械学習向けのゴールド水準のデータ加工を行うパイプラインを実装してデータレイクハウス側に置くことも可能です。いずれにせよ、データ加工が機械学習のボトルネックにならないように注意を払いましょう。

第 B 章　Azure Machine Learningとデータ

B.3　まとめ

　本付録ではデータに焦点を当て、Azure Machine Learningに登場するデータに関わる機能とアセットについて詳細に解説し、それらの機能、アセットを利用してAzure Machine Learningとデータソースを連携させるアーキテクチャ例を紹介しました。Azure Machine Learningでは原則、ストレージを起点にデータを取り扱うアプローチを採用しており、データアセットやデータインポートはそのアプローチに根差した性質を持っています。より発展的なデータ活用の仕組みとして、mltableのような表形式データを扱うデータアセットやマネージド特徴量ストアが実装されており、機械学習エンジニアのデータに対する多様なニーズに応える機能を備えています。

C.2 モデルの読み込みと推論

付録 C MLflow Modelsによる ノーコードコンテナビルドとデプロイ

手間をかけてMLflow Models形式でモデルを保存することによる最大の利益は、モデルを本番環境に展開することが容易になることにあります。本付録では学習が完了した機械学習モデルをMLflow Models形式で保存したあと、ノーコードでモデルをコンテナ、サーバー内のREST API、本番運用を見据えたクラウド上のREST APIへと展開する方法について解説します。

C.1 MLflow Modelsのメリット

MLflow Models形式でモデルを保存するメリットは、モデルを共通の手順で取り回せる点にあります。適正に構成されたMLflow Models形式のモデルは読み込んだ時点で初期化されて推論が可能な状態になり、predict関数を実行すれば推論結果を得ることができます。モデルの種類を問わず使い回すことができるバッチ推論やAPIデプロイのためのテンプレートを用意することが可能になり、開発工数の削減に大きく貢献します。

MLflow Models形式のモデルを用いてAPIを実装する場合の恩恵は非常に大きく、推論APIとして機能するコンテナのビルド、サーバー内での推論APIの立ち上げ、マネージドサービスを使用したAPIのノーコードデプロイなどが可能になります。

C.2 モデルの読み込みと推論

記録したモデルを実際に読み込んで推論が行えるか検証します。まずRun（ジョブ）もしくはModel Registryに記録したモデルを読み込む必要があり、このためにモデルのパスを特定する必要があります。model_uriにはruns:/<mlflow_run_id>/<path>形式もしくはmodels:/<model_name>/<version>形式のURIで読み込むかいずれかの方法があります。

```
# runs:/<mlflow_run_id>/<path>形式
loaded_model = mlflow.pyfunc.load_model(model_uri=f"runs:/{run.info.run_id}/{artifact_path}/")

# models:/<model_name>/<version>形式
loaded_model = mlflow.pyfunc.load_model(model_uri=f"models:/{artifact_path}/latest")
```

models:/<model_name>/<version>のURIを使う手法はモデルをModel Registryに登録し

389

第**C**章　MLflow Modelsによるノーコードコンテナビルドとデプロイ

ていることが前提になります。この方法はモデルの登録名のみで特定できる点が便利です。
`<version>`として`latest`を指定しておけば、同名モデルの最新版を取得することになります。

　なお、モデルの登録はAzure Machine Learning上においてMLflow Models形式でモデルを
記録したジョブを開いて［モデルの登録］を押下するか、`mlflow.register_model`関数によっ
て実行可能です。

　いずれの方法でもAzure Machine Learningからモデル実体がダウンロードされるため、モデ
ルサイズに応じてやや時間がかかります。モデルの読み込みが完了した時点でインスタンスが初
期化されているので、`predict`関数で推論を行うことができます。

```
loaded_model.predict(X_test)
```

　推論をどのように行うかはユースケースによって千差万別です。推論を実行する基盤の都合や
推論結果を利用するシステム側の都合によって実装を変えていくことは避けられないでしょうが、
どのようなモデルでも共通の方法で取り回しができることは実装コスト低減に効いてきます。

　シンプルなノートブック上での推論であれば上記コードをそのまま流用できますし、大規模デー
タに対してマルチノードで高速にバッチ推論を行うのであればSparkのDataFrameが備える
`apply`関数によって推論を行うなどの方法が考えられます。モデルごとに記述していたバッチジョ
ブのためのコードも、入出力形式に注意をしつつその周辺で最小限のコードを書くだけで使い回
すことも視野に入ります。

C.3 ┊ APIのデプロイ

　MLflow Models形式でモデルを記録することで、モデルを含む推論用のDockerコンテナを
MLflowのCLIを用いてビルドできます。内部的にモデル実体やその読み込み手順、動作に必要
な環境の定義などが内包され、APIを構成するために必要な情報がすべてそろっていることが、
このような自動生成を可能にします。

　インフラ含めて完全に自動化したい場合、本番環境をロードバランサーとスケールアウトする
仮想マシン群で構築したい場合、コンテナビルドまではやってほしいがコンテナをホストするイ
ンフラは自前で用意したい場合など、MLflow Models形式に基づく自動生成機能にはさまざま
なニーズに対応できる選択肢があります。

C.3.1 ┊ 事前準備

　いくつかの手順ではMLflowのCLIを使用しますが、事前準備としてMLflow Tracking Server
のURIをセットする必要があります（**リストC.1**）。

C.3 APIのデプロイ

リストC.1　Azure Machine Learningの互換エンドポイント取得

```python
import mlflow
from azure.ai.ml import MLClient
from azure.identity import DefaultAzureCredential

subscription_id = "SUBSCRIPTION_ID"
resource_group = "RESOURCE_GROUP"
workspace = "AML_WORKSPACE_NAME"

ml_client = MLClient(
    DefaultAzureCredential(),
    subscription_id,
    resource_group,
    workspace,
)

azureml_mlflow_uri = ml_client.workspaces.get(
    ml_client.workspace_name
).mlflow_tracking_uri

print(azureml_mlflow_uri)
```

　コードのみならず、CLIを使う都合上、互換エンドポイントのURIは`MLFLOW_TRACKING_URI`という環境変数を経由してMLflowに渡します。Azure Machine Learnningの互換エンドポイントURIを使用します。

```
$ export MLFLOW_TRACKING_URI="azureml://~~"
```

> **COLUMN**
>
> ## MLFLOW_TRACKING_URI
>
> 　互換エンドポイントURIはリソース名に基づいて払い出されるため、原則不変となります。使用するAzure Machine Learningのワークスペースが固定で決まっているのであれば、.bashrcなどに環境変数のセットコマンドを追記して自動でセットされるようにすると手間がかかりません。
>
> 　さらに`MLFLOW_TRACKING_URI`がセットされている場合、PythonのMLflowライブラリも環境変数からエンドポイントを取得する動作をするため、ノートブック上でこれまでおまじないのように毎回実行していた互換エンドポイントURIをセットする手順を省略できます。

C.3.2 ∶ コンテナビルド

次のコマンドでDockerコンテナをビルドできます。

```
$ mlflow models build-docker --model-uri "models:/<model_name>/<version>" --name "model-image"
```

ビルドしたDockerコンテナを起動すれば、HTTPリクエストを受け付けるAPIが立ち上がります。

```
$ docker run -p 5001:8080 "model-image"
```

このコンテナを何らかのコンテナホスト基盤にデプロイすることで、APIとして実環境に投入することも可能です（図C.1）。

図C.1　Azureにおけるコンテナホストの例

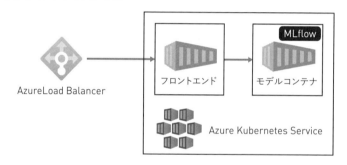

コンテナのビルドまでは不要ということであれば、Dockerfileを出力することもできます。

```
$ mlflow models generate-dockerfile --model-uri "models:/<model_name>/<version>" -d ./
```

C.3.3 ∶ サービング

仮想マシンなどサーバー内でモデルを使った推論APIを立ち上げる場合、`mlflow models serve`コマンドを使用することで直接エンドポイントを立ち上げることができます。

```
$ mlflow models serve --model-uri "models:/<model_name>/<version>" --env-manager cond
```

`mlflow models serve`コマンドはコンテナによるAPI提供ではなく、`--env-manager`引数で指定したPython仮想環境マネジメントツールを利用して直接サーバー内に環境構築を行い、サーバーを立ち上げます。Mediumサイズの自動テストのほか、Azure Virtual Machine Scale Sets

(VMSS)のような仮想マシンベースでAPIを作る場合に役立つコマンドです（図C.2）。

図C.2 VMSSを用いたAPIホストの例

C.3.4 ≡ MLflowによって自動生成されたAPIの仕様

コンテナを経由するにせよ直接サーバーを立ち上げるにせよ、MLflowによって自動生成されたAPIは以下のエンドポイントを備えています。

- /ping
- /health
- /version
- /invocations

/pingと/healthは同じ役割で、ヘルスチェックのためのエンドポイントです。ロードバランサーが備えるプローブ機能とセットで使用して死活監視に使用します。/versionは使われているMLflowのバージョンを特定するためのエンドポイントで、API仕様の変更に備えるために使用します。/invocationsが推論を提供するエンドポイントであり、データを受けて推論結果を返却します。

/invocationsエンドポイントが受け付けるHTTPリクエストの形式にはルールがあります[注C.1]。

まず、受け付けられるContent-Typeは`text/csv`か`application/json`のいずれかです。`application/json`の場合、受け付けられるJSONの形式には制約があります。例として表C.1のようなカラムa、b、cを持つ3行からなるデータセットを入力するとします。

表C.1 入力データ例

a	b	c
1	2	3
4	5	6
7	8	9

このとき、有効な入力形式としては4パターンありますが、このうちPandasでDataFrameを

注C.1　"serve" https://mlflow.org/docs/latest/cli.html#mlflow-models-serve

第 **C** 章　**MLflow Models**によるノーコードコンテナビルドとデプロイ

JSONに変換するdf.to_json()の引数である、orientの値に基づく比較的構成が容易な3パターンについて解説します[注C.2]。

df.to_json(orient="split")に対応する入力パターンが**リストC.2**に示す形式です。

リストC.2　APIの入力例(split)

```
{
  "dataframe_split": {
    "columns": ["a", "b", "c"],
    "index": [0, 1, 2],
    "data": [[1, 2, 3], [4, 5, 6], [7, 8, 9]]
  }
}
```

df.to_json(orient="records")に対応する入力パターンが**リストC.3**に示す形式です。

リストC.3　APIの入力例(records)

```
{
    "dataframe_records": [
        {"a":1, "b":2, "c":3},
        {"a":4, "b":5, "c":6},
        {"a":7, "b":8, "c":9}
    ]
}
```

df.to_json(orient="values")に対応する入力パターンが**リストC.4**に示す形式です。この形式は多重配列形式であり、テンソルやnumpy ndarrayなどでも共通となります。

リストC.4　APIの入力例(values)

```
{
    "inputs": [[1, 2, 3], [4, 5, 6], [7, 8, 9]]
}
```

C.3.5　Azure Machine Learningマネージドオンラインエンドポイント

MLflow Models形式でのモデル保存を条件に、Azure Machine Learningではマネージドオンラインエンドポイントという機械学習モデルによる推論APIをデプロイするための機能を使用することで、インフラ含めてすべてノーコードでAPIを展開可能です。

Azure Machine Learningの操作はSDK、CLI、GUIであるAzure Machine Learningスタジオなどの方法で可能です。

注C.2　"pandas.DataFrame.to_json" https://pandas.pydata.org/docs/reference/api/pandas.DataFrame.to_json.html

GUIによる方法は図C.3のようにAzure Machine Learningスタジオの［モデル］から［デプロイ］-［リアルタイムエンドポイント］をクリックするだけです。

図C.3　ノーコードデプロイ

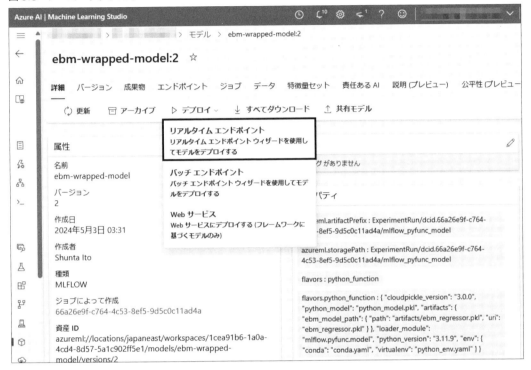

エンドポイントのFQDNに関わる名前の設定やAPIに用いるインスタンスの種類や数のみ聞かれ、10分もすればAPIが立ち上がります。

立ち上がったAPIの入力は原則、リストC.2に準じますが、JSONの一番上位のkeyが"dataframe_split"ではなく"input_data"である点のみ異なっています。詳細はドキュメントを確認しましょう[注C.3]。

マネージドオンラインエンドポイントの仕様は、図C.1で示したロードバランサーとスケールアウト可能な仮想マシン群を組み合わせたアーキテクチャとよく似ています。オンラインエンドポイントというアセットとオンラインデプロイメントというアセットによって構成され、オンラインエンドポイント1つに対して複数のオンラインデプロイメントが対応します（図C.4）。

注C.3　「MLflowモデルのオンラインエンドポイントへのデプロイ」https://learn.microsoft.com/ja-jp/azure/machine-learning/how-to-deploy-mlflow-models-online-endpoints?view=azureml-api-2&tabs=cli

第C章 MLflow Modelsによるノーコードコンテナビルドとデプロイ

図C.4　マネージドオンラインエンドポイントのアーキテクチャ

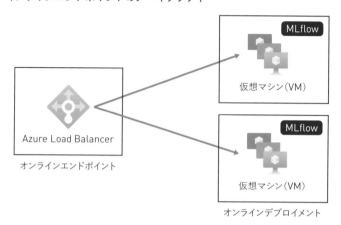

　オンラインエンドポイントはその名のとおり、APIのエンドポイントとなるHTTP URIを提供し、さらにロードバランサーでもあるため、背後に複数のオンラインデプロイメントがある場合はそれらへのリクエストの分配比率を決めます。これにより、無停止でのモデル更新と切り替えを可能にします。

　オンラインデプロイメントはモデルをホストした計算リソースであり、VMSSの場合と同じように仮想マシンのサイズや台数を指定し、さらに負荷量に応じたオートスケールも可能です。

　Azure Load BalancerとVMSSを組み合わせたアーキテクチャでも同様に、背後に複数のVMSSを持つことができますが、このあたりの仕組みがフルマネージドになっている点がマネージドオンラインエンドポイントの良いところです。

　マネージドオンラインエンドポイントは`mlflow models serve`コマンドのように直接内部にモデル推論サーバーを立ち上げるのではなく、コンテナを用いて推論サーバーを展開しています。この仕様は無駄が多いように見えますが、ビルドしたコンテナを再度使い回すことで2回目以後の高速なデプロイやスケールアウト時のデプロイを高速化することが可能となっています。

> **COLUMN**
>
> ## Kunbernetesオンラインエンドポイント
>
> Azure Machine Learningでは場所を問わず任意のKubernetesクラスター（Azureはもちろん、オンプレミスでも他社クラウド上でもかまいません）をアタッチして、その計算リソースをジョブ実行先およびAPIのデプロイ先として利用する機能が備わっています。これによって提供されるノーコードAPIデプロイの仕組みがKubernetesオンラインエンドポイントです。名前が似ていますが、基本的にマネージドオンラインエンドポイントと同じようにデプロイが可能です。
>
> マネージドオンラインエンドポイントでも多くの場合十分ですが、スケールアウトの要件が極めて厳しいなどの事情がある場合、そのアーキテクチャの性質上バーストに対応できない可能性があります。その場合には`mlflow models build-docker`でビルドしたコンテナを自前でホスティングまで持っていくやり方以外に、Kubernetesオンラインエンドポイントも検討してみる価値があります。

C.4 まとめ

本付録ではMLflow Models形式でまとめたモデルをコンテナとしてビルドする手順、マネージドオンラインエンドポイントとしてデプロイする手順と推論時のデータ形式について解説しました。モデルを本番展開する場合、要件に応じてさまざまなデプロイ形態が考えられますが、MLflow Models形式でモデルをまとめることで比較的広範囲のユースケースに対応できます。

付録　責任あるAIツールボックス

付録 D 責任あるAIツールボックス

　Microsoftは責任あるAIを実装するためのツールスイートを提供しています。具体的には学習した機械学習モデルの挙動を説明するためのデバッグ機能や、データやモデルを用いた意思決定をサポートする機能を提供しています。本付録ではこれらの機能の概要を説明します。

D.1 責任あるAIツールボックスの概要

　責任あるAIの実現をサポートするために、Microsoftは責任あるAIツールボックス（Responsible AI Toolbox）を提供しています。これはオープンソースとして提供されており、AIシステムのデータやモデルに対する理解を深めるためのさまざまなツールで構成されています。基本機能は**表D.1**のとおりです。

表D.1　責任あるAIツールボックスの基本機能

機能	説明	利用ツールとGitHubリポジトリ
エラー分析	モデルの誤差を分析し、誤差の大きいコホートを特定	Error Analysis (microsoft/responsible-ai-toolbox) ※責任あるAIツールボックスのライブラリに含まれる
解釈可能性	モデルの入力と出力の関係からモデルの動作に影響を与える特徴量を特定	Interpret Community SDK (interpretml/interpret-community)
公平性評価	モデルの公平性を評価し、特定の人々が不公平な影響を受ける可能性があるかどうかを確認	Fairlearn (fairlearn/fairlearn)
反実仮想サンプル生成	モデルの予測結果を変更するために必要な特徴量のサンプルを生成	DiCE (interpretml/DiCE)
因果推論	入力データと出力データの因果関係を推定	EconML (py-why/EconML)

　表D.1の「利用ツールとGitHubリポジトリ」列に記載があるように、内部的にはオープンソースを中心とするさまざまなツールで構成されています。ツールを個別に使うこともできますが、責任あるAIツールボックスを使うことで単一のAPIから必要な設定を行い、各機能を実行できます。加えて、責任あるAIダッシュボード（Responsible AI Dashboard）というユーザーインターフェースが内包されており、単一の画面から各機能を利用することができます。またAzure Machine Learningとの統合も進んでおり、MLflowのmlflow.sklearnフレーバーで登録されたモデルと自動機械学習で構築した最良のモデルに対して、責任あるAIダッシュボードを作成することができます（2024年11月時

点でプレビュー機能）。まずは機械学習モデルをデバッグする機能について説明します。

D.2 エラー分析

エラー分析は、学習済みモデルの性能を評価するための機能です。モデルが誤って予測した誤差データを深掘り分析し、誤差が大きいデータの特徴を特定します。これはモデル精度を改善するのに役立ちます。

機械学習モデルを構築したあとは精度を確認するためにAccuracyなどの指標を用いて評価することが一般的です。しかしそれだけでの情報では、モデルを改善する方法を見いだすのは困難です。このエラー分析では、誤差データを深掘り分析し、誤差の大きい（もしくは小さい）データのサブセット（以後コホートと呼びます）を特定することができます。たとえば、工場設備の異常検知モデルの精度が80％だったとき、20％の誤差データを分析することで、日本の設備のデータの誤差は95％である一方で、海外の設備のデータの誤差は70％であることがわかったりします。

このような情報はモデルを改善するうえで非常に有効になります。このコホートのデータ品質を確認したり、後述するさまざまなモデルをデバッグする機能を用いたりすることが、原因を追求する第一歩になります。

エラー分析では、「ツリー」と「ヒートマップ」の2種類のビューが提供されています。ツリーのビュー（図D.1）では、決定木と呼ばれる統計的手法を用いて誤差の大きいコホートを特定します。ツリー状の構造で可視化されます。

図D.1　エラー分析：ツリー状構造で誤差の大きさを可視化

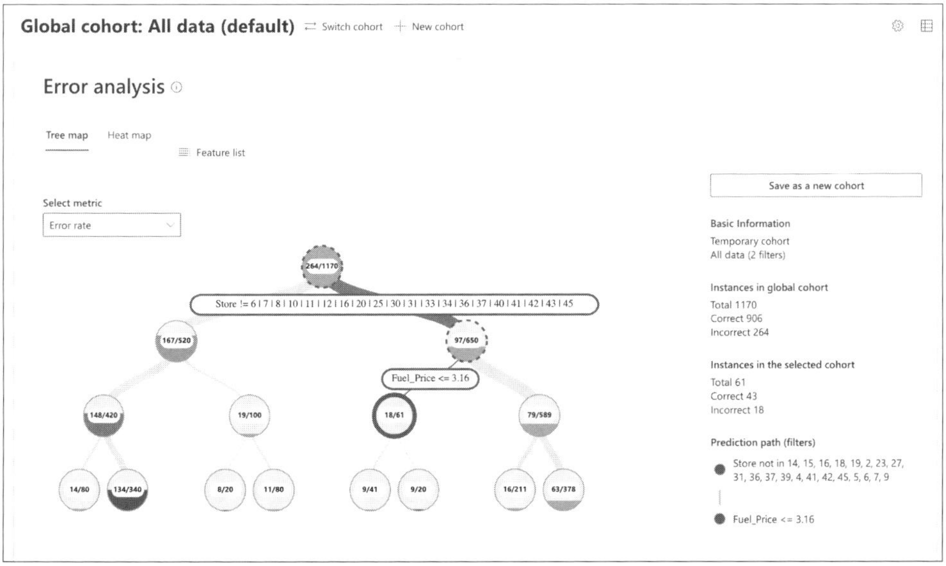

付録　責任あるAIツールボックス

　ヒートマップのビュー（**図D.2**）では、1つの特徴量もしくは2つの特徴量の組み合わせに対して、誤差の大きさを色の濃さで表現します。

図D.2　エラー分析：ヒートマップで誤差の大きさを可視化

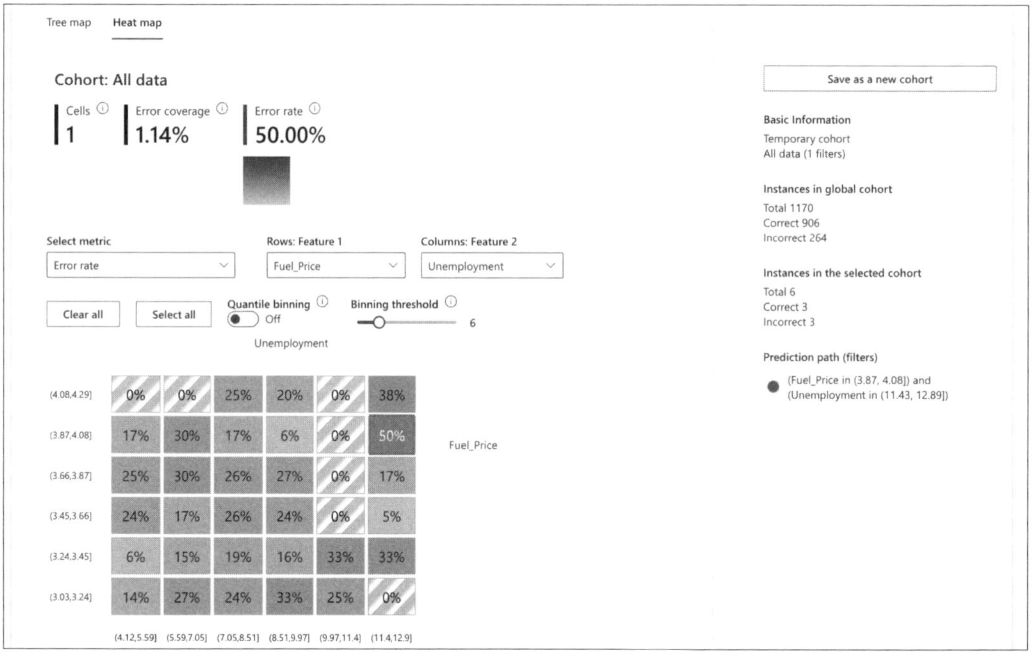

D.3 解釈可能性

　近年のニューラルネットワークを用いた機械学習モデルは、構造が複雑なために予測結果を説明するのが難しいという問題があります。こういった機械学習モデルの説明を生成する技術があります。

　たとえば、SHAP (SHapley Additive exPlanations)[注D.1]はゲーム理論のシャープレイ値の考え方を用いて、特徴量の重要度を計算します。この機能はInterpret Community SDKというオープンソースのライブラリを利用し、モデルの解釈可能性を向上させるためのさまざまな手法を提供しています。

　責任あるAIツールボックスではモデル全体での特徴量の重要度を評価するグローバルな説明の機能と、個々の予測に対して特徴量の重要度を評価するローカルな説明の機能を提供しています。

注D.1　https://github.com/shap/shap

この手法は機械学習モデルに対する入力と出力のみを見て解釈するため、異なる機械学習モデルでも同じ基準で説明できるメリットがあります。

図D.3はグローバルな説明を示しており、モデル全体の特徴量の重要度を棒グラフで表しています。この例では、Month、Day、TemperatureがTop3の重要度を持っていることがわかります。

図D.3 モデル解釈可能性：グローバル

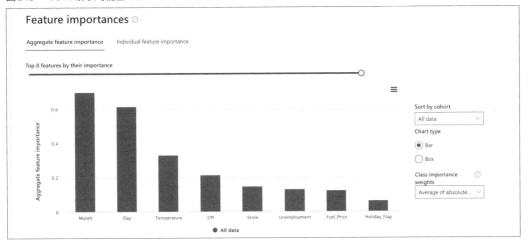

図D.4はローカルな説明を示しており、個々の予測に対して特徴量の重要度を棒グラフで表しています。この例では検証データの1つのデータを対象としています。Month、Unemployment、DayがTop3の重要度となっており、グローバルな説明とはやや異なる結果となっています。

図D.4 モデル解釈可能性：ローカル

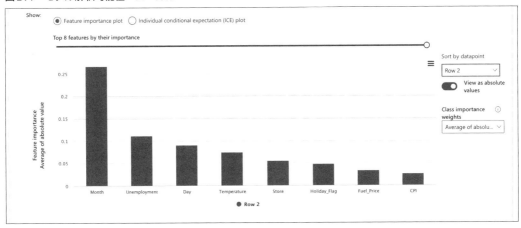

D.4 公平性評価

機械学習モデルの不公平性が問題になることがあります。ここでは「サービス品質の害」「割り当ての害」の2種類の不公平性がもたらす問題について見ていきます。

「サービス品質の害」は、機械学習モデルの精度が属性によって異なるという問題です。たとえば、女性の音声データが少ないことが原因で、音声認識モデルが男性よりも女性の音声を認識しにくいという問題が挙げられます。「割り当ての害」は、機械学習モデルが属性に基づいて異なる結果を出すことが問題です。たとえば、同じような信用スコアを持つ人でも、性別や人種によって異なる金利が適用されるという問題が挙げられます。

この機能はFairlearnというオープンソースのライブラリを利用しています。このライブラリはモデルの公平性を評価し、不公平性を軽減する仕組みを提供しています。責任あるAIツールボックスでは精度メトリックによる公平性の評価のみを対象にしています。図D.5では、Holiday_Flagの値による精度メトリックの違いを示しています。

図D.5 精度メトリックの比較による公平性評価

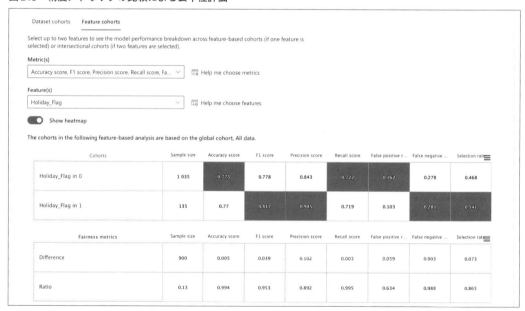

不公平性を軽減する仕組みは責任あるAIツールボックスでは提供されておらず、Responsible AI Mitigations[注D.2]という別のツールから提供されています。

注D.2 https://github.com/microsoft/responsible-ai-toolbox-mitigations

D.5 反実仮想サンプル生成

機械学習モデルをデバッグする機能は以上になります。次からは意思決定をサポートする機能について説明します。

D.5 反実仮想サンプル生成

先述したSHAPなどの手法は予測に対する特徴量の重要度（寄与度）を算出しますが、予測値が異なる反実仮想の世界を説明することはできません。たとえば、機械学習モデルを用いたローン審査において、ローカルな特徴量の重要度を見ることでOKもしくはNGの予測に寄与した特徴量を知ることはできます。しかしながら、ローン審査が却下された人がどういう特徴量であればローン審査を通過できたのかを知ることはできません。仮想反実サンプル生成は、予測結果を変更するために必要な特徴量のサンプルを生成することで、このような反実仮想の世界を説明することができます。たとえば「Aさんは収入が100万円増えればローン審査が通る」「Bさんは勤続年数が2年増えればローン審査が通る」といった情報を得ることができます。この機能はDiCEというオープンソースのライブラリを利用しています。

図D.6ではWalmartの売り上げを増加させるために必要な特徴量のサンプルを生成しています[注D.3]。

注D.3　本編ではWalmartの店舗の売り上げを回帰モデルで予測しましたが、本付録では学習データの売り上げデータを基準に、売り上げが平均よりも高い（ラベル：1）か低い（ラベル：0）を分類モデルで予測するシナリオを用いています。

403

付録　責任あるAIツールボックス

図D.6　反実仮想サンプル生成：サンプル生成とWhat If分析

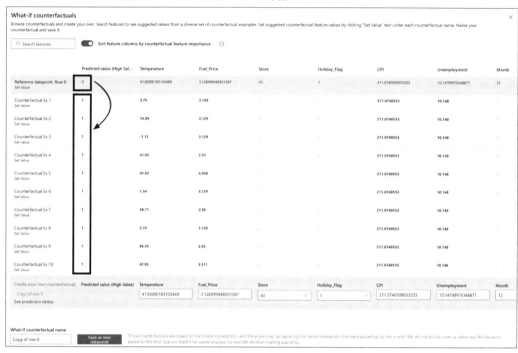

この例では、売り上げを増加させるためには「Temperatureが10度上昇すれば売り上げが増加する」という結果が得られています。

D.6 ┊ 因果推論

因果推論も意思決定をサポートします。「もしある要因（treatment）を操作したら結果がどう変わるか」という実際の原因と結果の関係を推定する手法が因果推論です。たとえば、マーケティングキャンペーンの実施有無が売り上げの増加に寄与したのかどうかを判断することができます。因果推論の詳細は割愛しますが、興味がある方は書籍[注D.4]やライブラリ[注D.5]を参照してください。本ツールではEconMLというオープンソースのライブラリを利用しています。

図D.7では、Holiday_Flag、Temperature、CPI、Fuel_Priceの特徴量が目的変数に与える因果効果を推定しています。この例では、Holiday_Flagの変化によって平均で約0.75、確率が上昇することがわかります。

注D.4　高橋 将宜, 統計的因果推論の理論と実装 (Wonderful R), 共立出版, 2022.
注D.5　"EconML - Introduction to Causal Inference" https://econml.azurewebsites.net/spec/causal_intro.html

D.6 因果推論

図D.7 因果推論：集計因果効果（Aggregate Causal Effects）

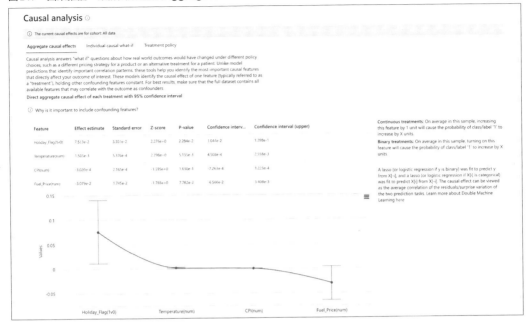

索引

A

AI	3
Anaconda	17, 97
autolog	104, 131
AutoML（自動機械学習）	26, 63
Azure AI Content Safety	267
Azure AI Foundry	365
Azure AI Inference SDK	271
Azure AI Model Inference API	271
Azure AI Search	298, 311
Azure AIによって	
キュレーションされたモデル	259
Azure Arc	45
Azure Arc対応Kubernetes	177
Azure CLI	370
Azure Cloud Shell	232
Azure Data Factory	45, 378
Azure DevOps	45, 230
Azure Kubernetes Services	45
Azure Machine Learning	15, 49
CLI	23, 44, 158, 371
Python SDK	22, 44, 268, 372
REST API	24
スタジオ	22, 56
デザイナー	27
ノートブック	25
プレビュー機能	61
ワークスペース	19, 51, 101
Azure OpenAI	305
Azure OpenAI on your data	300

Azure OpenAI Studio 307
Azure OpenAIのモデル 261
Azure Pipelines 46
Azure portal 233
Azure Synapse Analytics 45
azureml-mlflow 131, 133
Azureアカウント ..... v, 50
Azureドキュメント vi
Azureリソース 49
　サブスクリプション 49, 159
　リソース 50
　リソースグループ 50
　管理グループ 49

B

Binarized Neural Network 291
BitNet 291

C

Cohere 264
conda 95
Copilot Studio 301

D

DeepSpeed 289, 293
DefaultAzureCredential 101, 102, 133
Delta Lake 376, 386
DiCE 403
Distribution Skew 380
Docker 17

E

EconML ···································· 404

Embedding ······························ 299

Experiment (MLflow) ·············· 116, 146

Explainable Boosting Machine (EBM)

···························· 127, 138, 140

F

Fairlearn···································· 402

Feature Skew ···························· 380

Few-shot学習 ···························· 242

G

GitHub ······························ 46, 230

GitHub Actions····················46, 232, 237

GPT···································· 240, 242

H

Hugging Face Hubのモデル ·············· 262

Human-in-the-loop························· 347

I

Interpret···························· 127, 138

Interpret Community SDK ················· 400

InterpretML ······························ 127

IPythonマジック ························· 107

J

JGLEU···································· 277

Jupyter Notebook ························ 17

K

Kubernetesオンラインエンドポイント

···························· 38, 397

Kubernetesクラスター ····················· 40

L

LangChain ································ 301

LightGBM ································ 109

Llama 3 ···························· 272, 277

LlamaIndex ······························ 301

LLM (大規模言語モデル)   3, 240, 245, 252

LLMOps ······························ 344, 352

LLMOps with Prompt flow ················· 364

LLMOpsワークショップコンテンツ ······ 350

LLMOps成熟度モデル ························ 349

LLMワークフロー ············· 295, 344, 361

Low-Rank Adaptation (LoRA) ··· 289, 292

M

Microsoft Entra ID ················· 128, 189

Microsoft Fabric ························· 45

MLflow ···················· 17, 104, 114, 128

MLflow Model Registry ··········· 115, 389

MLflow Models··········· 115, 121, 128, 389

MLflow Projects ················· 115, 128

MLflow Recipes ························ 115

MLflow Tracking ······· 115, 116, 128

MLflow Tracking API ····················· 117

MLflow Tracking Server ··········· 117, 390

MLflow Trackingライブラリ ············· 118

MLFLOW_TRACKING_URI ················ 391

索引

MLmodel ･･････････････････････････ 123
MLOps ･･････････････････ 18, 202, 345
MLOps成熟度モデル ･･････････････ 205
MLTable (mltable) ･･････ 220, 374, 375
ModelSignature ･･････････････････ 125

O
OpenID Connect ･･･････････････････ 232

P
PaaS的ファインチューニング･････････ 286
Phi-3 ･･･････････････ 266, 277, 286
pickle ･････････････････････････ 142
Prompt flow for Vs code ･･･････････ 361
Python ･････････････････････････ v
Python Functionフレーバー ･･････････ 127
PyTorch ･･･････････････････････ 122

R
RAG ･･････････････････ 249, 250, 295
RBAC ･････････････････････････ 128
Responsible AI Mitigation ･･････････ 402
Run (MLflow) ･･･････ 116, 129, 134, 145

S
SaaS的ファインチューニング ･･･････ 276
Semantic Kernel ･･･････････････････ 301
Server-sent Event (SSE) ･･･････････ 270
SHAP ･･･････････････････････ 400
Skew ･････････････････････････ 380
SKU ･･･････････････････････ 211

SLM (小規模言語モデル) ･････････････ 349
Sparkクラスター ･･････････････････ 40
Sparkコンピューティング ･･･････････ 40
SQLAlchemy ････････････････････ 117

T
Transformer ･････････････････････ 240

U
uri_file ･････････････････････････ 374
uri_folder ･･････････････････････ 374

V
Visual Studio Code (VS Code) ･････････ 93

W
Windows Package Manager (winget) ･･･ 370
workspaceblobstore ･････････････ 152

X
XGBoost･････････････････････ 122

Z
Zero-shot学習 ･･････････････････ 242

あ
アセスメントツール ････････････････ 350
アセット ･･･････････････････････ 28
　エンドポイント ･･･････････････ 35
　コネクション ･･･････････････ 379
　コンポーネント ････････ 32, 151, 162

INDEX

ジョブ ···················· 30, 74, 107, 150
スケジュール ··························· 378
データ ················ 28, 69, 102, 373
データストア ························· 377
パイプライン ········· 32, 148, 173, 197
モデル ·································· 35, 114
環境 ····················· 33, 103, 160
実験 ····················· 30, 150
特徴量エンティティ ··············· 381
特徴量セット ··························· 381
特徴量セット仕様 ····················· 381
アノテーション ························· 347
アンサンブル学習 ······················ 81

い

因果推論 ································· 404
インデックス ··························· 316

え

エラー分析 ······························ 399

お

オーケストレーター ····················· 300
オンラインエンドポイント ·········· 36, 177

か

回帰 65
解釈可能性 ······························ 400
学習ジョブ ························· 100, 107
学習データ ···························· 68

き

機械学習 ·································· 2, 245
機械学習パイプライン ················· 147
機械学習プロジェクト ············· 11, 204
基盤モデル ····························· 246, 255

く

クォータ ·································· 57
グランドトゥルース ···················· 215
クレデンシャル ························· 101
グローバルサロゲートモデル ············ 83

け

継続的インテグレーション／
　デリバリー (CI/CD) ·········· 230, 361
検索システム ···························· 296
検証データ ······························68, 77

こ

公開モデル ····························· 255
公平性評価 ······························ 402
互換エンドポイント ··············· 128, 133
コンセプトドリフト ···················· 216
コンテンツフィルター ·················· 266
コンピューティングインスタンス
　···························· 40, 90, 113
コンピューティングクラスター ······ 40, 159

さ

サーバーレス API ····················· 262, 265
サーバーレスコンピューティング ··· 40, 100

409

索引

サービスプリンシパル ……………………… 234

し

自己教師あり学習 …………………………… 256
実験管理…………………………………… 114
指示チューニング ………………………… 244
事前学習…………………………………… 243

す

推論HTTPサーバー ………………………… 39
推論環境…………………………………… 177
推論スクリプト …………………………… 179

せ

生成AI ……………………………………… 3
生成AIアプリケーションの
　安全性と品質の監視……………………… 352
責任あるAI………………………… 18, 47, 398
責任あるAIダッシュボード ……………… 398
説明変数…………………………………… 68

た

ターミナル ………………………………… 94

ち

注意機構…………………………………… 241

て

ディープラーニング（深層学習）………2, 291
データインポート ………………………… 378
データウェアハウス ……………………… 383

データコレクター ………………………… 220
データドリフト ……………………………… 10
データドリフト …………………………… 216
データラベリング ……………………… 43, 88
データレイク ……………………………… 384
データレイクハウス ……………… 383, 386
テストデータ ……………………………… 68
デプロイ ………………… 36, 83, 178, 184

と

トークン …………………………………… 240
特徴量……………………………… 7, 75, 380
特徴量属性ドリフト ……………………… 216
特徴量ストア ……………………………… 379
トラフィック ……………………………… 186
ドリフト ………………………… 215, 219

に

人間のフィードバックによる
　強化学習（RLHF）……………………… 244

は

ハイパーパラメーター …………………… 90
パイプラインコンポーネントデプロイ … 188
バッチエンドポイント … 39, 151, 188, 191
バッチ推論………………………………… 10
パラメーター ……………………………… 8
バリアント ………………………………… 328
ハルシネーション ………………………… 251
反実仮想サンプル生成…………………… 403

INDEX

ふ

ファインチューニング
.... 242, 243, 250, 257, 276
フェデレーションID資格情報 234
ブルーグリーンデプロイメント
.... 37, 179, 185
プロンプトエンジニアリング 248
プロンプトフロー 302, 323
文脈内学習 (In-context Learning)
.... 242, 257

へ

平方根平均二乗誤差 99
ベクトル検索 299

ま

マネージドオンラインエンドポイント
.... 38, 40, 178, 181, 271, 394
マネージド計算リソース 17

み

ミラーリング 39, 180

め

メトリック 81

も

目的変数 68
モデルカタログ 255, 258
モデルデプロイ 188
モデルレジストリ 283

モデル開発 90, 98
モデル監視 214, 218
モデル管理 114

よ

予測ドリフト 216

ら

ラムダアーキテクチャ 385

り

リアルタイム推論 9
リアルタイムエンドポイント 41
リファレンスアーキテクチャ 206
量子化 291
リランキング 263

れ

レジストリ 43, 207, 209

ろ

ローカルエンドポイント 38

411

おわりに

　本書はAzure Machine Learningに関する日本初の包括的な解説書として執筆しました。すでに、GUIスタジオベースの「Azure Machine Learning Studio（クラシック）」を対象とした書籍は存在していましたが、2018年末にAzure Machine Learningが登場してからは、日本語での本格的な解説書は見当たりませんでした。Azure Machine Learningの日本語書籍をみなさんにお届けしたいという熱意を胸に、筆者たちはまず技術同人誌の執筆から始めました。技術同人誌『Re: ゼロから始めるAzure Machine Learning』や、その改訂版『Re: Re: ゼロから始めるAzure Machine Learning』を経て、今回本格的な書籍をみなさんにお届けできることを非常にうれしく思っています。

　Azure Machine LearningはAzureの機械学習プラットフォームとして登場しました。今や各クラウドプロバイダーも採用している機械学習フレームワークであるMLflowとの統合もAzure Machine Learningがいち早く行っており、非常に先見性があるサービスです。VS Codeとの連携機能も強力です。本書で中心的に紹介した機能以外にも、まだ知られていないAzure Machine Learningの良さはたくさんあります。みなさんの好きな良さを見つけてもらえたらうれしい限りです。

　当初はAzure Machine Learning Studio（クラシック）というスタジオ機能から始まったAzureの機械学習プラットフォームも、Azure Machine Learningの登場によって機械学習のためのエンドツーエンドプロットフォームへ進化し、現在はモデル構築のための機能だけでなく、LLMなどの基盤モデルを活用するための機能も整えられています。機械学習のために求められることの変化に合わせて、その姿を大きく変えてきました。LLM、基盤モデル、生成AI、AIエージェントという言葉が飛び交うAI活用の流れの中で、これからもその姿を変えていくでしょう。

　しかし、プロダクトの仕様やインターフェースが変わっても、機械学習をビジネスに活用するうえでの根幹のプロセスや考え方は普遍的なものです。本書で解説したモデルの学習から推論、運用管理や監視といった機械学習プロセスの一連の流れ、LLMなど基盤モデルの利用、AI・LLMワークフロー、MLOps/LLMOps、責任あるAI活用などの要素は、これからも業界の進化に対応するための基盤となるでしょう。

　本書がみなさんにとって、未来への「羅針盤」となり、一歩ずつ前進する手助けとなることを、筆者たちは心より願っています。そして、読者のみなさんがAzure Machine Learningを活用して、課題を解決し、新しい価値を創造していく姿を楽しみにしています。

著者代表　永田　祥平

執筆者プロフィール

永田 祥平　ながた しょうへい

元日本マイクロソフト株式会社 クラウドソリューションアーキテクト

大学院で分子生物学やバイオインフォマティクスを学んだあと、2020年より日本マイクロソフト株式会社に入社。クラウドソリューションアーキテクト（AI）として、おもにエンタープライズのお客様を対象に、Azureデータ分析・機械学習基盤や生成AIアプリケーションの導入・活用支援を行う。2024年より米国系SaaS企業に移り、プロダクトマネージャーとして日本、韓国、台湾市場に向けた生成AI・エージェント機能の企画開発を行っている。おもな著書に『Azure OpenAI ServiceではじめるChatGPT/LLMシステム構築入門』（技術評論社）。第1章から第3章、第10章の執筆と全体統括を担当。

X：@shohei_aio

LinkedIn：https://www.linkedin.com/in/shohei-nagata/

立脇 裕太　たてわき ゆうた

日本マイクロソフト株式会社 クラウドソリューションアーキテクト

Softbank（SBT）、Deloitte、DataRobotでビッグデータ、クラウド、機械学習を活用してお客様のデータ活用を推進する経験を経て、日本マイクロソフトに入社。現職では、需要高まる生成AIの活用を支援する案件に従事しつつ、お客様のMLOps成熟度Level4実現に向けた支援にも従事。MLOps Community（JP）のオーガナイザーでMLOpsやAIガバナンスに関する講演や記事執筆などを実施。第5章、第9章、第13章の執筆を担当。

LinkedIn：www.linkedin.com/in/yuta-tatewaki

伊藤 駿汰　いとう しゅんた

日本マイクロソフト株式会社 クラウドソリューションアーキテクト／株式会社Omamori 取締役

本業でAI/ML開発（とくに自然言語処理方面）と利活用の技術支援、機械学習基盤やMLOps基盤の構築および活用の技術支援を行うクラウドソリューションアーキテクト、副業で自社サービスの開発を担うソフトウェアエンジニアとして活動。第6章、第11章、付録B、付録Cの執筆を担当。

X：@ep_ito

宮田 大士　みやた たいし

日本マイクロソフト株式会社 クラウドソリューションアーキテクト

情報学の修士号を取得後、製造業にてデータ分析／機械学習システムの構築／データ分析基盤の開発を経験し、日本マイクロソフトに入社。現職では、自動車産業・製造業を中心とした幅広い業界のお客様にAIの導入／活用を支援。第4章と第12章の執筆を担当。

X：@tmiyata25

女部田 啓太　おなぶた けいた

Regional AI Architect Lead, Office of the Chief Technology Officer, Microsoft Asia

Oracle、SAS Instituteでのデータ分析、統計解析、機械学習の経験を経て、2018年よりMicrosoftに入社。おもに製造業のお客様のプロジェクトに機械学習エンジニアとして従事。現職では、アジア地域における重要な基盤モデルの開発・運用管理、AI Agentのシステム構築プロジェクトへの技術支援などを実施。第7章、第8章、付録A、付録Dの執筆を担当。

X：@keonabut

LinkedIn：https://www.linkedin.com/in/keita-onabuta

カバーデザイン	トップスタジオデザイン室(轟木 亜紀子)
本文設計	マップス　石田 昌治
組版	酒徳 葉子
編集	中田 瑛人

■お問い合わせについて

本書の内容に関するご質問につきましては、下記の宛先までFAXまたは書面にてお送りいただくか、弊社ホームページの該当書籍コーナーからお願いいたします。お電話によるご質問、および本書に記載されている内容以外のご質問には、いっさいお答えできません。あらかじめご了承ください。

また、ご質問の際には「書籍名」と「該当ページ番号」、「お客様のパソコンなどの動作環境」、「お名前とご連絡先」を明記してください。

お問い合わせ先
〒162-0846　東京都新宿区市谷左内町21-13
株式会社技術評論社　第5編集部
「Azure Machine Learningではじめる機械学習/LLM活用入門」質問係
FAX：03-3513-6173

● 技術評論社Webサイト
https://gihyo.jp/book/2025/978-4-297-14846-1

お送りいただきましたご質問には、できる限り迅速にお答えするよう努力しておりますが、ご質問の内容によってはお答えするまでに、お時間をいただくこともございます。回答の期日をご指定いただいても、ご希望にお応えできかねる場合もありますので、あらかじめご了承ください。

なお、ご質問の際に記載いただいた個人情報は質問の返答以外の目的には使用いたしません。また、質問の返答後は速やかに破棄させていただきます。

Azure Machine Learningではじめる
機械学習/LLM活用入門

2025年 4月18日　初　版　第1刷発行

著　者	永田 祥平、立脇 裕太、伊藤 駿汰、宮田 大士、女部田 啓太
発行者	片岡 巌
発行所	株式会社技術評論社
	東京都新宿区市谷左内町21-13
	電話　03-3513-6150　販売促進部
	03-3513-6177　第5編集部
印刷／製本	昭和情報プロセス株式会社

定価はカバーに表示してあります。
本の一部または全部を著作権法の定める範囲を越え、無断で複写、複製、転載、あるいはファイルに落とすことを禁じます。

©2025　永田 祥平、立脇 裕太、伊藤 駿汰、宮田 大士、女部田 啓太

造本には細心の注意を払っておりますが、万一、乱丁(ページの乱れ)や落丁(ページの抜け)がございましたら、小社販売促進部までお送りください。送料小社負担にてお取り替えいたします。

ISBN978-4-297-14846-1　C3055
Printed in Japan